GUIMOHUA SHENGTAI YANGNIU
YIBING FANGKONG DAYI JIEHUO

规模化生态养牛
疫病防控答疑解惑

王亮 初强 李杰◎主编

中国农业科学技术出版社

图书在版编目（CIP）数据

规模化生态养牛疫病防控答疑解惑 / 王亮，初强，李杰主编 . -- 北京：中国农业科学技术出版社，2025. 8. -- ISBN 978-7-5116-7405-0

Ⅰ . S858.23

中国国家版本馆 CIP 数据核字第 2025ZS9801 号

责任编辑 张国锋
责任校对 李向荣
责任印制 姜义伟 王思文

出 版 者 中国农业科学技术出版社
北京市中关村南大街 12 号 邮编：100081
电 话 （010）82109705（编辑室）（010）82106624（发行部）
（010）82109709（读者服务部）
网 址 https://castp.caas.cn
经 销 者 各地新华书店
印 刷 者 北京科信印刷有限公司
开 本 170 mm × 240 mm 1/16
印 张 15
字 数 300 千字
版 次 2025 年 8 月第 1 版 2025 年 8 月第 1 次印刷
定 价 58.00 元

《规模化生态养牛疫病防控答疑解惑》

编写名单

主　编　王　亮　初　强　李　杰

副主编　郭锡玉　刘学泉　雷振宇　孟凡波

　　　　　柴　娟　李　强

编　委　许军红　刘光明　刘广新　叶　锋

　　　　　熊海谦　吕　蔚　赵　婧　刘　垒

　　　　　李海生　王　振

前 言
PREFACE

随着人民生活水平和生活质量的不断提高，绿色、无公害的牛肉、牛奶等产品越来越受到青睐，牛的规模化生态养殖也方兴未艾。养殖从业者从农业可持续发展的角度，根据生态学、生态经济学的原理，将传统养殖方法和现代科学技术相结合，利用林地、草场、果园、农田、荒山和河滩等资源，实行标准化生产，选择优质抗病牛种，实行舍饲、自由放养或舍饲放牧相结合，大量利用农作物秸秆，或让牛群觅食野草、树叶等自然饲料为主，人工科学补料为辅，严格限制化学药品和饲料添加剂的使用，禁用任何激素和人工合成促生长剂，通过良好的饲养环境、科学饲养管理和卫生保健措施，最大限度地满足牛群的营养、生理和心理需求，充分释放天性，提高了牛群本身的免疫力和抗病力。采取以上综合防控措施，使牛少得病甚至不得病，得病后少用药或不用药，尤其是少用或不用化学药物，使牛肉、牛奶等产品达到无公害食品乃至绿色食品的标准，抓住原始、生态、无污染环节，满足广大消费者追求纯天然的需求。

本书是作者几十年牛疫病综合防控的教学、科研、诊疗经验的总结。在编写过程中，本着立足基层、服务基层的原则，将科学性和实用性融为一体，系统、全面地介绍标准、规范、实用的生态养牛疫病防控与临床诊疗新知识、新技术，具有较强的实用性、针对性和可操作性。在内容上，突破了常规同类图书偏重叙述发病机理、实践防控策略较少的固有模式，将生物安全、选药用药等作为重点内容来编写，技术可靠，实用性强；在形式上，采用问答形式，一问一答，答疑解惑，便于读者检索。

感谢北京中惠农科文化发展有限公司为本书做的宣传推广工作！

本书可作为广大规模化生态养牛场户的指导用书，也是兽医院、基层兽医站技术人员的必备用书，还可供兽医专业的高职、大专院校学生参考使用。

由于作者水平有限，书中的不足和错误在所难免，诚恳希望各地读者在使用中提出宝贵意见，以使本书日臻完善。

编 者

2025 年 4 月

目 录

CONTENTS

第一章　概　述

1. 什么是生态养牛?

生态养殖是指运用生态学原理，保护水域生物多样性与稳定性，合理利用多种资源，以取得最佳的生态效益和经济效益。生态养殖是在我国农村大力提倡的一种生产模式，其最大的特点就是在有限的空间范围内，人为地将不同种的动物群体以饲料为纽带串联起来，形成一个循环链，目的是最大限度地利用资源，减少浪费，降低成本。

具体到生态养牛，主要是通过牛标准化养殖配套技术，在全程养牛生产过程中，既要体现生态学和生态经济学的理论，也要充分利用清洁生产工艺，从而达到改善肉质、牛奶风味，保障食品安全，提高我国牛产品质量，增强产品的国际市场竞争力，提高牛的养殖效益的最终目的；通过对牛排泄物进行无公害处理及综合利用，实现清洁生产，加强养殖及生物环境控制，减少环境污染；有效利用农作物秸秆及农副产品、牧草，转变为人类所需要的肉、奶等，可实现节能减排，提高资源利用率，实现养牛业的可持续发展。

2. 什么是动物疫病?

《中华人民共和国动物防疫法》第三条第三款规定，动物疫病是指动物传染病和寄生虫病。

3. 以牛流行热为例，能否解释一下什么是动物传染病?

动物传染病是指由病原微生物引起，具有一定潜伏期和临床表现，并具有传染性和流行性的疾病。以牛的流行热为例，解释动物传染病。

病原：牛流行热病毒。

易感动物：牛是该病最易感的动物，主要侵害奶牛和肉牛，多发生于壮年（3～5岁）牛，犊牛和9岁以上的老牛很少发病。牛流行热的临床病例仅仅在牛上有报道，但是在家养鹿、山羊、羚羊、长颈鹿等动物中能检测到牛流行热病毒的中和抗体。

传染源：病牛是主要传染源，病毒主要存在于病牛高热期血液中。

传播途径：媒介昆虫（蚊、蠓、蝇）的存在是该病得以传播的中心环节。该病不能直接接触传染，而是通过媒介昆虫吸血叮咬带有病毒血症的病牛传播扩散。

流行特点：该病一旦发生，传播迅速，传染力强，呈流行或大流行，但病死率低。该病的发生具有明显的季节性和周期性，一般多发生于夏末秋初蚊、蠓滋生旺盛的季节，一次流行之后与下次流行有数年的间隔期，具体间隔时间与引种和生物安全体系建设有关，可短至1～2年、长至6～8年或更长时间。

潜伏期：3～8天。

临床症状：病程大体可以划分为4个主要时期：发热期、失能期、恢复期以及后遗症期。这4个时期并不一定在暴发的牛场中全部表现出来，而且症状的轻重也因个体的差异而有所不同。该病在很短的时间内就可以传播至全群，有较高的发病率，水牛的症状比较轻。泌乳期的牛比干奶期的牛症状严重，肥胖的牛比瘦弱的牛症状严重，壮年牛比小牛和老牛严重，公牛比阉割牛严重。其主要特征是突发高热、呼吸促迫、泡沫性流涎、流泪、流鼻液、后躯僵硬和跛行。在无继发感染情况下，该病一般病程短，呈良性经过，发病率高，病死率低，因此又被称为三日热、暂时热、僵硬病等。

牛流行热首次于1867年被报道，在东非发生。我国于1955年第一次报道牛流行热，1976年首次分离到牛流行热病毒。此后，该病在中国南方多个省份都有发生和流行。

4. 牛传染病发生的主要环节是什么？

传染病的一个基本特征是能在个体之间直接或间接相互传染，构成流行。传染病能在牛群中发生、传播和流行，必须具备3个必要环节：传染源、传播途径、易感牛。

（1）传染源　就是受感染的牛，包括已发病的病牛和带菌（毒）的牛，尤其是带菌（毒）的牛，外表无临床症状且一般不易查出，容易被人们忽视。对已发病的病牛和带菌（毒）的牛，要隔离，积极治疗；如果不治死亡后，要采取焚烧或深埋处理方法，切断传染源；如果治愈，也要继续观察一段时间后，再与其他牛合群。

（2）传播途径　指病原从传染源排出后，经过一定的方式再侵入健康动物经过的途径。传播途径可分为水平传播和垂直传播两类。

水平传播的传播方式可分为直接接触传播和间接接触传播。直接接触传播是在没有任何外界因素参与下，病牛与健康牛直接接触引起传染，特点是一个接一个发生，有明显连锁性。间接接触传播，即病原体通过媒介（如饲料、饮水、土壤、空气、蚊虫等）间接地使健康牛发生传染。大多数传染病以间接接触为主要传播方式。垂直传播即从母体经胎盘、产道将病原体传播到后代。

对病牛要早发现、早隔离、早治疗，切断病原体的传播途径，对母畜患有传染病的要及时治疗，对不能治愈的要及时淘汰，防止将病原体传播给后代。

（3）牛的易感性　是指对某种传染病病原体感受性的大小。与病原体的种类和毒力强弱、牛的免疫状态、遗传特性、外界环境、饲养管理等因素有关。给牛注射疫苗、抗病毒血清，或通过母源抗体使牛变为不易感，都是常采取的措施。

5. 什么是动物寄生虫病？

动物寄生虫病是指由寄生虫引起的疾病。比如马蛔虫病、牛棘球蚴病、牛羊疥癣病、鸡球虫病等，都属于动物寄生虫病。

6. 动物疫病共分为几类？

《中华人民共和国动物防疫法》第四条规定，根据动物疫病对养殖业生产和人体健康的危害程度，本法规定的动物疫病分为下列 3 类。

一类疫病，是指口蹄疫、非洲猪瘟、高致病性禽流感等对人、动物构成特别严重危害，可能造成重大经济损失和社会影响，需要采取紧急、严厉的强制预防、控制等措施的；

二类疫病，是指狂犬病、布鲁氏菌病、草鱼出血病等对人、动物构成严重危害，可能造成较大经济损失和社会影响，需要采取严格预防、控制等措施的；

三类疫病，是指大肠杆菌病、禽结核病、鳖腮腺炎病等常见多发，对人、动物构成危害，可能造成一定程度的经济损失和社会影响，需要及时预防、控制的。

7. 我国规定的一、二、三类动物疫病中，牛的疫病有哪些？

2022 年 6 月中华人民共和国农业农村部公告（第 573 号）公布了《一、二、三类动物疫病病种名录》，我国规定的一类动物疫病 11 种，分别是：口蹄疫、猪水疱病、非洲猪瘟、尼帕病毒性脑炎、非洲马瘟、牛海绵状脑病、牛瘟、牛传染性胸膜肺炎、痒病、小反刍兽疫、高致病性禽流感。

二类动物疫病37种，其中多种动物共患病7种，分别是：狂犬病、布鲁氏菌病、炭疽、蓝舌病、日本脑炎、棘球蚴病、日本血吸虫病。在二类动物疫病中，牛病3种：牛结节性皮肤病、牛传染性鼻气管炎（传染性脓疱外阴阴道炎）和牛结核病。

三类动物疫病126种。其中，多种动物共患病25种，分别是：伪狂犬病、轮状病毒感染、产气荚膜梭菌病、大肠杆菌病、巴氏杆菌病、沙门氏菌病、李氏杆菌病、链球菌病、溶血性曼氏杆菌病、副结核病、类鼻疽、支原体病、衣原体病、附红细胞体病、Q热、钩端螺旋体病、东毕吸虫病、华支睾吸虫病、囊尾蚴病、片形吸虫病、旋毛虫病、血矛线虫病、弓形虫病、伊氏锥虫病、隐孢子虫病。在三类动物疫病中，牛病10种：牛病毒性腹泻、牛恶性卡他热、地方流行性牛白血病、牛流行热、牛冠状病毒感染、牛赤羽病、牛生殖道弯曲杆菌病、毛滴虫病、牛梨形虫病、牛无浆体病。

8. 当前规模化生态养牛疫病流行有什么特点?

相对其他家畜，牛的管理粗放，疫病较少。原因如下。

（1）牛具有较强的抗病能力，在正常的饲养管理情况下较少发生疫病。

（2）牛对疫病的反应不太敏感，在发病初期往往没有明显的症状，只有在病情严重时才有明显的临床表现，这时牛已处于病程后期，治疗效果不太好。所以，对牛疫病要早发现早治疗，在饲养管理中勤观察牛的表现，发现异常，随时诊治。

（3）牛疫病发生有一定的季节性，多数病例发生在季节交替时期，特别是冬春交替季节。

（4）牛疫病发生与饲养管理有直接的关系。在牛膘情差、管理粗放、环境变化较大和受到应激时往往诱发牛病和降低牛的抗病力。

（5）牛的疫病是可以预防的。每年在春季注射预防传染病的疫苗，春秋两季做好驱虫工作，就可以防止牛疫病的发生。

随着生态养牛业产业化、规模化的发展，牛病的威胁不断扩大。有大量报道显示，舍饲养牛期间，病毒性疫病、细菌性疫病、寄生虫病以及营养代谢病、中毒病等牛病频繁发生，严重影响牛的健康生长和正常生产，降低饲料报酬，甚至会导致部分牛在饲养期间死亡，给养殖户造成一定经济损失。当前规模化生态养牛疫病流行具有下列特点。

（1）疫病种类多，流行和发病情况各异　在生态养牛过程中，如果养殖密度控制不当、引种不科学、牛群流动频繁、养殖环境恶劣等，为多种病原传播、扩散创造了条件和机会，无形中增加了各种传染病流行的概率。病原侵入牛群后，某些病原还会存在一定的潜伏期，在整个潜伏期内，病原快速流行传播，最后导致疫情突然暴发，使牛群中病死牛的数量激增，最终给养殖户带来不可挽回的损失。

（2）继发、并发及混合感染比例不断增加　对近年养殖场户疫病的流行特点进行调查可以发现，单一化的传染性疫病发病率呈现下降趋势，多种疫病混合感染呈明显上升趋势。在生产实际中常见同一临床症状多病因、多病联发，很多病例是由 2 种或 2 种以上病原对同一机体产生致病作用。混合和继发感染的病例明显增多，特别是一些条件性、环境性病原微生物所致的疫病更为突出，常常是病毒病与细菌病同时发生或多种细菌病、病毒病、寄生虫病甚至普通病同时发生，多病原的混合和继发感染给诊断和防治工作带来很大的困难，给养牛业带来了很大的威胁。

（3）细菌性疾病防治越来越困难　由于管理意识与规模养殖步伐不一致，尤其是广大农村散养户的疫病防控水平较低及环境生物安全意识淡薄，随着养牛规模的扩大，环境污染越来越重，细菌性疾病明显增多。由于缺乏科学的用药指导，导致临床上盲目用药，或者有的养殖户根本就不愿用药医治，或者把病拖很久了才用药，或者滥用药物、随意加大或减少药品剂量，或者用药持续时间不够，一见临床症状有好转就停药等，导致牛的细菌性疾病反复发作，长此下去，产生了细菌耐药性，诸多抗生素都难以奏效，治疗难度加大。

（4）寄生虫感染率高、危害越来越大，螨病是重点　寄生虫病是危害养牛业的主要疫病之一，目前有上升的趋势。由于缺乏合理的驱虫程序，不仅造成防治效果差，牛的生长速度缓慢，饲料报酬降低，而且使牛的生产性能降低，有的因虫体（如疥螨）寄生于皮肤内形成结节和穿孔，严重影响了养牛业的经济效益，甚至还可能引起细菌感染，导致直接死亡等。

（5）人兽共患病风险高　在我国农业农村部 2023 年发布的新修订的《人畜共患传染病名录》中，炭疽、牛结核病、布鲁氏菌病等疫病可能会直接使人患病，增加对公共卫生安全的威胁。

在规模化生态养牛疫病风险控制过程中，部分传染病的传染性较强，可能会受到环境、地理等因素的影响。因此，养殖人员应当重视人畜共患传染病，在建立科学处理方案的过程中降低此类问题的不利影响。例如牛结核病、布鲁氏菌病、炭疽病等疾病可能会随着空气将病原体传播给人体的呼吸系统，从而增加对公共卫生安全的威胁。

9. 规模化生态养牛疫病发生的原因有哪些?

（1）日常饲养管理的因素　大多数养殖户在养殖过程中由于缺乏对疫病流行的认知，风险意识不强，导致在日常饲养管理中出现了很多问题，具体体现在以下两个方面：一方面，环境控制不合理。牛舍修建简陋，没有按照相关规范科学地规划。有些养牛户为了节省成本开支，就随意建设牛舍，导致牛舍的环境脏乱差，这样一来疫病发生的概率就大大提高了。对于规模化养殖场来说，由于养殖密度较大，牛与牛之间相互接触很容易加重病原体的传播流行，再加上养殖场不注重做好牛舍的清理和卫生消毒工作，使得养殖场的环境恶化，有毒有害气体使得牛的上呼吸道黏膜的保护功能逐渐下降，给多种呼吸系统疾病的传播流行提供了条件。另一方面，饲料搭配不合理。目前，基本都以舍饲养殖为主，一旦出现饲料营养不全面，就会使牛自身抵抗力下降，很容易受到各种疫病病原微生物的侵袭。有些养殖户在喂饲料的过程中，饲料搭配单一，精饲料、粗饲料的配比不合理，出现了营养不平衡的现象。

（2）防疫技术的因素　目前，我国的防疫水平相比以前有所提升，但还是存在很多问题。比如防疫人员缺乏、资金投入不足等。基层防疫设施不健全，人员防疫意识和技术水平参差不齐，实验室检测项目有限。

（3）消毒的因素　在生产中，消毒机制不完善，没有设置周密严谨的防疫消毒机制。有些地区制定了相关的机制，但是在落实过程中不彻底。一旦发生了疫病，很可能会使疫病大面积传播流行，增加了后期疫病防疫的难度。

（4）疫苗免疫接种的因素　做好疫苗免疫接种工作是防范多种疫病传播流行的最有效措施，但很多养殖户存在盲目心理和侥幸心理，认为只要自己养殖的动物不存在明显的临床症状就是健康的。近些年牛传染性疾病呈现出新的流行特点，个别疫病的暴发流行过程中不会表现出明显的临床症状，使得疾病在养殖场中反复发生。某些养殖户虽然能够对牛群进行有效的疫苗免疫接种，但在疫苗免疫接种过程中，也存在诸多不合理的现象，疫苗免疫随意性，常常将多种疫苗一起免疫接种，疫苗之间相互产生了反应，使得牛群存在严重的免疫空白期，这就给疾病的传播流行提供了条件。

10. 养殖场（户）怎么知道牛发生疫病了?

凡是在短时间内出现发病数量增多、死亡率高、产奶量明显下降、出现异常临床症状、常规治疗没有效果时，就要怀疑牛是否感染疫病。

11. 怀疑牛得了疫病，该怎么办?

《中华人民共和国动物防疫法》规定，牛发生传染病时，要进行紧急处置。主要内容如下。

（1）兽医人员要立即向上级部门报告疫情（如口蹄疫等烈性传染病），划定疫区，采取严格封锁措施，组织力量尽快扑灭。

（2）立即将病牛和健康牛隔离，以防健康牛受到传染。就地迅速采取隔离措施，把染疫动物和同群动物分别关好，在养殖场所周边喷洒消毒剂，等待专业人员处理。在此期间，禁止个人买卖动物、屠宰动物、运输动物。

（3）对假定健康牛（与病牛有过接触，目前尚未见发病的牛），必须单独圈养，观察 20 天以上不发病，才能与健康牛合群。

（4）工作人员出入隔离场所要遵守消毒制度，其他人员、畜禽不得进入。

（5）隔离区内的用具、饲料、粪便等，未经彻底消毒不得运出。

（6）没有治疗价值的病牛，在死亡后，要进行焚烧或深埋。

（7）对健康牛和假定健康牛要进行疫苗紧急接种或进行预防性治疗。

12. 动物发生疫病，由谁来向社会发布动物疫情?

《中华人民共和国动物防疫法》明确，国务院农业农村主管部门向社会及时公布全国动物疫情，也可以根据需要授权省、自治区、直辖市人民政府农业农村主管部门公布本行政区域的动物疫情。其他单位和个人不得发布动物疫情。

未经许可，任何单位和个人擅自发布动物疫情，要由县级以上地方人民政府农业农村主管部门责令改正，处三千元以上三万元以下罚款。

根据《中华人民共和国治安管理处罚法》相关规定，发布虚假动物疫情的，按“虚构事实，扰乱公共秩序”处以 15 日以下治安拘留，并处罚款。

13. 动物强制性扑杀后，可以获得补助吗?

国家在预防、控制和扑灭动物疫病过程中，对被强制扑杀动物的所有者给予补偿，补助经费由中央财政和地方财政共同承担。目前纳入中央财政补助范围的强制扑杀疫病种类包括非洲猪瘟、口蹄疫、高致病性禽流感、小反刍兽疫、布鲁氏菌病、结核病、棘球蚴病、马鼻疽和马传贫。

第二章　规模化生态养牛场的疫病防控措施

1. 规模化生态养牛场为什么要建立良好的生物安全体系?

建立良好的生物安全体系是牛群健康的基本保障，是所有疫病防控计划和措施有效实施的基础，也是牛场维持净化状态的最关键手段。牛场生物安全是指为降低外来病原体传入、场内病原体的场内传播以及向场外扩散风险所采取的一整套措施和行为。牛场生物安全是一个系统工程，包括相关的规章制度、组织机构、人员队伍、经费投入、必要的设施设备、安全计划、技术和措施等。规章制度、组织机构、人员队伍和经费投入是生物安全计划实施的基本保障，必要的设施设备是生物安全计划实施的基础。

牛场应有各自的生物安全计划，主要包括如下七大要素：一是做好来访人员、车辆、设备和野生动物的控制；二是做好病原和害虫媒介的控制；三是做好废弃物的处理和控制；四是做好病死动物、排泄物的隔离；五是做好生产、计划和记录；六是做好牛场生产管理；七是做好养殖场投入品的控制。每个要素都涉及具体的技术和措施，共同措施包括隔离和消毒。隔离包括新引入牛的隔离、病牛的隔离、生产区各功能区间的隔离、粪污处理区的隔离、病死动物无害化处理区的隔离、净道和污道间的隔离等；消毒包括人员和车辆的消毒、牛舍内外环境的消毒、各种器械设备用具的消毒、水源与饲料的消毒以及排泄物、污染物和污染场地的消毒等。记录是评估生物安全计划实施效果的重要手段，所有措施行为都必须有记录。

2. 规模化生态养牛场应如何选址和建设?

（1）确定牛场规模　依据牛体大小、生产目的及饲养方式等差异，每头牛占用的牛舍面积也不一样。每头育肥牛所需面积为 1.6 ～ 4.6 米^2，通常有垫草的育肥牛每头牛占 2.3 ～ 4.6 米^2，有隔栏的每头牛占 1.6 ～ 2 米^2。目前小栏散养模式越来越普遍，有利于提高牛只福利和健康水平。一般按牛大小每栏 6 ～ 15 头，每头牛占有面积 4 ～ 5 米^2。牛舍及其他房屋（牛场管理、职工生活及其他附属建筑物）面积为场地总面积的 15% ～ 20%。

（2）场址选择　根据牛场规模选择场址，应进行水文、土壤和气象调查，不能在土壤微量元素缺乏或环境污染区，如重金属超标、农药和抗生素残留超标、水质差、噪声大等环境中选址。选择开阔整齐地形，地势最好为高燥、背风向阳，地下水位 2 米以下，多选沙壤土或沙土土质，易于牛舍及运动场的清洁与卫生干燥，有利于防止蹄病及其他疾病的发生。水源须充足且符合饮用水的卫生要求。交通、电力方便，周围饲料资源尤其是粗饲料资源丰富。

选址应符合兽医卫生和公共安全的要求。依照有关规定，牛场选择应距村庄居民点、医院、学校、饮用水源、公路铁路及化工厂等 1 500 米以上。同时，周围 3 000 米内无养殖场、屠宰场、畜产品加工厂、动物医院、动物隔离区、动物交易市场、农贸市场等潜在传染源的机构。

（3）场区合理布局　牛场布局应符合科学饲养和防疫的要求，统筹和合理安排。场区大门入口应设车辆消毒池和人员消毒室，消毒池和消毒室应是车和人的必经之路。场区内一般按功能分为 5 个区：生活区、管理区、生产区、病畜隔离区、粪尿污水处理区。区间建立最佳生产联系，保持合适间距，应考虑地势和主风向对防疫的影响。

（4）生产区　生产区是牛场的核心，对生产区的布局应给予全面细致的考虑。牛场经营如果是单一或专业化生产，其饲料、牛舍以及附属设施也应比较单一。与饲料贮存、加工配制和运输有关的建筑物，原则上应规划在地势较高处，并保证防疫卫生安全。在饲养过程中，应根据牛的生理特点进行分舍饲养，繁殖母牛和种公牛应按群设运动场。肉牛繁殖场可分为母牛舍、产房、犊牛舍、青年后备牛舍、育肥牛舍等；奶牛场分泌乳牛舍、挤奶厅、干奶牛舍、产房、犊牛舍、青年后备牛舍等。

生产区门口应设车辆消毒池和更衣消毒室。人员进入生产区时，在消毒室换上清净且消毒过的工作服（衣、裤、鞋、帽、口罩等），进行体表臭氧或消毒剂喷雾消毒等，喷雾消毒可用 0.2% 过氧乙酸溶液。消毒通道的地面宜铺设草垫或其他材料的吸水垫，内加 0.5% 次氯酸钠溶液，供鞋底消毒。工作前后应洗手并消毒，消毒可用 0.2% 过氧乙酸溶液或 75% 酒精。确保牛场内净、污道路分离不交叉，雨水与污水排放沟（管）分离。外来人员和车辆原则上不能进入生产区。

牛舍应建在场内生产区中心，尽可能缩短运输路线。修建数栋牛舍时，方向应坐北朝南，以利于采光、防风和保温。牛舍超过 4 栋时，可 2 栋并列配置，前后对齐，相隔 10 米以上。牛舍应设牛床、牛槽、粪尿沟、通行道、工作室和值班室。舍前有运动场，内设自动饮水器、凉棚和饲槽等。牛舍四周和道路两旁应绿化，以调节小气候。

（5）粪尿污水处理区和病畜隔离区　粪尿污水处理和病畜隔离区设在生产区下风地势低处，与生产区保持 300 米以上卫生间距。病牛区应便于隔离，单独通道，便于消毒及污物处理。防止污水、粪尿废弃物蔓延污染环境。

牛场应根据牛位数量设计安装相应处理能力的粪污处理设施设备。粪污处理区应划分明确，与生产区及病牛隔离区隔离。牛场粪污处理基础设施应建在牛场低位下风向，有固定的牛粪堆放储存场所和设施。牛粪储存堆放场所应有防雨棚，地面有防止粪污渗漏、溢流等的措施，同时应有防止野生 / 流浪动物接近或接触的措施。

（6）生活区　职工生活区应在全场上风和地势较高的地段，以使牛场产生的不良气味、噪声、粪便和污水不致因风向与地表径流而污染生活环境，减少人兽共患病的传播风险。同时，生活区也应有相应的卫生管理措施，包括生活垃圾、厨房泔水及厕所的管理，以减少相关人员和动物传染因子向生产区传播的风险。

（7）管理区　管理区包括经营管理、产品加工销售有关的建筑物。在规划管理区时，应有效利用原有道路和输电线路，充分考虑饲料和生产资料的供应、产品销售等。在牛场有加工项目时，应独立组成加工区，不应设在饲料生产区内。汽车库应设在管理区。除饲料仓库外，其他仓库也应设在管理区。管理区与生产区应加以隔离，保证 50 米以上距离，外来人员只能在管理区内活动，场外运输车辆严禁进入生产区。

3. 怎样进行牛场投入品管理？

牛场的投入品主要包括饲料及饲料相关产品（如原料、添加剂等）、水、兽药、垫料、冻精、胚胎及其他非常规物品等。在将投入品向牛场输入时，都有可能引入病原体。

采购投入品的整体原则：严禁从疫区采购；低风险区严禁从高风险区采购。所有从外购进的投入品均应有采购记录，主要包括产品名称、产地、批号、数量、保质期、许可证编号、质量检验信息、进货日期、生产企业或者供货者名称及其联系方式等。记录的保存期限不少于 3 年。

饲料及饲料相关产品、兽药等生产资料的采购须从有信誉、能够提供产品质量安全保障的大宗供应商处购买。要求供应商保证所供应商品不含病原体。禁止采购中华人民共和国国务院和农业农村行政主管部门公布的饲料原料目录、饲料添加剂品种目录和药物饲料添加剂品种目录以外的任何原料和产品。确保饲料原料及饲料添加剂等生产资料中不含有任何动物源性成分。饲料添加剂产品的使用应遵循产品标签所规定的用法与用量。确保饲料在有效期内使用，超过有效期的饲料应按要求处置。饲料及饲料相关产品应贮存在干燥和干净场地，妥善护盖，防止霉变和受潮，定期监测饲料，确保饲料符合使用要求；定期清洁料槽，防止污染；安全处理陈旧或被污染饲料，处理点需远离家畜并确保不被害虫和病原侵袭；对撒落的饲料要及时清除，以免随风或其他方式（车轮、衣服等）在牛场四处扩散。

确保不购买且不饲喂动物源性物质，并确保所有职工知晓这些规定。养殖场严禁参观者投喂家畜，禁止饲喂泔水。

牛饮用水应符合人饮用水的质量要求。水源是多种病原体生存的良好场所，同时也是传播病原体的良好媒介。牛场应定期监测水源并尽可能地遮盖水源，确保水源远离野生动物；水槽应有足够高度，减少牛粪的污染；定期清洁水槽，不许长期贮水，防止招引昆虫和传播疾病的害虫；定期监测水塔，防止被野生动物损坏或被化学物质污染；确保水路畅通；必要时须对牛场饮用水进行消毒。饮用水消毒剂主要有氯制剂（漂白粉、二氯异氰脲酸钠、次氯酸钠和氯胺 T）、碘制剂和二氧化氯。二氧化氯消毒效果较好，但价格较高，因此目前多以漂白粉消毒为主。未过滤的水每立方米加入 25% 有效氯漂白粉 6 ～ 10 克、过滤过或用明矾沉淀过的清水加 2 ～ 4 克。

原则上牛场不允许饲养其他动物，如必须饲养，则须严格保证动物的健康，对该动物进行免疫及驱虫，如对犬进行狂犬病疫苗免疫和棘球蚴病预防性驱虫等。

任何时候牛场都必须从可靠途径引入牛只。应确保供应商能提供牛只健康声明和免疫检疫记录；详细记录牛只来源，并在购买前检查和确认牛只健康状况和免疫状况，必要时在起运 2 周前接种牛口蹄疫二价或三价疫苗。新购入牛只进场前要在隔离区隔离 21 天以上，经检测无疫、进行了必要疫苗接种和驱虫后方可并群。本场牛出场后又返还（如参加比赛、展销活动等）时应和新引进牛一样，确保运输工具进行了完全的清洁消毒，在牛到达后检查健康状况，隔离 21 天以上确保无病后才能并群。

在引入其他投入性产品时，如果该物品可能会给养殖场带来风险，则需要检查该物品的来源，并确认无危害后方可使用。

4. 对牛场的输出品怎样进行管控?

牛场输出品主要包括活牛、胴体、废液和废弃物。当牛只发病时不允许外运；确保所有装车的牛都是健康的，并记录运抵的地点，同时应提供健康证明。在确保动物健康方面，须专业兽医对牛健康作出准确评估。同时，运输车辆应彻底消毒。

当本场牛外出展销或市场销售时，如需重新返回群体时，按新引进动物处理。

每天及时清除牛舍内及运动场垫草、污物和粪便，并将粪污通过污道运送到堆积贮存处。收集的粪污应尽量避免有泥沙、石块等杂质。含有尿液和粪液的废水经收集后可进一步进行厌氧发酵或好氧处理。如果有沼气处理设施，冲洗污水通过专用排污管、沟进入沼气池。牛粪集中后，采用干湿分离机将水分和粪渣分离，粪渣堆积密闭 30 天后，即可作为有机肥使用。实施干粪堆积密闭发酵，控制相对湿度为 70% 左右，可杀灭病原微生物、寄生虫卵等，达到消毒杀菌的目的。

越来越多的企业使用生物发酵床或“床场一体化”的模式，以减少废物排放并实现资源化利用。“床场一体化”是一种新型养殖模式，是将牛床和运动场融为一体，结合现代微生物发酵处理技术而形成的一种环保、安全、有效的生态养殖技术。使用时应注意养殖密度，以保证牛排泄的粪尿被垫料全部吸收，实现粪尿零排放。

胴体、废液及废物（包括牛粪尿、污水、垫草垫料、饲料或饲草残渣、臭气、医疗垃圾和病死动物尸体等）须有专门的隔离处理点，避免污染物传播的可能，防止野生或家养动物进入。病死动物尸体和废物应在隔离区处理，并尽可能考虑对环境和公共安全的影响，控制废液，避免潜在疾病传播，必要时可通过种植作物或防风林减少废液的迁移。

5. 养殖粪污如何处理?

规模化生态养牛会给每个养殖场带来大量的粪污，其处理也是规模化养殖场的难题之一。畜禽粪污若得不到有效处理，不仅对环境造成严重的污染，而且也对牛健康造成极大的危害。粪污处理的有效性直接与牛的福利养殖紧密关联，直接影响着牛的饲养环境。而在牛的生态养殖过程中，饲养环境是保证牛健康成长的前提。

（1）规模化养殖污染现状　牛规模化养殖在扩大养殖户经济效益的同时，

也给当地的生态环境带来了严重的污染。由于规模化牛养殖逐渐从农区、牧区转移到城镇郊区，从而造成农牧脱节。牛粪便不能及时施用于农田，粪便堆积引发环境污染；而农业上不得不使用化肥来代替有机肥，造成恶性循环。养殖过程中滥用抗生素、金属微量元素的现象普遍存在，这些药物残留可通过食物链富集，对人体造成严重损害。

①水体污染。规模化牛养殖场排出的粪便和污水中含有大量的污染物质，污染物质主要包括未利用的有机物、氮磷元素以及重金属元素等。粪便中大量的碳水化合物及含氮化合物会被微生物分解为氮磷等元素，其在大量消耗水体中溶解氧（DO）的同时会被厌氧分解为腐败有机物质，从而导致水质恶化。牛对氮磷元素不能有效地利用，大量的氮磷会随着粪便排入水体中。水体中的氮磷元素含量如果超过一定阈值就会引起水体富营养化，从而导致藻类的大量繁殖，引发一系列生态问题，严重威胁生态系统平衡。

②土壤污染。养殖场粪便和污水在对水体污染的同时，也对土壤造成了严重的污染。当污染水体流经地表河流时，大量氮磷渗入土壤中，造成土壤的营养积累。同时，污染水体中的微量元素也会随地表河流渗入土壤，导致土壤质地和微生物结构被破坏，从而影响作物产量和养分含量。此外，土壤富集的元素还可通过食物链再次富集，直接威胁牛健康和人类的安全。

③空气污染。在牛养殖过程中如果不能及时清理粪便，粪便中的碳水化合物和蛋白质就容易发酵分解，产生大量的NH_3、H、S以及挥发性有机酸、粪臭素等有恶臭的有害气体，这些气体不仅容易引发牛呼吸道疾病和其他疾病，还会影响养殖户及养殖场周围居民的健康。生物污染畜禽粪便及污水中含有大量病原微生物和寄生虫虫卵，粪便及污水一旦随便堆放或处理不当，极易造成牛传染病和寄生虫病的蔓延，甚至引起人兽共患病。

（2）*规模化畜禽养殖污染的解决方法*　①合理布局。优化牛养殖场的设计方案，合理选址，科学布局。避开城市集中饮用水源地、人口稠密区及环境敏感区域。控制养殖规模，控制单位面积的畜禽数量，保证牛数量与当地环境的自净能力相适应。同时，养殖场建造时要设置隔离带或者绿化带，保证养殖场周围的安全和生活环境质量。在建立规模化养殖场时，要遵循与环境保护措施相适应的设计、施工和投入使用制度。

②合理喂食。要精确计算饲料营养价值，使之能够匹配牛的营养需求。合理配制饲料，按照不同阶段和目的及时调整配比，从而降低养分的过度供给和牛的排泄量。加快环保型饲料和生物饲料的研发及应用。环保型饲料是通过添加生物活性物质和合成氨基酸来降低牛氮和磷的排泄量，生物饲料是普通饲料

经有益的微生物发酵制成的优质饲料。此外，还可通过降低饲料中抗营养因子的量，在提高饲料养分利用率的同时降低氮和磷的排出量。

③合理处理粪便。目前养殖场对粪便的处理方法主要有肥料化、饲料化、能源化 3 个方法。肥料化又分为 3 个方式，土地还原法、腐熟堆肥法以及生物处理法，这 3 种方法在改良土壤、提高农业产量方面均起着重要的作用。粪便的饲料化是将粪便中未消化的蛋白质、B 族维生素、矿物质元素、粗脂肪以及碳水化合物经过加工处理再次成为饲料的技术，是粪便综合利用的重要途径。粪便的能源化是将粪便中的能量转化成可燃气体或者直接焚烧粪便来获得能量，实现了物质与能量多层次循环利用。

6. 病死牛尸体无害化处理主要有哪几种方法?

对病死牛必须进行尸体无害化处理。常用的处理方法有 4 种。

（1）掩埋　掩埋是指按照相关规定，将动物尸体及相关动物产品投入掩埋坑或化尸窖，通过覆盖、消毒，发酵或分解动物尸体及相关动物产品的方法。掩埋法是一种简单、经济、实用的无害化处理方法，在实践应用中，又可分为直接掩埋法和化尸窖掩埋法。

化尸窖又称密闭沉尸井，是指按照《畜禽养殖业污染防治技术规范》（HJ/T 81—2001）要求，在地面挖坑后，采用砖和混凝土结构施工建设的密封池。化尸窖处理技术，即以适量容积的化尸窖沉积动物尸体，让其自然腐烂降解的方法。化尸窖的类型从建筑材料上分为砖混结构和钢结构两种，前者为建在固定场所的地窖，后者则可移动。从池底结构上，地窖式化尸窖分为湿法发酵和干法发酵两种，前者的底部有固化，可防止渗漏，后者的底部则无固化。钢结构的化尸窖属于湿法发酵。

（2）焚烧　是指将病死动物尸体及相关动物产品堆放在足够的燃料物上或放在焚烧炉中，确保获得最大的燃烧火焰，在富氧或无氧条件下进行氧化反应或热解反应，在最短的时间内达到无害化的目的。焚烧应尽量减少新的污染物质产生，避免造成二次污染。焚烧法可采用的方法有：开放式焚烧法、直接焚烧法和炭化焚烧法等。

（3）化制处理　化制处理是指将病死动物尸体投入密闭的高压容器内，在高温、高压等条件作用下，将病死动物尸体消解转化为无菌水溶液（以氨基酸为主）和干物质骨渣，同时将所有病原微生物彻底杀灭的过程。该方法借助于高温、高压，病原体杀灭率可达 99.99%。化制法包括干化法、湿化法和碱解法。

（4）发酵 发酵是指将动物尸体及相关动物产品与稻糠、木屑等辅料按要求摆放，利用动物尸体及相关动物产品产生的生物热或加入特定生物制剂，发酵或分解动物尸体及相关动物产品的方法。传统的发酵法需时较长，一般 1 ～ 3 个月才能完成。随着一些嗜高温菌种的应用和工艺改进，处理时间可缩短至 12 ～ 48 小时。

7. 规模化生态牛场对人、车辆、设备和野生动物应如何管理？

原则上养殖场严禁外人参观，如必须进入，须经主管领导批准，并严格限制外来人员在养殖场范围内的行动路线，减少不必要的移动。

牛场内应尽量减少入口，并限制外来人员及车辆的进入。对于允许进入生产区的入口，须设立“未经许可，禁止入内”的标识。

原则上不允许车辆由高风险区向低风险区移动，如十分必要，则须对车辆、司机和随车人员进行严格消毒。车辆在进入场区前应对车身、车顶和底盘进行喷雾消毒，在消毒池中对轮胎进行浸渍消毒，消毒剂常用 2% 氢氧化钠（又称烧碱、火碱、苛性钠）溶液，每周更换 2 ～ 3 次，保证足量药液和药物有效浓度；兽医器械、配种器械等在使用前后进行彻底清洗、烘干、烘烤消毒或高压灭菌。

当来访者进入养殖区时，应穿防护服，进行个人清洁和消毒。在允许进入区，养殖场应为到达和离开人员及车辆提供清洁靴和消毒设备等相关设施。相关标识应设置在醒目之处，让来访者容易看到，以确保其了解牛场生物安全的要求及到达后需要进行的操作。养殖场详细登记和监督来访者的活动。

养殖场应确保场内所有员工知晓各自在生物安全中的作用；保证所有负责牛只饲养管理的员工知晓如何识别病牛和受伤牛，并知晓在发生不同类型疾病时该如何反应及行动。

生产管理人员应减少场间和牛舍间互借设备或生产用具，对借出器具应确保用前、用后的清洁消毒。

牛场生产用具主要包括饲喂用具、料槽、车辆、兽医用具、助产用具和配种用具等，须定期用 0.1% 新洁尔灭溶液或 0.2% ～ 0.5% 过氧乙酸溶液对饲喂用具、料槽等进行消毒。

牛场应严密监控和管理野生动物及流浪动物，防止传播疾病。牛场应防止家养动物、流浪动物和野生动物接触废物处理场，必要时采取措施清除野生和流浪动物。养殖场应定期进行核实和监测，并对可能产生的生物安全隐患进行评估，制定措施及时消除安全隐患。

8. 如何管理牛场员工的生产行为？

养殖场应培养员工养成良好的生产习惯，保证所有员工明白早期检测和报告疾病症状的重要性。如发现非正常发病或死亡牛，应尽早咨询兽医或当地兽医疾病防控人员。牛场应定期对场内牛只进行健康状况的评估，定期检查重要牛病，如牛结核病和布鲁氏菌病，确保早期检出发病或感染的动物。

牛场应对已知疾病实施防控措施，当有疫病暴发时，按规定隔离和治疗发病牛或易感牛，对病死牛尸体尽快进行无害化处理，同时兼顾环境和公共卫生安全。

牛场应保证所有员工对已知风险疾病进行了疫苗免疫，必要时须对动物进行人兽共患病免疫。工作人员要定期体检。人兽共患病患者，如结核病患者、肝炎患者，不得进入生产区和从事养牛工作。

9. 如何做好牛场的安全生产计划、培训、记录和评估？

根据牛场面临的主要疫病风险，制订牛场的生物安全计划，计划应包括企业生物安全管理机构、人员职责、规章制度、疫病控制和净化目标、主要风险防控和具体措施。

养殖场应定期对场内所有员工进行生物安全方面的知识培训，让员工熟知各项生物安全措施，并自觉组织实施。养殖场应详细记录各项措施的实施情况，并定期评估计划实施效果与牛场生物安全状况，以及时发现安全隐患并采取相应控制措施。

牛场可根据生物安全计划自行设计评估内容，评估可分定性评估与定量评估，表 2–1 是养牛场新引入牛的生物安全定性评估表，可供参考。

表 2–1　养牛场新进牛的生物安全定性评估

序号	内容	参考文件	措施	是 / 否
1	所有新引进牛到场前进行了健康检查吗？	供应商声明，动物健康声明	买前检测或兽医检测 / 证明	
2	供应商能提供所买牛的治疗和健康状况信息吗？	供应商声明，动物健康声明	向供应商索要动物健康相关信息	
3	所有新进牛都经历了隔离期吗？	动物接收和检测表	隔离数天（建议 21 天）	
4	未知健康状况的新进牛和原场内易感牛群（如幼年动物或妊娠动物）是隔离饲养吗？	牛场记录	隔离数天（建议 21 天）	

续表

序号	内容	参考文件	措施	是 / 否
5	所购牛在出场前有足够时间排空肠胃吗?	动物接收和检测表	应在产地维持 24 ～ 48 小时的胃肠排空时间	
6	所有新进牛都按照相关规定进行了身份证号的转移与重新编号吗?	相关资料库	所有新进牛到达新场后应在 48 小时内完成身份证号的转移与重新编号	

10. 防疫工作的基本原则是什么?

（1）加强防控技术研究，提升我国动物传染病防控能力　随着现代化动物养殖规模的日益扩大，传染病发生或流行会给生产带来越来越严重的损失，特别是一些传播能力较强的传染病。一旦发生即可在动物群中迅速蔓延，有时甚至来不及采取相应的措施就已经造成疫病的大面积扩散和流行。因此，必须重视并坚决贯彻“预防为主”的防治原则。

另外，还应尽快完善新技术并迅速加以推广应用，全面提高我国动物传染病防控能力与水平，确保我国养殖业的健康发展和人民财产安全。鼓励到生产实践中去推广动物传染病新技术，提高科技成果转化对现代养殖业发展的支持力度。同时，着力改变“重治轻防”的传统兽医防疫模式，建立健康的兽医防疫体系，为我国畜牧业绿色可持续发展提供平台支撑。

（2）逐步完善兽医防疫法律法规建设，形成有效的疫病防控工作体系　兽医行政部门要以兽医流行病学和动物传染病学的基本理论为指导，以《中华人民共和国动物防疫法》等法律法规为依据，根据动物生产的规律，制定和完善动物保健和疫病防治相关的法规条例，以规范动物传染病的防治。从全局出发，统一部署，各相关部门密切配合，建立、完善动物产品生产全过程的动物防疫监管机制。建立和完善垂直管理的官方兽医体制，实现对动物饲养、管理、屠宰、加工、销售等各个环节的全程监控。

（3）建立并依靠动物传染病流行病学调查监测平台，全面有效处理突发性动物传染病疫情不同传染病在时间、地区及动物群中的分布特征、危害程度和影响流行的因素有一定的差异。

制订适合本地区或养殖场的疫病防治计划或措施必须建立在对该地区展开流行病学调查和研究的基础上。建立动物传染病流行病学调查监测平台及疫情通报网络，实时监控疫情发生情况，迅速针对突发疫情制订并实施有效防控措施，是控制或消灭动物传染病的有力手段。在实施和执行综合性措施时，需要考虑不同传染病的特点及不同时期、不同地点和动物群的具体情况，突出主要因素和主导措施，即使为同一种疾病，在不同情况下也可能有不同的主导措施，在具体条件下究竟应采取哪些主导措施要根据具体情况而定。

11. 牛传染病防疫工作的基本内容有哪些?

传染源、传播途径和易感动物 3 个环节决定了动物传染病的流行。因此，要从消除或切断 3 个基本环节及其相互联系来制订防疫措施，以预防或遏制牛传染病的流行。综合性防疫措施的制订至关重要。综合性防疫措施可分为平时的预防措施和发生传染病时的扑灭措施。

（1）平时的预防措施　制订标准化动物饲养模式、实行健康养殖和生物安全动物生产体系、贯彻自繁自养和全进全出原则；定期制订预防接种计划，提高动物特异性免疫水平；平时注意消毒、杀虫、灭鼠及对粪便和废弃物等的无害化处理；严格执行各项检疫工作，根除垂直传播的传染病，防止外来传染病的侵入，及时发现并消灭传染源。

（2）发生传染病时的扑灭措施　发现疫情后及时上报，尽快通知邻近单位做好预防工作，迅速诊断并查明疾病来源；尽快隔离或扑杀患病动物，对污染的场所和环境进行紧急消毒。重大传染病（如口蹄疫、炭疽、高致病性禽流感等）须依法采取封锁等综合性措施；必要时可使用疫苗或特异性抗体进行紧急预防接种，对可疑动物进行治疗或预防性治疗；完善和强化养殖场的生物安全措施，并依法进行病死和淘汰患病动物的无害化处理。

12. 怎样进行疫情报告与诊断?

（1）疫情报告　当牛突然死亡或怀疑发生传染病时，应立即通知兽医人员。

在兽医人员尚未到场或未作出诊断之前，应迅速隔离疑似病牛；对病牛停留或接触过的地方和污染的环境、用具进行消毒；密切接触的同群牛不得随便急宰或转移与出售；病牛的皮、肉、内脏禁止食用。

从事动物疫情监测、检验检疫、传染病诊疗与研究以及动物饲养、生产、屠宰、经营加工、贮藏、隔离运输、采购畜禽及其产品等活动的单位和个人，一旦发现有牛突然死亡或者疑似染疫时，应当立即向当地兽医主管部门、动物卫生监督机构或者动物传染病预防控制机构报告，并采取隔离消毒等控制措施，以防止疫情的进一步扩散。

接到动物疫情报告的单位，应及时采取必要的控制处理措施，并按照国家规定程序上报。紧急疫情应以最迅速的方式上报有关领导部门。

（2）传染病的诊断　动物疫病的控制和消灭均应建立在正确诊断的基础上。传染病的诊断方法通常分为两大类。临床诊断（包括流行病学、临床症状、病理解剖学诊断等）和实验室诊断（包括病理组织学、病原学、血清学和分子生物学方法等）。

同一种传染病可用不同的方法进行诊断，而不同检测方法的特异性、敏感性、稳定性和判定标准又有一定差异。因此，对病例进行确诊往往需要多种方法的联合使用。

13. 怎样进行检疫、隔离与封锁？

（1）检疫　动物检疫是遵照国家法律、运用强制性手段和科学技术方法对动物及其相关产品和物品进行传染病的检查（包括病原体或抗体的检查）。检疫的目的是查出传染源，以便切断可能的传播途径，防止传染病传入和扩散。实施检疫的动物包括各种家畜、家禽、皮毛兽、实验动物、野生动物和蜜蜂、鱼苗、鱼种等；动物产品包括生皮张、生毛类、生肉、种蛋、鱼粉、兽骨、蹄角等；运载工具包括运输动物及其产品的车船、飞机、包装、铺垫材料、饲养工具和饲料等。

动物检疫可分为动物生产地区的检疫、运输检疫和国际口岸检疫。

（2）隔离　隔离是控制传染源、防治传染病的重要措施之一。将不同健康状态的动物严格分离、隔开，完全彻底切断其间的来往接触以防传染病的传播或蔓延即为隔离。

隔离对象分为 2 种，包括新引进动物的隔离和传染病发生时对病畜和可疑感染病畜的隔离。在传染病流行时应首先查明传染病在畜群中的蔓延程度，将畜群分为病畜、可疑感染家畜和假定健康家畜三大群。

其中，有典型或类似症状或实验室检查阳性的动物均可列为病畜。它们是最危险的传染源，应迅速隔离，并划出适当范围的隔离区，区内用具、饲料、粪便等未经彻底消毒处理不得运出。人员出入严格遵守消毒制度。隔离观察时间的长短应根据患病动物带、排菌（毒）的时间长短而定。

没有任何症状，但与患病动物及其污染环境有过明显接触的动物为可疑感染动物。这些动物有可能处在潜伏期，并有排毒（菌）的危险。应限制其活动，经常消毒，详细观察，出现症状的按患病动物处理，有条件的应立即进行紧急免疫接种或预防性治疗。隔离观察时间应根据该传染病的最长潜伏期长短而定。经最长潜伏期后仍无病例出现时，可取消其限制。

除上述 2 类外，疫区内其他易感动物均属于假定健康动物。应禁止假定健康动物与以上 2 类动物接触，加强防疫消毒和相应的保护措施，立即进行紧急免疫接种。必要时，可根据实际情况分散喂养或转移至偏僻牧地。

（3）封锁　封锁就是切断或限制疫区与周围地区的往来自由，以避免传染病的扩散及安全区健康动物的误入。当暴发某些重大传染病时，除了采取隔离、扑杀、销毁、消毒和紧急免疫接种等强制性措施外，还应划区封锁。《中华人民共和国动物防疫法》规定，当确诊为牛瘟、口蹄疫、炭疽、猪水疱病、猪瘟、非洲猪瘟、牛肺疫、高致病性禽流感、高致病性蓝耳病等重大传染病以及严重的人兽共患病或当地新发现的重大疫情时，兽医人员应立即报请当地政府机关，划定疫区范围，进行封锁。其目的是要把传染病控制在封锁区内，保护更大区域畜群的安全和人民健康。

封锁的疫点原则上应严禁人员、车辆出入和畜禽产品及可能污染的物品运出。在特殊情况下人员必须出入时，须经有关兽医人员许可，经严格消毒后出入。县级以上农牧部门有权扑杀病死畜禽及其同群畜禽并实行销毁或无害化处理等措施。疫点内的畜禽粪便、垫草垫料、受污染的草料必须在兽医人员监督指导下进行无害化处理。牧区畜禽与放牧水禽必须在指定牧场放牧，役畜限制在疫区内使役。

封锁的解除需要在确认疫区内（包括疫点）最后一头病畜扑杀或痊愈后，经过至少 1 个潜伏期的监测，未再出现病畜禽，经彻底消毒清扫，由县级以上农牧部门检查合格后，报原发布封锁令的政府发布解除封锁令，并通报毗邻地区和有关部门。疫区解除封锁后，病愈畜禽须根据其带毒时间，控制在原疫区范围内活动。

14. 如何制订牛场的防疫计划？

制订牛场的防疫计划是确保牛群健康和牛场运营的关键步骤。以下是一些关键的防疫措施和策略，以确保牛场的健康和安全。

（1）加强组织领导和精心组织实施　有关部门应高度重视动物防疫工作，将春、秋两季的集中防疫会战作为首要任务，确保思想认识到位、安排部署到位、工作措施到位、任务完成到位。这包括加强组织领导，精心组织实施，确保不发生重大动物疫情。

（2）落实工作经费，确保正常开展　动物防疫所需疫苗、消毒液、器械、防护用品等物资应由县级动物疫控部门统一安排，确保春、秋季防疫会战顺利进行。

（3）认真开展培训，强化队伍技能 在集中免疫前，应组织开展专业技术人员和基层动物防疫员的操作技术和自我防护知识培训，全面提升防疫人员防控技术水平和实际操作能力。

（4）创新服务方式，深化防疫改革 全面实行兽医社会化服务新模式，形成政府主导的公益性兽医服务和市场主导的经营性兽医服务相结合的新格局。引进第三方组织，创新工作模式，依法落实相关部门防疫责任。

（5）加大考核力度，提升防疫质量 在春、秋季防疫集中会战期间，要加大自查力度，查遗补漏，针对防控工作的重点和关键环节，深入实地开展督查，发现问题及时整改。

（6）加强养殖设施的管理 对养殖设施进行定期维护和检修，确保设施的正常运行，并及时修复损坏的设施，避免疫病因此而产生。加强养殖设施的隔离措施，减少病原体的传播，防止疫病的蔓延。

（7）定期开展综合防疫演练 对疫病防控人员进行定期的演练，包括应急预案的熟悉和操作技能的培训，提高应对突发事件的能力。定期组织防疫演练，模拟各种疫情，检验和提高防疫控制的效果。

（8）控制传染媒介的传播 控制传染媒介如昆虫、啮齿动物、害虫等，它们可以携带病原体进入牛群并传播疾病。牛场管理者应定期进行卫生消毒，清理牛舍周围的杂草和垃圾，减少传染媒介的滋生和繁殖。

（9）合理的饲养管理 根据牛群的需要提供充足的饲料和水，保持饲养环境的卫生。应避免过度放牧和过度拥挤，控制牛群的数量来保证牛群的健康。饲料的质量也非常关键，应确保饲料的卫生和营养价值。

15. 化学消毒剂有哪些？

（1）卤素类消毒剂 含氯消毒剂：杀菌能力强，刺激性小，杀菌作用缓慢而持久。如漂白粉、氯化磷酸三钠、液氯、二氯异氰尿酸等。含碘消毒剂：稳定性好，安全性高，杀菌能力强，但生物降解性差，长期使用会对环境造成破坏。如聚维酮碘、碘酊、碘甘油等。卤化消毒剂：包括二氯海因、二溴海因、溴氯海因等，以二氯海因效果最好。

（2）氧化剂类消毒剂 包括过氧乙酸、过氧化氢、臭氧、二氧化氯、酸性氧化电位水等。具有强氧化能力，是一类广谱、高效的消毒剂，作用时间快，无毒、无害、无残留，且不产生抗药性，特别适合饮水消毒。由于其化学性质不稳定，须现配现用。

（3）烷基化气体类消毒剂 可杀灭各种微生物，包括细菌、真菌和病毒。

这类消毒剂包括环氧乙烷、环氧丙烷和乙型丙内酯等。

（4）醛类消毒剂　如甲醛、戊二醛等。杀菌能力强，速度快，对细菌、真菌、病毒等均有作用，对物品腐蚀性小，但是甲醛刺激性大，对牛体有一定毒害。

（5）酚类消毒剂　包括苯酚、甲酚皂溶液、复合酚类等。能抑制和杀灭一般细菌、病毒，还能杀灭蚊卵，但杀菌效力低，对环境易造成污染，对牛体有一定毒害。

（6）醇类消毒剂　适用于皮肤术部消毒，如乙醇、异丙醇等。

（7）季铵盐类消毒剂　低效消毒剂，毒性小，杀菌效率高，化学性质稳定，分散及缓释作用好，但易受水硬度及有机物影响，长期单独使用易产生抗药性，对部分亲脂性病毒有效，对无囊膜病毒无效。适用于皮肤、黏膜的消毒，如苯扎溴铵、度米芬等。

（8）二胍类消毒剂　为低效消毒剂，适用于皮肤、黏膜的防腐，也用于环境表面的消毒，如氯己定等。

（9）酸碱类消毒剂　酸类消毒剂包括乳酸、醋酸、硼酸、水杨酸等。碱类消毒剂包括氢氧化钠、氢氧化钾、氧化钙等。

（10）重金属盐类消毒剂　适用于皮肤、黏膜的消毒防腐，有抑菌作用，杀菌作用不强，如红汞、硫柳汞、硝酸银等。

16. 牛场应常备哪些消毒药?

（1）福尔马林　38% ～ 40% 的甲醛溶液称为福尔马林。用 2% 的福尔马林浸泡消毒器械（1 ～ 2 小时）；用 2% ～ 4% 的福尔马林，喷洒消毒牛舍墙壁、地面、饲槽等；用 1% 的福尔马林，喷洒消毒牛体体表；熏蒸消毒时，每立方米空间用福尔马林 25 毫升、水 12.5 毫升、高锰酸钾 25 克，将高锰酸钾倒入福尔马林和水预先混合的非金属容器内反应，关闭门窗 12 ～ 24 小时，通风后再使用。

（2）漂白粉　主要成分为次氯酸钙，能杀灭细菌、细菌芽孢、病毒等。用于饮水消毒时，每立方米水加入漂白粉 5 ～ 10 克，30 分钟后方可使用。10% ～ 20% 漂白粉乳剂，可用于牛舍、粪池、车辆、排泄物和环境的消毒。漂白粉可喷洒、喷雾，也可用干粉撒布。

（3）次氯酸钠　能有效杀灭各种细菌及芽孢、真菌、病毒等。用于饮水消毒时，每立方米水加次氯酸钠 30 ～ 50 毫克，作用 30 分钟；环境消毒，每立方米水加次氯酸钠 20 ～ 50 克，搅拌后对环境进行喷洒、喷雾或冲洗；饲槽、用具等消毒，每立方米水加次氯酸钠 10 ～ 15 克，搅拌后刷洗，作用 30 分钟。

（4）碘酊　又称碘酒，5% 碘酊用于手术部位、注射部位以及各种创伤或感染的皮肤、黏膜的消毒。10% 碘酊为皮肤刺激药，用于治疗慢性腱炎、关节炎。

（5）碘甘油　5% 碘甘油用于鼻腔黏膜、口腔黏膜，以及幼牛的皮肤和母牛的乳房皮肤消毒，还可用于清洗脓腔。

（6）聚维酮碘（碘附）　具有高效、快速、低毒、广谱等特点，对各种细菌繁殖体、细菌芽孢、病毒、真菌、螺旋体、衣原体及滴虫等有较强的杀灭作用。用于饮水消毒时，每立方米水加聚维酮碘 0.2 克；用于黏膜消毒时，可用 0.2% 聚维酮碘溶液直接冲洗阴道、子宫、乳室等；清创处理时，可用 0.3% ～ 0.5% 聚维酮碘溶液直接冲洗创口。

（7）过氧化氢　又称双氧水，可快速灭活多种微生物，如致病性细菌、细菌芽孢、真菌孢子、病毒等。气雾用于空气、物体表面消毒；溶液用于饮水器、饲槽、用具、手等消毒。牛舍空气消毒时，用 1.5% ～ 3% 过氧化氢喷雾，每立方米 20 毫升，作用 20 ～ 30 分钟。10% 过氧化氢可杀灭细菌芽孢，浓度、温度和湿度越高，杀菌力越强。

（8）臭氧　具有广谱杀灭微生物的作用。能有效杀灭各种细菌及芽孢、真菌孢子、病毒等，兼有除臭、增氧的作用。适用于空气、饮水、用具等消毒。用于饮水消毒时，臭氧浓度 0.5 ～ 1.5 毫克 / 升，作用 5 ～ 10 分钟。

（9）二氧化氯　适用于牛舍、饮水、用具等消毒，能杀灭各种细菌、病毒、真菌等微生物。用于环境、牛舍、用具、空气等消毒时，浓度为 200 毫克 / 升；用于饮水消毒时，浓度为 0.5 毫克 / 升；用于用具、牛体表消毒时，浓度为 200 毫克 / 升；用于产房消毒时，浓度为 500 毫克 / 升；用于烈性传染病及疫源地消毒时，浓度为 1 000 毫克 / 升；用于饲料防霉时，每吨用 100 毫升浓度为 100 毫克 / 升的消毒液喷雾。

（10）高锰酸钾　可有效杀灭细菌繁殖体、细菌芽孢、真菌和部分病毒。0.1% ～ 0.2% 的高锰酸钾水溶液，主要用于临产母牛乳头、会阴和产科局部消毒，还可用于处理创伤和溃疡等。0.01% ～ 0.05% 的高锰酸钾水溶液，可用于中毒时洗胃。

（11）甲酚皂溶液　又称来苏尔，为甲醛、植物油、氢氧化钠的皂化液，能有效杀灭细菌繁殖体、真菌和大部分病毒。1% ～ 2% 溶液，用于手、皮肤消毒；3% ～ 5% 溶液，用于器械、用具、地面、墙壁等消毒；5% ～ 10% 溶液，用于环境、牛排泄物及实验室细菌材料的消毒。

（12）百毒杀　为双链季铵盐类消毒剂，毒性低、无刺激性。饮水消毒时，预防量按有效药量 10 000 ～ 20 000 倍稀释，疫病发生时按 5 000 ～ 10 000 倍稀释。牛舍及环境、用具消毒时，预防量按 3 000 倍稀释，疫病发生时按 1 000 倍稀释。牛体喷雾消毒时，按 3 000 倍稀释。

（13）乙醇　又称酒精，可快速、有效杀灭多种微生物，如细菌繁殖体、真菌和多种病毒，但不能杀灭细菌芽孢。75% 乙醇常用于皮肤、物体表面、诊疗器械和器材等消毒。

（14）氢氧化钠　1% 的水溶液，用于玻璃器皿的消毒；2% ～ 3% 的水溶液，用于喷洒牛舍、饲槽、运输工具等进行消毒，还可以作为消毒池用药；5% 的水溶液，可用于炭疽芽孢污染场地的消毒。氢氧化钠具有较强的腐蚀性，消毒后应彻底清洗。

（15）生石灰　加入相当生石灰重量 70% ～ 100% 的水，即生成熟石灰。可杀灭多种病原菌，但对细菌芽孢无效。常用 20% 石灰乳溶液进行环境、圈舍、地面、垫料、粪便等消毒。

17. 化学消毒的方法和常用设备有哪些?

（1）化学消毒的方法　①喷洒法。将消毒液均匀喷洒在被消毒物体上进行消毒。

②喷雾法。将消毒液通过喷雾形式对物体表面、动物体表进行消毒。

③擦拭法。将消毒药品擦拭在物体表面或动物体表皮肤、黏膜、伤口等处进行消毒。

④发泡法。把高浓度的消毒液用专用的发泡机制成泡沫散布在牛舍表面和设施表面进行消毒。相对而言，发泡法消毒可延长消毒作用时间，获得良好的消毒效果。

⑤浸泡法。将物品浸泡在消毒液中，经过一段时间达到消毒灭菌的目的。

⑥洗刷法。用毛刷等蘸取消毒液，在牛的体表或物体表面洗刷。

⑦冲洗法。将消毒液冲入牛只直肠、瘘管、阴道等部位以及冲湿物体表面进行消毒。

⑧熏蒸法。通过加热或加入氧化剂，使消毒液呈气体或烟雾，在一定时间达到消毒灭菌的目的。适用于牛舍内物品和空气消毒。

⑨撒布法。将粉剂消毒剂均匀地撒布在消毒对象表面进行消毒。消毒时，药物需要一定的湿度潮解，才能发挥作用，如生石灰消毒。

⑩拌合法。用粉剂消毒剂与消毒对象拌和均匀，在一定时间达到消毒灭菌的目的。适用于粪便、垃圾等污染物的消毒。

（2）化学消毒的常用设备　①喷雾器。有背负式喷雾器和机动喷雾器，适用于牛舍外环境和空舍消毒。

②气雾免疫机。适用于牛场疫苗免疫、微雾消毒、施药、降温以及环境卫生消毒。

③消毒液机。用电解食盐水生产消毒药，适用于牛场、屠宰场、运输车船、人员防护消毒以及病原污染区的大面积消毒。

④臭氧空气消毒机。是采用脉冲高压放电技术，将空气中一定量的氧电离分解后形成臭氧，并配合控制系统组成的一种消毒器械。臭氧是一种强氧化杀菌剂，消毒时会弥漫扩散，消毒彻底，无死角，效果很好。

18. 牛场常用卫生消毒的方法有哪几种？

（1）机械清除消毒法　机械清除指通过清扫、冲洗、洗刷、通风、过滤等方式清除环境中的病原体。这种方法不能杀灭病原菌，只是创造不利于微生物生长、繁殖的环境条件，常用设备有高压清洗机等。

（2）物理消毒法　①辐射消毒。辐射消毒分为非电离辐射消毒和电离辐射消毒两种，前者有紫外线、红外线和微波，后者有两种射线和高能量电子束。目前应用最多的是紫外线灯，多用于空气和物体表面的消毒。电离辐射消毒是一种适用于忌热物品的常温灭菌方法，电离辐射设备昂贵，且对人体和动物有一定伤害，所以使用较少。

②干热消毒。有焚烧法、灼烧法、热空气法等。焚烧法一般是直接点燃或炉内燃烧，多用于病畜尸体、垫草、病料以及被污染的杂草、地面等的灭菌。焚烧炉主要用于焚烧病死畜禽尸体，还可焚烧病畜垫草、病料等。灼烧法是直接用火焰进行灭菌，其设备主要是火焰灭菌设备，包括火焰专用型和喷雾火焰型两种，适用于耐火材料（金属、玻璃及瓷器）的灭菌。热空气法是利用干热空气进行灭菌，其设备有干热灭菌器，实质就是烤箱，适用于各种耐热玻璃器皿，如吸管、试管、烧瓶、培养皿等实验器材的灭菌。

③湿热消毒。包括煮沸消毒、高压蒸汽灭菌、流通蒸汽灭菌。煮沸消毒常用设备有消毒锅，适用于如剪刀、注射器等金属、玻璃制品以及棉织品等的消毒。高压蒸汽灭菌常用设备有高压蒸汽灭菌器，适用于耐高温和耐潮湿的物品消毒，如玻璃器材、棉织品等。流通蒸汽灭菌常用设备是流通蒸汽灭菌器，适用于一些对高温灭菌不稳定的物品消毒。该法不能杀死细菌芽孢和霉菌孢子，此时可采用间歇灭菌法。

（3）化学消毒法　化学消毒法是指用化学消毒药物作用于病原体，使其蛋白质变性，失去正常功能而死亡。化学药品因消毒速度快、效率高，能在数分钟之内杀死病原体，常被采用。

（4）生物消毒法　生物消毒法是对粪便、污物和其他废弃物的生物发酵处理。在牛场粪污无害化处理中，堆肥和沼气发酵都能杀灭病原微生物、寄生虫幼虫及虫卵。

（5）综合消毒法　综合消毒法就是将机械的、物理的、化学的、生物的消毒方法结合起来进行消毒。在实际生产中，牛场消毒往往需要综合多种消毒方法，以确保消毒效果。

19. 牛场消毒应该包括哪些内容？

牛场消毒应包括环境消毒、人员消毒、牛舍消毒、用具消毒、带牛环境消毒等多个方面。

（1）环境消毒　包括牛舍周围环境、运动场及其周围环境的定期消毒。可以使用2%火碱溶液或撒生石灰进行消毒，每周至少1次，以确保环境的清洁和卫生。

（2）人员消毒　工作人员进入生产区前应更衣和紫外线消毒，工作服不应穿出场外，以减少病原体的传播。

（3）牛舍消毒　牛舍应定期彻底清扫干净，使用高压水枪冲洗牛床，并进行喷雾消毒。运动场及其周围环境每周消毒1次，使用2%火碱消毒或撒生石灰消毒。

（4）用具消毒　定期对饲喂用具、料槽和饲料车等进行消毒，夏季每两周消毒1次，冬季1个月消毒1次。可使用0.1%新洁尔灭或0.2%～0.5%过氧乙酸进行消毒。

（5）带牛环境消毒　定期进行带牛环境消毒，特别是在传染病多发季节，使用0.1%新洁尔灭、0.3%过氧乙酸、0.1%次氯酸钠等消毒剂，以减少传染病和蹄病的发生。带牛环境消毒应避免消毒剂污染牛奶。

此外，还应实施进场前消毒，对整个牛舍和用具进行全面彻底的消毒，方可进牛。场门、生产区入口处设消毒池，消毒池内的药液要经常更换，保持有效浓度，车辆、人员都要从消毒池经过。通过这些措施，可以有效减少牛场中的病原微生物，保障牛只健康和生产安全。

20. 牛场的卫生管理包括哪些方面？

首先，牛场的卫生管理涉及环境卫生的管理，包括保持牧场环境的清洁卫生，加强周围环境的卫生管理，日常清扫保洁、消毒灭虫，确保牧场环境的清洁卫生。此外，还应减少尘土，维护外墙洁净，物品清洁，保持地面干净，摆放有序。

水质卫生也是牛场卫生管理的重要方面，牧场的水质应符合国家规定的水质标准，应定期监测，及时发现和处理水质污染状况。

在流行病学管理方面，牧场应加强动物疾病的预防和控制，定期对牧场采取健康检查和免疫预防措施，预防和控制畜禽疾病的流行情况。同时，对畜牧业进行定期检测，及时发现病原体，及时采取措施消除病原体，预防疾病的蔓延，保护动物健康。

营养卫生也是牛场卫生管理的一部分，确保食物安全，不得添加有害物质，禁止将有害物质掺入动物饲料中。牧场应定期检测畜牧业饲料，以确保饲料的安全和营养价值。

此外，牛场的内部环境卫生（包括牛棚、仓库、道路、水源等）也是防疫工作的重点。建议牛场做到定期检查草堆、无机物堆等物品，防止燃烧和污染对牛场环境的影响。掌握饲料的质量情况，定期购买并送交有关质检机构进行检测，保证饲料的安全和营养价值。掌握牛场管理情况，定期进行检测和评估，发现问题及时纠正，保证牛场卫生管理的持续性和有效性。

综上所述，牛场的卫生管理涵盖了环境卫生、水质卫生、流行病学管理、营养卫生以及内部环境卫生的多个方面，通过这些措施可以保证牛场内部环境的卫生与安全，降低感染疾病的风险。

21. 怎样搞好牛场的杀虫灭鼠工作？

为了搞好牛场的杀虫灭鼠防鸟工作，可以采取以下措施。

（1）消除鼠类的场所和食物来源　及时摘取和清除落地饲料和糠秕垃圾，保持储藏和处理农产品的区域整洁，减少鼠类的生存环境。

（2）周期性清理和消毒　定期清理牛舍的粪便，保持环境整洁，同时使用专门的消毒剂进行消毒，杀灭病菌和鼠类滋生的场所。

（3）设置物理障碍　在牛场设置粘鼠板或捕鼠器，特别是放在鼠类活动频繁的地方，如储存饲料的地方和牛舍周围。

（4）使用合适的鼠剂和鼠药　选择合适的鼠剂和鼠药进行防治，但使用时要注意剂量和使用方法，确保安全，避免对牛群和人员造成伤害。同时要做好标识和存放，防止误食。

（5）清理和处理虫卵滋生的地方　清理牛舍中的饲料残渣和湿气过多的地

方，减少虫类的滋生和繁殖。

（6）定期使用杀虫剂　定期使用杀虫剂进行防治，杀死害虫。使用时要注意剂量和使用方法，确保安全，同时要做好标识和存放，防止误食。

（7）改善环境条件　保持牛舍的卫生和干燥，确保空气流通和阳光照射，从而减少虫类和鼠类的滋生。

22.《中华人民共和国动物防疫法》对动物疫病是如何分类的？分别应采取怎样的防控措施？

根据动物疫病对畜牧业生产和人体健康的危害程度，《中华人民共和国动物防疫法》对动物疫病进行了分类，国务院兽医主管部门颁布了牛重大疫病的分类。一类传染病是指对人和动物危害非常严重，需要采取紧急、严厉的强制预防、控制、扑灭等措施的疫病，主要包括口蹄疫、牛瘟、牛传染性胸膜肺炎、牛海绵状脑病等；二类疫病是指对人、动物构成严重危害，可能造成较大经济损失和社会影响，需要采取严格预防、控制等措施的，如牛传染性鼻气管炎、牛恶性卡他热、牛白血病、牛出血性败血病、牛结核病、牛焦虫病、牛锥虫病、日本血吸虫病等；三类疫病是指常见多发，对人、动物构成危害，可能造成一定程度的经济损失和社会影响，需要及时预防、控制的，如放线菌病、片形吸虫病、牛流行热、牛病毒性腹泻/黏膜病、牛生殖器弯曲杆菌病、毛滴虫病、牛皮蝇蛆病等。

《中华人民共和国动物防疫法》规定，动物防疫实行预防为主，预防与控制、净化、消灭相结合的方针。对严重危害养殖业生产和人体健康的动物疫病实施强制免疫；饲养动物的单位和个人应当履行动物疫病强制免疫义务，按照强制免疫计划和技术规范，对动物实施免疫接种，并按照国家有关规定建立免疫档案、加施畜禽标识，保证可追溯；实施强制免疫接种的动物未达到免疫质量要求，实施补充免疫接种后仍不符合免疫质量要求的，有关单位和个人应当按照国家有关规定处理；用于预防接种的疫苗应当符合国家质量标准。

发生一类动物疫病时，所在地县级以上地方人民政府农业农村主管部门应当立即派人到现场，划定疫点、疫区、受威胁区，调查疫源，及时报请本级人民政府对疫区实行封锁。疫区范围涉及两个以上行政区域的，由有关行政区域共同的上一级人民政府对疫区实行封锁，或者由各有关行政区域的上一级人民政府共同对疫区实行封锁。必要时，上级人民政府可以责成下级人民政府对疫区实行封锁。同时，县级以上地方人民政府应当立即组织有关部门和单位采取封锁、隔离、扑杀、销毁、消毒、无害化处理、紧急免疫接种等强制性措施；在封锁期间，禁止染疫、疑似染疫和易感染的动物、动物产品流出疫区，禁止非疫区的易感染动物进入疫区，并根据需要对出入疫区的人员、运输工具及有关物品采取消毒和其他限制性措施。

发生二类动物疫病时，所在地县级以上地方人民政府农业农村主管部门应当划定疫点、疫区、受威胁区；县级以上地方人民政府根据需要组织有关部门和单位采取隔离、扑杀、销毁、消毒、无害化处理、紧急免疫接种、限制易感染的动物和动物产品及有关物品出入等措施。

疫点、疫区、受威胁区的撤销和疫区封锁的解除，按照国务院农业农村主管部门规定的标准和程序评估后，由原决定机关决定并宣布。

发生三类动物疫病时，所在地县级、乡级人民政府应当按照国务院农业农村主管部门的规定组织防治。

二、三类动物疫病呈暴发性流行时，按照一类动物疫病处理。

23. 免疫接种的类型有哪些?

采用有组织、有计划的免疫接种是常见的预防和控制动物传染病的重要措施之一。疫苗的免疫接种可分为预防接种、紧急接种及环状免疫带和免疫隔离屏障建立等。

（1）预防接种　预防接种是平时为了预防传染病流行，按计划和免疫程序进行的免疫接种。应根据传染病流行情况有针对性地制订接种计划、确定免疫制剂的种类和接种时间。接种时，先按推荐剂量接种少量动物，观察接种后牛体反应，确认安全后再大批接种。

（2）紧急免疫接种　紧急免疫接种是指传染病发生时，为了迅速控制和扑灭疫病而对疫区和受威胁区尚未发病的牛只进行的应急性接种。应用疫苗进行紧急接种时，必须先对牛群逐头检查，只能对无任何临床症状的牛进行紧急接种，对患病牛和处于潜伏期的牛不能接种疫苗，应立即隔离治疗或按国家兽医防疫相关规定做相应处理，如扑杀和无害化处理等。

（3）环状免疫带建立　指在发生急性烈性传染病的某些地区在封锁疫点和疫区的同时根据该病的流行特点对封锁区及其外围一定区域内所有易感动物进行的免疫接种。其目的是将传染病控制在封锁区内，并将其扑灭以防疫情扩散。

（4）免疫隔离屏障建立　指为了防止传染病从疫病发生国家向无该病的国家扩散，对国界线周围地区的动物群进行的免疫接种。

24. 为保证免疫接种的有效性，应注意什么？

免疫接种应根据生物制剂的不同特点采用不同的接种方式。如皮下、皮内、肌内注射或皮肤刺种、点眼、滴鼻、喷雾、口服等。

为了保证免疫接种的有效性，应注意以下几点。

（1）免疫接种要有周密的计划。

（2）免疫接种前应注意动物群体的健康状况，并对免疫用器械进行严格消毒，检查并确保疫苗质量。

（3）疫苗接种后加强对动物群体的饲养管理，增强群体抵抗力和免疫机能，减少接种后的不良反应；及时检查免疫效果，尤其是改用新的免疫程序及免疫疫苗种类时。

（4）尽量联合使用疫苗。同一地区同一种家畜同一季节内往往可能有 2 种以上传染病的发生和流行。联合疫苗制剂可一针防多病，大大提高了防疫效率，是预防接种工作的发展方向之一。

（5）制订合理的免疫程序。畜牧场要根据各方面的情况制订科学合理的免疫程序，包括接种疫苗的类型、顺序、间隔时间、次数、方法等规程和次序。做好免疫监测，根据监测结果指导和调整免疫程序。

另外，免疫接种失败有很多原因。归纳起来要从 3 个方面考虑：即疫苗本身的问题、动物身体状况和人为因素。具体表现在：疫苗质量问题，如病毒滴度较低，不能够刺激机体产生有效的免疫应答；疫苗的运输、保存、配制或使用不当，使其质量下降甚或失效，或过期、变质等；疫苗株与流行株血清型不一致；免疫程序不合理；接种活苗时动物体内母源抗体水平较高或残留抗体产生的干扰；接种时动物已处于潜伏感染状态，或接种污染；动物群中有免疫抑制性疾病的存在；防疫措施不力、多种疾病感染、饲养管理水平低、各种应激因素的影响等使动物免疫力降低；接种途径或方法错误；药物干扰。

25. 疫苗种类有哪些？

常见疫苗有灭活疫苗和弱毒疫苗，包括单价苗，二价苗、多价苗和联苗。牛场应根据疫病流行情况购买相匹配的疫苗。

不同疫苗的保存和运输条件不同，应遵照产品说明书的要求具体实施。温度是重要的保存条件，一般分为冷藏（2 ～ 8℃）和冷冻（–20℃以下），所有疫苗必须避免高温和阳光直射。基层单位活疫苗运输可用带冰块的保温瓶或泡沫保温箱运送。灭活疫苗应在 2 ～ 8℃下避光保存，严禁冻结，防止破坏疫苗乳化结构。弱毒疫苗常是冻干产品，须在 –20℃以下保存。随着耐热保护剂与冻干工艺的改进，一些弱毒疫苗产品也可在冷藏（2 ～ 8℃）条件下保存。

26. 推荐一个牛场的免疫程序

牛免疫接种程序应视当地疫病流行情况而定，疫苗的具体使用方法以生产厂家的产品说明书为准。因此，不是所有的牛场都可以共用一个现成的免疫程序，也没有一个免疫程序是固定不变的。但是，以下两个免疫程序可供牛场参考（表 2–2、表 2–3）。

表 2–2　牛主要传染病常用免疫程序（一）

免疫时间	疫苗种类	接种方法	预防疫病	免疫期
1 周龄以上	无毒炭疽芽孢苗、1 号炭疽芽孢苗、炭疽芽孢氢氧化铝佐剂疫苗等任选 1 种	皮下注射，每年 3—4 月免疫 1 次	牛炭疽	1 年
1 ～ 2 月龄	牛气肿疽灭活疫苗	皮下或肌内注射	牛气肿疫	6 个月
3 月龄	牛口蹄疫疫苗（O 型、所有奶牛和种公牛，部分地区尚须接种 A 型）	皮下或肌内注射	牛口蹄疫	6 个月
4 月龄	牛口蹄疫疫苗（O 型、所有奶牛和种公牛，部分地区尚须接种 A 型）	加强免疫，皮下或肌内注射。以后每隔 4 ～ 6 个月免疫 1 次，或每年 3—4 月和 9—10 月各免疫 1 次，疫区可于冬季加强免疫 1 次	牛口蹄疫	6 个月
4 ～ 5 月龄	牛产气荚膜梭菌（魏氏梭菌）病灭活疫苗	皮下或肌内注射 1 次，以后每年 3—4 月和 9—10 月各免疫 1 次	产气荚膜梭菌病	6 个月
4.5 ～ 5 月龄	牛多杀性巴氏杆菌病（B 型）灭活疫苗	皮下或肌内注射	牛出血性败血症	9 个月
6 月龄	牛气肿疽灭活疫苗	皮下或肌内注射 1 次，以后每年 3—4 月和 9—10 月各免疫 1 次	牛气肿疽	6 个月
成年牛	牛流行热灭活疫苗	皮下注射，每年 4—5 月免疫 2 次，每次间隔 21 天	牛流行热	6 个月

表 2–3　牛主要传染病常用免疫程序（二）

免疫时间	疫苗种类	接种方法	预防疫病	免疫期
1 周龄以上	无毒炭疽芽孢苗、1 号炭疽芽孢苗、炭疽芽孢氢氧化铝佐剂疫苗等任选 1 种	皮下注射，每年 3—4 月免疫 1 次	牛炭疽	1 年
1 ～ 2 月龄	牛气肿疽灭活疫苗	皮下或肌内注射	牛气肿疽	6 个月

续表

免疫时间	疫苗种类	接种方法	预防疫病	免疫期
60～90 日龄	山羊痘活疫苗	尾根内侧或股内侧皮内注射。采用 5 倍免疫剂量，60 ～ 90 日龄首次免疫，之后每年免疫 1 次	牛结节性皮肤病	12 个月
3 月龄	牛口蹄疫疫苗（O 型、所有奶牛和种公牛和部分地区尚须接种 A 型）	皮下或肌内注射	牛口蹄疫	6 个月
4 月龄	牛口蹄疫疫苗（O 型、所有奶牛和种公牛和部分地区尚须接种 A 型）	加强免疫，皮下或肌内注射。以后每隔 4 ～ 6 个月免疫 1 次或每年 3—4 月 和 9—10 月 各 免 疫 1 次，疫区可于冬季加强免疫 1 次	牛口蹄疫	6 个月
4 ～ 5 月龄	牛产气荚膜梭菌（旧称魏氏梭菌）病灭活疫苗	皮下或肌内注射，以后每年 3—4 月和 9—10 月各免疫 1 次	牛产气荚膜梭菌病	6 个月
4.5 ～5 月龄	牛多杀性巴氏杆菌病（B 型）灭活疫苗	皮下或肌内注射	牛出血性败血症	9 个月
6 月龄	牛气肿疽灭活疫苗	皮下或肌内注射，以后每年 3—4 月和 9—10 月各免疫 1 次	牛气肿疽	6 个月
成年牛	牛流行热灭活疫苗	皮下注射，每年 4—5 月免疫 2 次，每次间隔 21 天	牛流行热	6 个月

注：①自 2018 年 7 月 1 日起，在全国范围内停止亚洲 I 型口蹄疫免疫，停止生产销售含有亚洲 I 型口蹄疫病毒组分的疫苗。

②根据《国家动物疫病强制免疫指导意见（2022—2025 年）》要求，对全国有关畜种，根据当地实际情况，在科学评估的基础上选择适宜疫苗，进行 O 型和（或）A 型口蹄疫免疫：对全国所有牛、羊、骆驼、鹿进行 O 型和 A 型口蹄疫免疫；对全国所有猪进行 O 型口蹄疫免疫，各地根据评估结果确定是否对猪实施 A 型口蹄疫免疫。

27. 对免疫接种过程中出现的免疫副反应如何处置?

免疫副反应是指动物接种疫苗后，因疫苗或动物个体因素，少数动物出现与免疫作用无关的不良反应，要采取相应措施进行救治。

（1）*局部反应*　注射部位出现“红、肿、热、痛”的症状，造成牛只不能扭头或低头采食受阻。

处置措施：局部轻微炎性肿胀，一般可不做处理，如果炎性肿胀严重，可在肿胀部位涂抹碘酊及消炎类软膏等药物；如局部深层化脓并形成脓包，可实施手术切开排脓，并用消毒药液（如聚维酮碘溶液）清洗脓腔，创口四周皮肤涂布碘酊。

（2）一般性全身反应　表现为体温升高、食欲不佳、精神沉郁、呼吸加快、行动迟缓等。一般随时间推移症状会逐渐减轻，直至完全消失。

处置措施：对症治疗，轻微症状可不治疗。一般 2 ～ 3 日可恢复；如继发细菌感染，可用抗生素治疗。

（3）严重副反应　表现为站立不稳、步态蹒跚、呼吸困难、肌肉震颤，口吐白沫、角弓反张、皮肤充血发绀、可视黏膜发绀、大小便失禁，甚至是倒地抽搐、鼻孔出血、孕牛流产等，也会表现为高度兴奋、乱冲乱撞等。如抢救不及时，牛只会发生死亡。

处置措施：皮下注射 0.1% 盐酸肾上腺素 5 毫升，视病情严重程度，可在 30 分钟左右重复给药 1 次。对已休克的牛只，先迅速针刺耳尖、尾根、蹄端等部位，放少许血，再用凉水浇其头部，同时按压胸部，帮助牛只恢复呼吸；然后静脉滴注加有维生素 C、维生素 B_6、安乃近、樟脑磺酸钠的 10% ～ 25% 葡萄糖注射液 500 ～ 2 000 毫升。之后再静脉滴注 5% 碳酸氢钠注射液 500 毫升。当牛只体温低于 36.5℃时，除用上述药物外，在葡萄糖注射液中加入乙酰辅酶 A、三磷酸腺苷、肌苷，静脉滴注，牛只苏醒后，换成 3% 碳酸氢钠滴注。对注射疫苗后 1 ～ 2 小时出现流产症状的孕牛，可注射 0.1% 盐酸肾上腺素 5 毫升、黄体酮 100 毫克，在 6 小时后，重复给药 1 次。

28. 关于对牛疫病的免疫，国家还有哪些规定？

（1）对口蹄疫的免疫要求　自 2018 年 7 月 1 日起，在全国范围内停止亚洲 1 型口蹄疫免疫，停止生产销售含有亚洲 1 型口蹄疫病毒组分的疫苗。

根据农业农村部印发的《国家动物疫病强制免疫指导意见（2022—2025 年）》，对全国有关畜种，根据当地实际情况，在科学评估的基础上选择适宜疫苗，进行 O 型和（或）A 型口蹄疫免疫：对全国所有牛、羊、骆驼、鹿进行 O 型和 A 型口蹄疫免疫。

（2）对布鲁氏菌病的免疫要求　《国家动物疫病强制免疫指导意见（2022—2025 年）》要求，对种畜以外的牛羊进行布鲁氏菌病免疫，种畜禁止免疫。各省份根据评估情况，原则上以县为单位确定本省份的免疫区和非免疫区。当前，要严格按照《农业农村部畜牧兽医局关于印发 2024 年度布鲁氏菌病免疫县和免疫奶牛场名单的通知》要求实施免疫。

对免疫区内不实施免疫的、非免疫区实施免疫的，养殖场（户）应逐级报省级农业农村部同意后实施。各省份根据评估结果，自行确定是否对奶畜免疫；确须免疫的，养殖场（户）应逐级报省级农业农村部同意后实施。免疫区域划分和奶畜免疫等标准由省级农业农村部确定。

（3）对棘球蚴病的免疫要求　内蒙古、四川、西藏、甘肃、青海、宁夏、新疆和新疆生产建设兵团等重点疫区对羊进行免疫；四川、西藏、青海等省份可使用5倍剂量的羊棘球蚴病基因工程亚单位疫苗开展牦牛免疫，免疫范围由各省份自行确定。

（4）对牛结节性皮肤病等的免疫要求　省级农业农村部可根据辖区内动物疫病流行情况，对牛结节性皮肤病、炭疽等疫病实施强制免疫。

29. 怎样正确使用口蹄疫A型灭活疫苗（AF/72株）？

（1）作用与用法　口蹄疫A型灭活疫苗（AF/72株）用于预防牛A型口蹄疫，免疫期为6个月。肌内注射，6月龄以上成年牛每头2毫升，6月龄以下牛每头1毫升。

（2）应用时要注意的问题　①本品仅用于接种健康牛。接种前，应对牛进行检查，患病、瘦弱或临产牛不予注射。

②疫苗应冷藏运输，但不得冻结。运输和使用过程中应避免日光直射。在使用本品前应仔细检查，如发现疫苗瓶破损、封口不严、无标签或标签不清楚、疫苗有异物或变质、已过有效期或未在规定条件下保存的，均不能使用。预防接种最好安排在气候适宜的季节，如须在炎热季节接种，应选在清晨或傍晚进行。

③本疫苗适用于接种疫区、受威胁区、安全区的牛。接种时，应从安全区到受威胁区，最后再接种疫区内安全群和受威胁群。首次使用本疫苗的地区，应选择一定数量（约50头）的牛，进行小范围试用观察。确认无不良反应后，方可扩大接种面。接种后，应加强饲养管理并详细观察。非疫区的牛，接种疫苗21日后，方可移动或调运。

④接种时，要严格遵守操作规程，接种人员在更换衣服、鞋、帽和进行必要的消毒之后，方可参与疫苗的接种。注射器具和注射部位应严格消毒。接种时，应执行常规无菌操作、一畜一针头；进针应达到适当的深度（肌肉内），勿注入皮下或脂肪层，以免影响免疫效果。接种怀孕母牛时，保定和注射动作应轻柔，以免影响胎儿，防止因粗暴操作导致母牛流产。

接种时，须有专人作好记录，写明省（区）、县、乡（镇）、自然村、畜主姓名、家畜种类、大小、性别、接种头数和未接种头数等。在安全区接种后，观察7～10日，并详细记载有关情况。

⑤疫苗在使用前和使用过程中，均应充分摇匀。疫苗开启后，限当日用

完。用过的疫苗瓶、器具和未用完的疫苗等应进行无害化处理。

⑥疫苗接种后可产生不良反应。一般反应：注射部位肿胀，体温升高，减食1～2日。随着时间的延长，反应逐渐减轻，直至消失。严重反应：因品种、个体的差异，少数牛可能出现急性过敏反应，如焦躁不安、呼吸加快、肌肉震颤、口角出现白沫、鼻腔出血等，甚至因抢救不及时而死亡。部分妊娠母牛可能出现流产，建议及时使用肾上腺素等药物治疗，同时采用适当的辅助治疗措施，以减少损失。

⑦由于口蹄疫的特殊性，特别忠告：接种疫苗只是消灭和预防该病的多项措施之一，在接种疫苗的同时还应对疫区采取封锁、隔离、消毒等综合防治措施，对非疫区也应进行综合防治。

30. 怎样正确使用口蹄疫O型灭活疫苗（OJMS株）？

（1）作用与用法　用于预防牛、羊O型口蹄疫。免疫产生期为免疫后21日，免疫期为6个月。肌内注射。牛每头2毫升。

疫苗接种牛、羊，个别动物可能出现不良反应。一般不良反应：注射部位肿胀，体温升高，减食或停食1～2日，奶牛可出现一过性泌乳量减少，随着时间延长，反应逐渐减轻直至消失。严重不良反应：因品种、个体的差异，个别动物接种后可能出现急性过敏反应（如焦躁不安、呼吸加快，呼吸困难，可视黏膜充血，水肿、肌肉震颤、口角出现白沫、鼻腔出血等，甚至因抢救不及时而死亡；个别怀孕动物可能出现流产），建议及时使用肾上腺素等药物进行治疗，同时采取适当的辅助治疗措施，以减少损失。

（2）使用时的注意事项　①疫苗应在2～8℃冷藏运输，严防高温和阳光照射，严禁冻结。

②本疫苗仅用于接种健康牛、羊。免疫前应了解接种动物品种、健康状况、免疫史及病史。接种时应使用灭菌器械，并注意对接种部位进行消毒。病畜、瘦弱、怀孕后期母畜（临产前1.5个月）及断奶前幼畜慎用。

③本品在使用前应仔细检查，如发现疫苗瓶破损、没有标签或标签不清楚、疫苗中混有杂质、已过有效期或未在规定条件下保存，均不能使用；接种前将疫苗充分摇匀，但不可剧烈振摇，防止产生气泡；预防接种时最好在气候适宜的季节，如须在炎热季节接种，应选在清晨或者傍晚进行；防疫人员应更换衣服、鞋帽并经消毒后，方可参与疫苗接种；首次使用本疫苗的地区，应选择一定数量动物（20～30头）进行小范围试用观察3～6日，确认安全后，方可扩大接种面，接种后应加强接种动物的饲养管理和观察；为保证免疫效果

以及免疫对象和人员的安全，应切实做好免疫对象的保定和解除。对怀孕母畜免疫时应注意防止流产；疫苗必须注入深层肌肉内，切不可注入脂肪层或皮下，以免影响免疫效果；接种过程中须做好记录，注明接种动物品种、大小、性别、数量、接种时间、疫苗批号、注射剂量等；疫苗瓶开启后限当日用完，超过 24 小时不可再用。

④预防接种只是防治口蹄疫的重要措施之一，注射疫苗的同时还应加强消毒、隔离、封锁等其他综合防治措施。用过的疫苗瓶、剩余疫苗、器具等污染物必须进行无害化处理。

31. 怎样正确使用牛口蹄疫 O 型、A 型二价合成肽疫苗（多肽 0506+0708）?

（1）作用与用法　用于预防牛 O 型、A 型口蹄疫。免疫期为 6 个月。肌内注射。每头牛 1 毫升。注射疫苗后，个别动物可能会出现体温升高、减食或停食 1 ～ 2 日、注射部位肿胀，随着时间延长，症状逐渐减轻，直至消失。

（2）注意事项　①疫苗应冷藏运输（但不得冻结），并尽快运往使用地点。运输和使用过程中避免日光直接照射。

②使用前应仔细检查疫苗。疫苗中若有其他异物、瓶体有裂纹或封口不严、破乳、变质者不得使用。使用时应将疫苗恢复至室温并充分摇匀。疫苗瓶开启后限当日用完。

③本疫苗仅接种健康牛。病畜、瘦弱、怀孕后期母畜及断奶前幼畜慎用。

④严格遵守操作规程。注射器具和注射部位应严格消毒，每头更换一次针头。曾接触过病畜人员，在更换衣、帽、鞋和进行必要消毒之后，方可参与疫苗注射。

⑤疫苗对安全区、受威胁区、疫区牛均可使用。疫苗应从安全区到受威胁区，最后再注射疫区内受威胁畜群。大量使用前，应先小试，在确认安全后，再逐渐扩大使用范围。

⑥在非疫区，注苗后 21 日方可移动或调运。

⑦在紧急防疫中，除用本品紧急接种外，还应同时采用其他综合防治措施。

⑧个别动物出现严重过敏反应时，应及时使用肾上腺素等药物进行抢救，同时采用适当的辅助治疗措施。

⑨用过的疫苗瓶、器具和未用完的疫苗等进行无害化处理。

32. 怎样正确使用牛口蹄疫O型病毒样颗粒疫苗?

（1）作用与用法　用于预防牛O型口蹄疫。免疫期为6个月。肌内注射，每头注射2毫升。

（2）不良反应　注射部位肿胀，一过性体温反应，减食或停食1～2日，一般在注射疫苗后3～5日症状减轻，逐渐恢复正常。因品种、个体的差异，个别动物接种后可能出现急性过敏反应，如焦躁不安、呼吸加快、肌肉震颤、可视黏膜充血、鼻腔出血等，抢救不及时可导致死亡；少数怀孕牲畜可能出现流产。

（3）注意事项　本疫苗仅用于接种健康牛。对怀孕前期和后期母牛、断奶前幼畜及长途运输后的牛暂不注射，待其恢复正常后方可注射；疫苗应在2～8℃条件下冷藏运输。运输和使用过程中避免日光直接照射；使用前应仔细检查疫苗。疫苗中若有异物、瓶体有裂纹或封口不严、破乳、变质、已过有效期或未在规定条件下保存的，均不得使用。使用前应将疫苗恢复至室温，摇匀后使用。疫苗瓶开启后限当日用完；严格遵守免疫注射操作规程。注射器具和注射部位应严格消毒，每头动物更换一次针头。曾接触过病畜的人员，在更换衣、帽、鞋和进行必要消毒之后，方可参与疫苗注射；应由经过培训的专业人员进行免疫注射。注射时，入针深度要适中，注射剂量要准确；疫苗对安全区、受威胁区、疫区牛均可使用。必须先注射安全区的牲畜，然后注射受威胁区的牲畜，最后再注射疫区内的牲畜；在非疫区，注射疫苗21日后方可移动或调运牲畜；注射疫苗后应注意观察注苗动物的反应，个别动物出现严重过敏反应时，应及时使用肾上腺素等药物进行抢救，同时采用适当的辅助治疗措施；对用过的疫苗瓶、器具和未用完的疫苗应收集后进行无害化处理，不得随意丢弃，避免污染环境；接种疫苗只是预防、控制口蹄疫的重要措施之一，同时还应采取消毒、隔离、封锁等其他综合防治措施。

33. 布鲁氏菌病活疫苗（A19-ΔVirB12株）应如何使用?

（1）作用与用法　在允许使用地区用于预防牛布鲁氏菌病。疫苗接种后15～180日采用ELISA（VirB12）方法可区分本疫苗免疫与野毒感染。免疫期为12个月。按标签注明头份，用灭菌生理盐水稀释为每毫升含1头份，建议3～8月龄牛皮下注射1毫升/头。以后可根据牛群布鲁氏菌病流行情况决定是否再进行接种。一般无可见不良反应。

（2）注意事项　仅用于健康动物，但不能用于孕畜及种公畜；运输过程须冷藏，防止阳光直射；疫苗开启后，限当日使用；接种时，应作局部消毒处理；使用无菌注射器进行接种；用过的疫苗瓶、器具和未用完的疫苗等应进行无害化处理；本品对人有一定的致病力，工作人员大量接触可引起感染。使用时，要注意个人防护。

34. 如何正确使用牛多杀性巴氏杆菌病灭活疫苗和猪、牛巴氏杆菌病灭活疫苗？

（1）牛多杀性巴氏杆菌病灭活疫苗　①作用与用法。用于预防牛多杀性巴氏杆菌病（即牛出血性败血症）。免疫期为9个月。皮下或肌内注射。体重100千克以下的牛，每头4.0毫升；体重100千克以上的牛，每头6毫升。

②注意事项。切忌冻结，冻结过的疫苗严禁使用；仅用于接种健康牛；使用前，应将疫苗恢复至室温，并充分摇匀；接种时，应作局部消毒处理，每头牛用1个灭菌针头；接种后，个别牛可能出现过敏反应，应注意观察，必要时采取注射肾上腺素等脱敏措施抢救；用过的疫苗瓶、器具和未用完的疫苗等应进行无害化处理。

（2）猪、牛巴氏杆菌病灭活疫苗　用于预防猪和牛多杀性巴氏杆菌病。免疫持续期，猪为6个月；牛为9个月。皮下或肌内注射。猪2毫升；牛3毫升。

35. 怎样正确使用牛副伤寒灭活疫苗？

（1）作用与用法　用于预防牛副伤寒。免疫期为6个月。肌内注射。1岁以下牛，每头1毫升；1岁以上牛，每头2毫升。为提高免疫效果，对1岁以上的牛，在第1次接种后10日，可用相同剂量再接种1次。在已发生牛副伤寒的畜群中，可对2～10日龄的犊牛进行接种，每头1毫升。孕牛应在产前45～60日时接种，所产犊牛应在30～45日龄时再进行接种。

（2）注意事项　切忌冻结，冻结过的疫苗严禁使用；使用前，应将疫苗恢复至室温，并充分摇匀；接种时，应作局部消毒处理；瘦弱的牛不宜接种；用过的疫苗瓶、器具和未用完的疫苗等应进行无害化处理。

36. 正确使用犊牛、羔羊大肠埃希氏菌病、B型产气荚膜梭菌病基因工程灭活疫苗要注意什么？

疫苗中含有灭活的可表达的产气荚膜梭菌β毒素与大肠埃希氏菌耐热性肠毒素融合蛋白的基因工程大肠埃希氏菌EC-2株。

（1）作用与用法　用于预防由产肠毒素性大肠埃希氏菌和B型产气荚膜梭菌引起的羔羊痢疾和犊牛肠毒血症。肌内注射。初产母羊和母牛，分别于产前30～35日和15～20日肌内注射1次，羊每次每只2.5毫升，牛每次每只5毫升；经本品免疫过的经产母羊和母牛，于每次产前15～20日接种1次即可。

（2）注意事项　本品严禁冻结；体格瘦弱、体温和食欲不正常的妊娠母羊和母牛不宜使用；疫苗使用前应恢复至室温；使用时应充分摇匀；为确保免疫保护效果，应使羔羊和犊牛吃足初乳；凡疫苗瓶破裂，瓶塞松动、脱落及内含异物者，严禁使用。

37. 怎样正确使用牛流行热灭活疫苗?

（1）作用与用法　牛流行热灭活疫苗用于预防牛流行热。第2次免疫接种21日后产生免疫力，免疫持续期为4个月。颈部皮下注射2次，每次4毫升，两次间隔21日；6月龄以内的犊牛，注射剂量减半。

（2）注意事项　本疫苗可用于不同年龄、不同性别的奶牛、黄牛以及妊娠牛。给妊娠牛注射应避免引起机械性流产；在牛流行热暴发地区，可用本疫苗对牛群进行紧急预防接种；接种本疫苗后，有少数牛只于接种局部出现轻度肿胀，21日左右基本消失，还有少数牛只出现一过性热反应，属疫苗接种反应；免疫攻毒试验应在设有防蚊条件的试验舍内进行，以防散毒。

38. 如何正确使用牛病毒性腹泻/黏膜病灭活疫苗（1型，NM01株）?

（1）作用与用法　牛病毒性腹泻/黏膜病灭活疫苗（1型，NM01株）用于预防牛病毒性腹泻/黏膜病。免疫期为6个月。肌内注射。3月龄以上健康牛，每头接种2毫升，21日后以相同剂量进行二免。

（2）注意事项　本品仅用于接种健康牛；本品在使用前应仔细检查，如发现瓶体破裂、没有瓶签、疫苗中混有杂质、疫苗油相和水相严重分层等不得使用；本品在保存期间应尽量避免摇动；本品严禁冷冻或过热，使用前应先使疫苗达到室温并充分摇匀；疫苗应冷藏运输，但不得冻结。运输和使用过程中应避免日光直射；注射本品用的针头、注射器等用具应无菌，注射部位严格消毒；疫苗开封后应于当日用完；剩余疫苗、疫苗瓶及注射器具等应无害化处理；怀孕后期或临产牛慎用；屠宰前21日禁用；接种后个别牛可能出现过敏反应，可用肾上腺素治疗。

39. 怎样进行牛疫病的药物预防?

进行牛病药物预防的方法主要包括以下几个方面。

（1）传染病预防　针对不同的传染病，选择适当的药物进行预防。例如，对于牛巴氏杆菌病，可以使用恩诺沙星、硫酸链霉素、磺胺甲基异恶唑等药物。此外，定期接种疫苗也是预防传染病的有效措施。

（2）寄生虫病防治　对于寄生虫病，如牛消化道线虫病，可以使用丙硫苯咪唑、伊维菌素等药物进行防治。同时，对于牛螨病，可以使用二嗪农、伊维菌素等药物进行治疗。

（3）消毒措施　除了药物治疗外，做好经常性的消毒工作也是预防疾病的重要措施。可以使用含有效氯 5% 的漂白粉乳剂、20% 新鲜石灰乳或 15% 石炭酸氢氧化钠合剂等消毒剂进行消毒。同时，粪便可以堆积发酵消毒，以减少病原体的传播。

40. 如何处理因传染病死亡的牛的尸体?

因患传染病而死亡的动物尸体含有大量的病原体，是重要的传染源。正确、及时处理病死动物尸体对防治动物传染病、维护公共卫生安全具有重大意义。常见的动物尸体处理方法有以下几种。

（1）化制　指病尸经过某种特定的加工处理，既进行了消毒处理，又保留了许多有再利用价值的材料。化制处理需要一定的设备条件，限制了其大范围推广。

（2）掩埋　病尸掩埋于地下。经过一定时间的自然发酵后可以消除具有一般抵抗力的病原体，但若处置不当会形成新的污染源。尸体的掩埋应选择干燥、平坦和偏僻地区进行。尸坑的长和宽以容纳尸体侧卧为度，深宽在 2 米以上。此法简便易行，应用比较广泛。

（3）腐败　将尸体投入专用的尸坑内使其自然腐败分解，以达到消毒的目的，并可以作为肥料加以利用。尸坑为直径 3 米、深 9 ～ 10 米的圆形井，坑壁与坑底用不渗水的材料砌成，坑沿高出地面一定高度，坑口有严密的盖子，坑内有通气管。此法较掩埋法方便、合理。当尸体完全分解后还可以作为肥料。但腐败法不适合炭疽、气肿疽等芽孢菌所致疾病的尸体处理。

（4）焚烧　高温火焰焚烧尸体，是一种最彻底的处理病尸的方法。但花费较高，一般不常用。该法最适合患特别危险传染病的动物尸体的处理，如炭疽、气肿疽、痒病、牛海绵状脑病及新的烈性传染病等。

41. 防治牛寄生虫病应遵循什么原则?

同其他生物源性疾病一样，寄生虫病发生和流行的基本要素包括感染源、传播途径和易感动物，因此寄生虫病防治的原则必须围绕这三要素展开。

（1）控制和消灭感染源 感染源是寄生虫病发生和流行的基本条件。寄生虫病的感染源主要存在于发病和带虫的动物，因此一方面要及时治疗患病动物，驱除或杀灭其体内外的寄生虫，另一方面要对带虫动物进行有计划的预防性驱虫。此外，对保虫宿主、贮藏宿主的防治也是控制感染源的重要措施。

（2）切断传播途径 尽管寄生虫病的传播途径因寄生虫的生活史和特定的感染阶段而异，但大多可以归为生物性传播和经土、水、食物等非生物性传播两大类。对非生物性传播的寄生虫病，为了减少动物的感染机会，要加强粪便和水源的管理，做好动物圈舍和牧场的环境卫生等工作。对生物性传播的寄生虫病，要设法避免终末宿主与中间宿主以及传播媒介的接触，针对中间宿主或传播媒介要制定有效的防治措施。

（3）保护易感动物 加强动物饲养管理，增强动物体质，提高动物抗病能力，尤其要注意饲料的营养水平和饲养条件的改善。对于某些寄生虫病，可在必要时进行预防性驱虫，以保护动物的健康。如果有免疫效果较好的寄生虫疫苗，可通过人工接种使动物获得抵抗力。对某些地方性寄生虫病，可以筛选有抵抗力的动物品种进行繁育和饲养，降低动物易感性。

42. 牛寄生虫病的防治措施有哪些?

（1）驱虫 驱虫是寄生虫病综合防治的基本措施，是指利用药物将寄生于动物体内外的寄生虫驱除或杀灭。驱虫一方面具有治疗的作用，使宿主康复；另一方面也是重要的预防措施，减少病原体向外界的散播，控制感染源。当动物感染寄生虫并出现明显的临床症状时，要及时进行治疗。寄生虫病治疗方案的确定应结合患病动物的体质和病情，依据标本兼治的原则，除采用特效药物进行驱虫外，还应采取对症治疗措施如强心、补液、输血等，同时注意动物护理，以保证动物的安全。预防性驱虫是控制寄生虫病发生和流行最常用的方法，是指按照寄生虫的发育规律，不论动物是否发病，在计划的时间内利用药物进行驱虫。该措施不仅能降低动物的荷虫量，又能减少对环境的污染，尤其对规模化生态养殖具有重要意义。

驱虫药物的选择要遵循高效、低毒、广谱、价廉、使用方便等原则。在生产实践中动物往往同时受到多种寄生虫的感染，仅对一种或一类寄生虫有效的驱虫药物不能满足实际生产的需要，因此要选择广谱驱虫药或者选择多种驱虫药物联合使用。如伊维菌素作为一种广谱驱虫药，既能驱除蜱、螨等体表寄生虫，也能驱除消化道线虫，因此常在临床上应用。但由于该药对体内移行的幼虫作用较差，因此临床上常将伊维菌素和芬苯哒唑复配后应用于猪寄生虫病的预防。另外，在驱虫药的使用过程中，要避免长期连续使用一种药物，以防抗药性的产生。驱虫时机的选择和寄生虫病防治效果密切相关。驱虫时间一般应根据寄生虫的发育规律，选择在“成熟前驱虫”。“成熟前驱虫”主要应用于一些蠕虫。“秋冬季驱虫”比较适合我国北方地区，此时驱虫有利于动物安全过冬。驱虫应在专门的或有隔离条件的场所进行。驱虫后排出的粪便应当集中，用“生物热发酵法”进行无害化处理。驱虫药药效的评价主要通过驱虫前后动物多方面的对比来进行综合评价，包括发病率与死亡率、营养状况、临床症状、虫卵减少与转阴情况的变化情况等，必要时也可通过剖检等方法计算粗计驱虫率和精计驱虫率。几种驱虫药药效评价的计算公式如下。

虫卵转阴率（%）= 虫卵转阴动物数 / 试验动物数 ×100

虫卵减少率（%）=（驱虫前 EPG– 驱虫后 EPG）/ 驱虫前 EPG×100

（EPG = 每克粪便中的虫卵数）

精计驱虫率（%）= 排出虫体数 /（排出虫体数 + 残留虫体数）×100

粗计驱虫率（%）=（对照组平均残留虫体数—试验组平均残留虫体数）/ 对照组平均残留虫体数 ×100

驱净率（%）= 驱净虫体的动物数 / 全部试验动物数 ×100

（2）卫生措施　对土源性寄生虫而言环境卫生的意义更为重要。动物粪便是寄生虫散播病原的主要途径，因此要加强动物粪便的管理，一方面做好环境卫生，减少宿主与感染源接触的机会，另一方面对动物粪便进行无害化处理和综合利用，如堆积发酵、沼气发酵、鸡粪喂鱼和牛粪用作燃料等。动物饲养卫生也是寄生虫病控制的重要内容，要保持饲料、饮水卫生，优选干燥处放牧，禁止牛到池塘自由采食水生植物，禁止以生的或半生的鱼虾、蝌蚪和贝类饲喂动物，禁止用动物的废弃物作为饲料用蛋白质原料，家畜的废弃物要经过无害化处理。对于人兽共患病则要加强卫生宣传，不吃生的或半生的肉类制品。

对生物源性寄生虫则可以采用物理、化学或生物学的方法消灭他们的中间宿主或传播媒介。如结合农田水利建设采用土埋、水淹、水改旱等措施进行物理灭螺，也可利用化学药物或生物学方法灭螺。

寄生虫的中间宿主和媒介的控制往往是比较困难的，可以利用它们的生物学特性设法回避或加以控制。例如，莫尼茨绦虫和马裸头绦虫的中间宿主地螨畏强光、怕干燥，地潮湿和草高而密的地方数量较多，在黎明和日落时活跃，因此在放牧时避开地螨活动的高峰即可减少宿主感染的机会。

（3）免疫预防　由于寄生虫免疫的复杂性等原因，寄生虫病的免疫预防尚不普遍。但还是有一些研制成功的寄生虫疫苗应用于临床并取得了很好的保护效果。

（4）生物控制　寄生虫生物控制就是采用寄生虫的某些自然天敌来对寄生虫及其所引起的疾病进行防治的一种生物技术。这种生态学方法可以将寄生虫感染程度控制在一个亚临床水平之下，使之不至于因病害而造成经济损失。对节肢动物害虫的生物控制已经成功地应用于临床实践。目前已经分离出的可致昆虫发病的细菌有 100 多种，国内外生产的细菌杀虫剂商品有几十种，这些杀虫剂大多集中在芽孢杆菌科，如苏云金芽孢杆菌、球形芽孢杆菌、金龟子芽孢杆菌等。其中苏云金芽孢杆菌的研究和应用最多，由于其作用广谱，并可提纯和合成，被广泛用来杀灭昆虫性害虫。苏云金芽孢杆菌制剂的销售量占世界生物杀虫剂的 90% ～ 95%。对动物蠕虫病的生物控制也有很多研究和报道。其中利用捕食性真菌防治动物寄生线虫的研究一直受到各国生物科学家的关注。已有一些制剂申请了相关的专利并进行了商业化开发和利用。对动物吸虫的生物防治则主要是通过水禽、鸟、某些蝇类、甲虫、水蛭、扁形动物等控制其中间宿主——螺类。由于寄生虫抗药性问题、药物残留问题以及环境污染问题的存在，尽管化学药物驱虫仍是今后相当一段时间控制寄生虫病的主要手段，但从可持续发展的角度来看，生物控制寄生虫病必将是寄生虫学研究和发展的重要方向。

第三章　牛病的检查方法

1. 什么是临床检查法?

为了发现和收集作为诊断依据的症状资料，须用各种特定的方法，对病牛进行客观的观察与检查。以诊断为目的，应用于临床实际的各种检查方法，称为临床检查法。

从临床诊断的角度，通过问诊调查了解和应用检查者的眼、耳、手、鼻等感觉器官，对病牛进行直接检查，仍是当前最基本的临床检查方法。

基本的临床检查法主要包括：问诊、视诊、触诊、听诊、叩诊和嗅诊。因为这些方法简单、方便、易行，在任何场所均可采用，并且多可直接地、较为准确地判断病理变化，所以一直被沿用为临床诊断的基本方法。

2. 问诊主要包括哪些内容?

问诊是向饲养员询问了解有关病牛的发病情况，通过询问病情而诊断疾病的方法。问诊内容主要包括以下 3 个方面。

（1）发病经过及诊疗情况　了解病牛的发病时间、发病头数、主要症状以及诊疗情况等。包括是否进行过诊断性治疗，曾诊断为何种病，用药情况、治疗多长时间、效果如何等，可作为诊断和用药参考。

（2）饲养管理情况　了解草料（种类、来源、品质、调制、饲喂方法、配合比例等），饲养方法及最近有无改变等情况。如草料单一，容易患代谢性疾病；草料质量不好或饮喂方法不当，易患胃肠疾病；霉变饲料易引起中毒症等。同时还应了解圈舍的保温、通风、防暑、光照条件以及厩舍及牛体卫生条件等。

（3）既往病史　包括过去发病治愈等情况，以及本地区疫源和疫情等，如果病牛是新购进的，要了解购进地有无疫病流行，结合检查，可考虑是否有传染病以及帮助诊断病因。

3. 视诊的主要内容有哪些?

视诊就是用肉眼观察病牛的状态，直观地了解诊断疾病。视诊是临床上最常用、最简单、最实用，往往也是最有价值的检查疾病的方法。

内容主要包括：观察动物全身状态，如营养状况、精神状态、姿势、被毛、腹围等；注意有无某些生理活动异常，如呼吸运动、反刍、排尿排粪动作、排粪量以及体表各部分及口、鼻等情况，如皮肤颜色及有无出汗，体表有无创伤和肿胀，可视黏膜的颜色和有无水疱、溃疡，内眼角、鼻腔、阴门等有无分泌物等。

4. 触诊可感觉到哪些病理变化?

即利用手指、手掌或拳头对牛体某部位进行病变检查。以手或手背感觉牛体表温度、湿度及肌肉张力、脉搏跳动等；以手指进行加压或揉捏，判断局部病变或肿物的硬度；以刺激为手段，判断牛的敏感性。触诊可感觉到的病理变化性质，主要有如下几种。

（1）捏粉样　感觉稍柔软，如压生面团样，指压留痕，除去压迫后慢慢平复。见于组织间发生浆液性浸润时，如皮下水肿。

（2）波动性　柔软有力，指压不留痕，行间歇压迫时有波动感。见于组织间有液体滞留且组织周围弹力减弱时，如血肿、脓肿等。

（3）坚实　感觉坚实致密，硬度如肝。见于组织间发生细胞浸润时（如蜂窝织炎）或结缔组织增生时。

（4）硬固　感觉组织坚硬如骨，见于骨瘤。

（5）气肿性　感觉柔软稍具弹性，并感觉有气体向邻近组织逃窜，同时可听到有如在耳边捻发音。见于组织间有气体集聚时，如皮下气肿、气肿疽、恶性水肿等。

5. 兽医临床上如何进行牛的听诊、叩诊和嗅诊?

（1）听诊　应用听诊器通过听取牛体心、肺、喉、气管、胃肠等器官发出的音响，推断内部器官的病理改变，常用于功能检查。听诊可分为直接听诊和间接听诊。前者常用于咳嗽、气喘、磨牙等的检查；后者应用较多，特别是心、肺及胃肠音响的检查。间接听诊常与叩诊结合应用，以判定被检查器官是否膨大或移位，以及与其他器官的界限。

（2）叩诊　即用手指、小叩击锤、叩击板叩打牛体某一部位，根据所产生的音响的性质，以推断被叩打的组织和深部器官有无病理改变的一种检查方法。按是否使用器械分为直接叩诊和间接叩诊。间接叩诊法包括手指叩诊法和槌板叩诊法。

叩诊音，根据被叩诊组织是否含有气体，分为清音（含气组织振动时发出的声音）、浊音和钢管音。广义的清音包括正常的肺叩诊音、鼓音和过清音3种。狭义的清音仅指正常肺叩诊音而言。广义的浊音包括相对浊音（半浊音）和绝对浊音（浊音或实音），钢管音是皱胃变位后叩诊出现的声音。一般肺部为清音；肌肉、肝脏、心脏为浊音；肝边缘为相对浊音区（半浊音）；瘤胃臌气时为鼓音。

（3）嗅诊　又称闻诊，是借助嗅觉对动物分泌物、排泄物和呼出的气体及皮肤气味进行辨别的诊断方法。用嗅觉判别牛患病的情况比较普遍，也有助于病原微生物的种类鉴别。如尿毒症，皮肤和汗液带有尿味；酮血病时，牛呼出气体、汗液或排出的尿液有芳香甜气味等；大肠杆菌感染的脓汁常有粪臭味，绿脓杆菌感染的脓汁呈绿色带腐草臭；厌气菌感染的脓汁一般具有奇臭味。

6. 牛的体温、脉搏、呼吸及消化、繁殖生理指标各是多少？

牛的常用生理指标见表3–1、表3–2、表3–3。

表3–1　牛的3个基本生理常数

项目	体温（℃）	脉搏（次/分钟）	呼吸（次/分钟）
数值	37.5	40～80	10～30

表3–2　牛消化系统的几个生理指标

项目	反刍（次/昼夜）	每次反刍持续时间（分钟）	每个食团咀嚼次数	瘤胃蠕动	嗳气（次/小时）	排粪（次/昼夜）	粪量（千克/昼夜）
数值	8～15	40～50	50～70	不到2次	20～40	12～18	20～40

表3–3　牛的繁殖生理指标

项目	使用年限	初配年龄	发情周期（天）	发情持续期（天）	妊娠期（天）
数值	母牛9～11胎，种公牛5～6年	母牛16～22月，种公牛18～22月	18～25（平均21）	1～2	285

7. 在进行临床检查时，应如何接近病牛?

临床检查是牛病诊断的第一步，也是最重要的步骤，可对疾病作出初步判断，评估病种范围、病情严重程度，并为进一步检查提供方向。在紧急情况下或缺少实验室检测条件时，临床检查是唯一的诊断方法。在进行临床检查时，应高度重视生物安全，避免人的感染和病原微生物扩散，正确接近病牛。

（1）牛的接近方法　先唤醒牛，再从正前方或正后方接近。

（2）接近牛的注意事项　①接近牛前应事先向主人或有关人员了解被接近牛有无恶癖，做到思想上有所准备。

②检查者应熟悉牛的习性，特别是异常表现（如牛低头凝视、前肢刨地等），以便及时躲避或采取相应措施。

③接近牛时，应首先用温和的声音向其打招呼，然后再接近。

④接近后，可用手轻轻抚摸病牛的颈侧或臀部，待其安静后，再行检查。

⑤检查牛时，应将手放于病牛的肩部或髋结节部，一旦病牛有剧烈骚动或抵抗时，即可作为支点迅速向对侧推动离开。

⑥在接近被检牛前应了解患牛发病前后的临床表现，初步估计病情，防止恶性传染病的接触传染。

8. 如何对牛进行安全保定?

牛在接触生人或环境改变时，往往惊恐不安，为了顺利进行临床诊疗，必须对牛进行安全保定。方法如下。

（1）徒手保定法　一只手握牛角基部，另一只手提鼻绳、鼻环或用拇指与食指、中指握住鼻中隔即可固定。此法适用于一般检查、灌药，以及肌内、静脉注射。

（2）鼻钳保定法　鼻钳经鼻孔夹紧鼻中隔，用手握持钳柄加以固定。此法适用于一般检查、灌药，以及肌内、静脉注射。

（3）两后肢保定法　取2米长粗绳一条，折成等长两段，在跗关节上方将两后肢胫部围住，然后将绳的一端穿过折转处向一侧拉紧。此法适用于恶癖牛的一般检查、静脉注射，以及乳房、子宫、阴道疾病的治疗。

（4）角根保定法　角根保定法主要是针对有角动物的特殊保定方法。保定时将牛头略微抬高，紧贴柱干（或树干侧方），并使牛头向该侧偏斜，使牛角和柱干（树干）卡紧，用绳将牛角呈“8”字形缠绕在柱上。操作时用长绳一条，先缠于一侧角，绳的另一端缠绕对侧角，然后将该绳绑在柱干（树干）

上，缠绕数次以固定头部。

（5）柱栏保定法

①二柱栏保定法。将牛牵至二柱栏内，鼻绳系于头侧栏柱，然后缠绕围绳，吊挂胸、腹绳即可固定。此法适用于临床检查、各种注射，以及颈、腹、蹄等部疾病治疗。

②四柱栏保定法。将牛牵入四柱栏内，上好前后保定绳即可保定，必要时还可加上背带和腹带。

（6）倒卧保定法

①背腰缠绕倒牛法。在绳的一端做一个较大的活绳圈，套在两角基部，将绳沿非卧侧颈部外面和躯干上部向后牵引，在肩胛后角处环胸绕一圈做成第一绳套，继而向后引至肷部，再环腹1周做成第二套。由两人慢慢向后拉紧绳的游离端，另一人把持牛角，使牛头向下倾斜，牛即可蜷腿而缓慢倒卧。牛倒卧后，要固定好头部，不能放松绳端，否则牛易站起。在一般情况下，不需要捆绑四肢，必要时再行固定。

②拉提前肢倒牛法。取约10米长圆绳一条，折成长、短两段，于折转处做一套结并套于左前肢系部，将短绳一端经胸下至右侧并绕过背部再返回左侧；由一人拉绳；另将长绳引至左髋结节前方并经腰部返回缠1周，打结，再引向后方，由二人牵引。令牛前行一步，正当其抬举左前肢的瞬间，三人同时用力拉紧绳索，牛即先跪下而后倒卧；之后一人迅速固定牛头，一人固定牛的后躯，一人迅速将缠在牛腰部的绳套后拉，并使其滑至两后肢跖部拉紧，最后将两后肢与前肢捆扎在一起。牛倒卧保定，主要适用于去势及其他外科手术。

9. 临床检查一般要按照什么程序进行？

临床检查程序也称作临床检查方案。是指在临床上，按照一定的顺序，有系统、有目的地对病牛进行全面检查，是避免遗漏主要症状和产生误诊的有效手段。因为造成误诊的原因，往往是项目漏检所致。在临床检查实践中，对病牛一般按照下列程序进行检查。

（1）病牛登记　病牛登记的主要内容包括：病牛所在牛舍号、名称、耳号、年龄、特征、发病日期、初诊日期、诊疗用药情况等。

（2）病史调查　包括疾病史、生活史调查。疾病史主要调查发病时间、病后表现、过去是否患过同样疾病，附近相邻牧场有无类似疾病发生，以及治疗情况。生活史包括饲养管理情况、防疫卫生制度贯彻情况等。

（3）一般检查　一般检查的内容包括病奶牛全身状态、被毛及皮肤状态、眼结膜及可视黏膜和体表淋巴结以及体温、脉搏及呼吸次数的检查。

（4）系统检查 包括对牛循环系统、呼吸系统、消化系统、泌尿系统、神经系统、运动系统、乳房检查、病料检查等各系统的系统检查。

10. 对病牛进行全身状态观察，一般要包括哪些内容？

观察牛的全身状态，主要包括精神状态、发育情况、营养状况、体格、姿势与步态等。

（1）精神状态 主要观察病牛的神态，根据其耳的运动、眼的表情，以及各种反应、举动而判定。正常时中枢神经系统的兴奋与抑制两个过程保持动态的平衡。正常牛反应机敏、灵活。精神异常可表现为抑制或兴奋。抑制状态主要见于热性病、重症病牛及某些脑病与中毒。兴奋状态一般多见于脑病或中毒。

（2）营养、发育与体格检查 观察牛肌肉的丰满度、皮下脂肪的蓄积量、皮肤与被毛状况，判断牛的营养状况。根据牛的体长、体高、胸围等体尺判断发育情况；根据病牛的头、颈、躯干及四肢、关节各部位的发育情况和形态、比例关系，判断躯干状况。

体格发育不良的奶牛，躯体矮小，瘦弱无力，体长而扁，肢长而细，发育迟缓或停滞，这多是由于营养不良或慢性消耗性疾病所致。患佝偻病时，见躯体矮小，头大颈短，关节变粗，四肢弯曲或脊柱凹凸变形。营养状态与动物机体的代谢功能和饲养、管理条件有密切关系。营养不良可见于营养缺乏及代谢扰乱性疾病，长期的消化障碍（如慢性胃肠卡他）及慢性消耗性疾病（如发热病、某些传染病及寄生虫病）等。

（3）姿势、步态检查 患牛姿势表现为异常，如站立不稳，多是病牛患一些疼痛性疾病，如蹄叶炎。强迫站立姿势，如破伤风患牛肌肉强直，四肢开张如“木马”。强迫横卧姿势多因神经系统的功能障碍引起，如脑炎、中暑、牛产后瘫痪等疾病。患牛昏迷时多呈横卧姿势。

11. 被毛及皮肤检查的重点是什么？

（1）被毛 健康牛被毛平顺而有光泽，每年春秋两季脱换新毛。患营养不良和慢性消耗性疾病的牛，被毛常蓬乱而无光泽、易脱落或换毛季节推迟，湿疹或毛癣、疥癣等皮肤病，常表现局部被毛脱落。

（2）皮肤检查 主要检查皮肤温度、湿度、气味、弹性、皮肤及皮下肿胀、皮肤丘疹和皮肤完整性检查。热性病时常表现全身皮温升高；局部发炎常表现局部性皮温升高；因衰竭、局部大出血、产后瘫痪等病理性体温过低时，则表现为全身皮温降低；局部水肿或外周神经麻醉时，常表现为一定部位冷感；末梢循环障碍时，则皮温分布不均，耳根、鼻镜、四肢末梢冷厥。健康牛皮肤有弹性，牛营养不良、失水以及患皮肤病时，皮肤弹性降低。

（3）鼻镜检查　健康牛鼻镜湿润，附有较多的小水珠，触之有凉感。而病牛鼻镜常干燥、增温，甚至发生龟裂，触之有热感。

12. 如何检查眼结膜?

牛可视黏膜检查的部位包括眼结膜、鼻黏膜、口腔黏膜及阴道黏膜等，仔细观察黏膜有无苍白、潮红、发绀（红紫色或青紫色），以及有无肿胀、出血、溃疡等。其中，眼结膜检查最常用。

检查牛眼结膜，通常须检查牛的眼球结膜，即巩膜和眼睑结膜。检查时，两手持牛角，使牛头转向侧方，巩膜自然露出。检查眼睑结膜时，用大拇指将下眼睑压开。健康牛眼结膜呈淡粉红色。结膜苍白、结膜弥漫性潮红和结膜黄染等变化，均属疾病状态。结膜苍白是贫血的表现，如大失血、肝脾破裂、营养性贫血、肠道寄生虫病等；结膜潮红是充血（血液循环障碍）的表现，见于眼的发热性疾病，如外伤、结膜炎及各种急性热性传染病；结膜发绀是淤血的表现或血液中还原型血红蛋白增多的结果，见于肺炎、心力衰竭及某些中毒病；结膜黄染是黄染的表征或血液内胆红素增多的结果，见于肝脏疾病及某些中毒病及附红细胞体病等。

13. 如何检查淋巴结的变化?

主要通过触诊和视诊，检查淋巴结的位置、形态、大小、硬度、敏感性及移动性等。临床上具有重要诊断意义的淋巴结有：下颌淋巴结、膝上淋巴结、肩前淋巴结。

健康牛淋巴结较小，而且深藏于组织内，一般难以摸到。淋巴结主要检查其大小、形状、硬度、温度敏感性以及移动性。牛淋巴结病变有急慢性肿胀。

（1）急性肿胀　表现淋巴结体积增大，变硬，伴有热、痛反应。急性肿胀可见牛的白血病；牛患泰勒氏焦虫病时全身淋巴结急性肿胀；淋巴结偶有波动时多见于炭疽。

（2）慢性肿胀　无热、痛反应，较坚硬，表面不平，不易向周围移动，常见于副鼻窦炎、结核病、牛淋巴细胞白血病及放线菌感染等。

14. 如何进行体温检查?

测温前先把体温计的水银柱甩到35℃以下，涂上润滑剂或水。测温人站在牛正后方，左手提牛尾，右手将体温计斜向前上方徐徐捻转插入牛肛门，用体温计夹子夹在尾根部尾毛上，隔 3 ～ 5 分钟取出查看。牛经过使役、剧烈活动、日晒、大量饮水后，应休息 30 分钟后再测体温。

健康牛的体温一般上午高、下午低，温差在 1℃以内。所以，一般应在每天上午 8—9 时和下午 4—5 时各测量 1 次，观察体温日差变化。正常犊牛的体温为 38.5 ～ 39.5℃，青年牛为 38 ～ 39.5℃，成年牛为 38 ～ 39℃。

如果发现牛的体温低于正常值，多由于体热散失过多，或产热不足，代谢高度减退等所致。通常见于大失血、内脏破裂、严重脑病、中毒性疾病、重急症末期或者将要死亡；如果牛的体温高于正常范围并伴有发热症状，则可判断该牛已发热。病牛体温升高 1℃内的为微热，升高 1 ～ 2℃的为中热，升高 2℃以上的为高热。

发热可见 3 种热型。稽留热：高热持续 3 天以上，且每日温差在 1℃以内，多见于传染性胸膜肺炎、犊牛副伤寒等；弛张热：日差在 1℃以上，常见于化脓性疾病、败血症及支气管肺炎等；间歇热：表现为有热和无热期交替出现，多见于结核、锥虫病、焦虫病等。

15. 如何进行心脏临床检查?

（1）心搏动的视诊与触诊　心搏动的强度取决于心脏的收缩力量、胸壁的厚度、胸壁与心脏之间的介质。病理性的心搏动增强，可见于一切引起心脏功能亢进，如发热病的初期，伴有疼痛性的疾病、轻度的贫血、心脏病的代偿期（如心肌炎、心包炎、心内膜炎的初期）以及病理性的心肥大等。心搏动减弱，表现为心区的震动微弱甚至难于感知。

心搏动的减弱可见于：①引起心脏衰弱、心室收缩无力的病理性过程，如心脏病的代偿期；②病理性原因引起的胸壁肥厚，如当纤维素性胸膜肺炎或胸壁浮肿时；③胸壁与心脏之间的介质状态的改变，如当渗出性胸膜炎、胸腔积水、肺气肿、渗出性纤维素性心包炎时。在牛的创伤性心包炎时，有大量的渗出液蓄积，心搏动特别微弱。

（2）心区的叩诊　心脏正常的叩诊音为浊音，心脏叩诊浊音区缩小提示肺气肿的发生。心脏叩诊浊音区扩大，可见于心肥大、心扩张以及渗出性心包炎、心包积液。当心区叩诊时，奶牛表现回视、躲闪或反抗而呈疼痛不安，乃心区敏感反应，常是心包炎或胸膜炎的特征。当牛患创伤性心包炎时，除可见浊音区扩大、呈敏感反应外，有时可呈鼓音或浊鼓音。

（3）心脏的听诊　除心脏本身能够发生疾病外，其他系统的疾病都会影响心脏机能。因此，了解心脏状态，不仅可以诊断循环系统疾病，而且对了解全身机能状态，判定疾病预后，都有重要意义。牛心脏的 5/7 位于胸腔左侧部。心脏基部位于胸腔 1/2 高度的水平线上，心尖部位于第五肋骨上方 5 ～ 6 厘米处，后缘斜对第五肋间。心脏与网胃（第二胃）很靠近，只隔一层横膈膜。因此，网胃内有金属尖锐物等异物时，容易由网胃经横膈膜刺伤心包及心肌。

听诊心脏时，一般用听诊器在左侧胸壁前下方，肘关节内侧听取心音。牛的心音最强听取点，二尖瓣在左侧第四至第五肋间，主动脉半月瓣在左侧第四肋间，肺动脉音在左侧第三肋间，三尖瓣音在右侧第三至第四肋间。

① 正常心音。在健康牛的每个心动周期中，可以听到“噜—嗒”有节奏的交替而来的 2 个声音，称为心音，前一个称为第一心音，后一个称为第二心音。第一心音音调低而钝浊，持续时间长，尾音也长，第二心音音调较高，持续时间较短，尾音终止突然。心音的病理变化包括心音的频率、强度、性质和节律的变化等。

②心音频率的改变。包括窦性心动过速和窦性心动过缓。前者见于病牛发热及心力衰竭时，后者见于黄疸、颅内压增高的疾病、洋地黄中毒等。

③心音强度的改变。第一、第二心音均增强可见于热性病的初期，心脏功能亢进以及兴奋或伴有剧痛性的疾病及心脏肥大等。第一、第二心音均减弱可见于心脏功能障碍的后期以及渗出性胸膜肺炎或心包炎。第一心音增强主要见于心脏衰弱或大失血、失水以及其他引起动脉血压显著下降的各种病理过程，第二心音增强主要由于肺动脉及主动脉血压升高所致，可见于肺气肿或肾炎。

④心音性质的改变。常表现为心音浑浊，音调低沉且含混不清，主要见于热性病及其他引起心肌损害的多种病理过程。

⑤心音分裂。把一个心音分成 2 个声音，听起来类似“嗒、噜—嗒”或“噜、嗒—嗒”。第一心音分裂可见于心肌损害及其传导功能障碍，第二心音分裂主要由于主动脉瓣与肺动脉瓣的不同时关闭所致。

⑥心杂音。心脏杂音是心音以外持续时间较长的附加声音，它可与心音分开或相连续甚至完全遮盖心音，其音性与心音完全不同，有的如吹风样、锯木样，有的如哨音、皮革摩擦音。心脏杂音对心脏瓣膜及心包疾病的诊断具有重要意义。

⑦心率失常。多见于心脏兴奋性改变、心脏传导系统功能障碍和严重疾病时。

16. 脉搏检查的操作要领有哪些?

在安静状态下检查牛的脉搏数。牛的脉搏数检查是通过触摸尾中动脉检查的，触摸位置在尾底面。检查人站立在牛的正后方，左手将牛的毛根略微抬起，用右手的食指和中指压在尾腹面的尾中动脉上进行计数。计算 1 分钟的脉搏数。

（1）脉搏性质　主要检查脉搏的强弱。脉搏强而有力，见于热性病初期、心脏代偿功能亢进及兴奋、运动时；脉搏弱而无力，见于心脏衰弱、热性病及中毒病的后期；脉搏不感于手，见于心力衰竭及濒死期。

（2）脉搏节律　如果牛的脉搏间隔不等，强弱不定，就是无节律脉。

健康牛脉搏的正常生理指标为每分钟 40 ～ 80 次。脉搏次数增多常见于各种发热性疾病、各种心脏病、各种贫血或严重的脱水、各种伴有剧烈疼痛的疾病、某些中毒性疾病或药物的影响。脉搏次数减少可见于引起颅内压增高的疾病（如慢性脑室积水）、胆石症、某些植物中毒和药物中毒等。

17. 如何测定牛的中心静脉压? 有何临床意义?

中心静脉压是指右心房或腔静脉的压力。中心静脉压的高低，主要由血容量的多少、心脏功能的好坏及血管张力的大小决定，测定中心静脉压作为观察血液的动态变化以及临床上作为补充血容量的一个指标。

（1）设备　生理盐水输液瓶、中心静脉压测定管、三通开关、聚乙烯塑料管及采血针头。该装置用 70% 酒精浸泡、消毒备用。

（2）步骤　先使输液瓶通过三通开关与静脉测压管相通，用生理盐水注满测压管，并调整测压管零刻度与被测动物右心房在同一水平线上，关闭三通开关。

用聚乙烯塑料管测定针头颈静脉刺入点与右心房之间的距离，并在聚乙烯塑料管上做好标记，然后取采血针头尖端朝向心端方向刺入颈静脉，并迅速将聚乙烯塑料管通过针孔导入颈静脉，将聚乙烯塑料管推送至做好标记处，即达到右心房。

打开三通开关，使测压管与右心房相通，静压柱液体缓缓下降，待液面不再下降时所在的刻度即为中心静脉压读数后，再使输液瓶与尼龙导管相通，输液 5 分钟，再测 1 次，以 2 次的平均数作为结果。牛的中心静脉压正常值为（90±40）帕。

（3）临床意义及应用　中心静脉压的高低是受有效循环血液量的多少、心脏功能的好坏和血管张力的大小影响的，同时它也反映当时心脏是否有能力将回心血液排出和当时血管床能否容纳已经输入的液体。血压低，中心静脉压低，表示其血容量有绝对或相对的不足，此时必须大量快速输液，以提高血容量改善循环功能，才能挽救重危病例。

血压偏低，中心静脉压很高，表示心脏功能不全或心力衰竭，必须先要强心，而后补充血容量。否则，输液速度越快，输液数量越多，对心脏越不利。

牛患创伤性心包炎时，中心静脉压可升高至 240 帕以上，对早期确诊创伤性心包炎具有重要的诊断意义。

18. 呼吸系统检查的主要内容有哪些？

（1）呼吸方式　健康牛的呼吸方式呈胸腹式，即呼吸时胸壁和腹壁的运动强度基本相等。检查牛的呼吸方式，应注意牛的胸部和腹部起伏动作的协调和强度。如出现胸式呼吸，即胸壁的起伏动作特别明显，多见于急性瘤胃臌气、急性创伤性心包炎、急性腹膜炎、腹腔大量积液等。如出现腹式呼吸，即腹壁的起伏动作特别明显，常提示病变在胸壁，多见于急性胸膜炎、胸膜肺炎、胸腔大量积液、心包炎及肋骨骨折、慢性肺气肿等。

（2）呼吸次数　健康牛呼吸次数为 10 ～ 30 次 / 分钟。在一般情况下，牛饱食或活动后以及天热、受惊、兴奋时，都可以使呼吸次数增多，这属于正常现象。

引起呼吸次数增多的疾病，除包括能引起脉搏增多的疾病外，临床上多见于呼吸疼痛性疾病（如胸膜炎、肋骨骨折、创伤性网胃炎、腹膜炎等）。呼吸次数减少比较少见，主要有脑病（脑炎、脑肿瘤、脑水肿）、上呼吸道狭窄和尿毒症等。

（3）呼吸困难　吸气式呼吸困难主要发生于鼻腔、咽、喉及气管患病；慢性肺气肿及细支气管炎时则多发呼气式呼吸困难；肺和胸膜腔疾患时，如肺炎、胸腔积液或气胸等则呈现混合式呼吸困难。

（4）鼻液检查　多量鼻液，见于呼吸系统的急性炎症疾病和某些传染病；少量鼻液，见于慢性呼吸系统疾病和某些传染病。浆液性鼻液常见于呼吸道黏膜急性炎症的初期及感冒；黏液性鼻液常见于呼吸道急性炎症的中期或恢复期；脓性鼻液见于呼吸道黏膜急性炎症的后期、鼻窦炎及肺脓肿破溃；腐败性鼻液见于坏疽性肺炎和腐败性支气管炎等；血液性鼻液见于呼吸道黏膜损伤和肺出血。

（5）咳嗽检查　人工诱咳，若牛连续多次咳嗽，即为病态。干咳多见于喉和气管异物、慢性支气管炎、胸膜炎、肺结核；湿咳见于气管炎等。单发性咳嗽常见于感冒、慢性支气管炎和肺结核等，连续性咳嗽常见于急性喉炎、支气管炎和支气管肺炎。

（6）喉及气管检查　视诊和触诊喉和气管，应注意有无肿胀，若有肿胀，表明喉或气管有炎症。听诊喉部，当喉和气管黏膜炎症或因肿瘤等异物压迫而发生狭窄时，喉和气管呼吸音增强并伴有啰音。

19. 牛胸部检查的方法有哪些?

（1）胸部触诊　胸部触诊，主要是判定胸壁的敏感性及肋骨状态。胸壁敏感，触诊时动物骚动不安，见于胸膜炎、肋骨骨折等。佝偻病时，有时在肋骨与肋软骨结合部可摸到串珠状肿胀。

（2）胸部叩诊　检查时，一只手拿叩诊板，顺肋骨密贴纵放，另一只手拿叩诊槌，以手腕的动作，垂直地向叩诊板上短而急地连续叩打两次。一般自肩后每个肋间，由上至下进行。

正常的肺部叩诊音为清音，叩诊呈浊音或半浊音，见于肺炎、胸膜炎等，叩诊呈鼓音，见于肺空洞、气胸等，叩诊呈过清音，见于肺气肿。

肺叩诊区扩大是肺泡内气体增多、肺容积增大的结果，是肺泡气肿和气胸。肺叩诊区缩小多为腹腔脏器膨大、腹腔积液、心包积液压迫肺脏的结果或肺萎缩所致。

（3）胸部听诊　胸部听诊区和叩诊区是一致的。听诊与叩诊都是诊断肺和胸膜疾病可靠的重要方法。通过听诊可以确定呼吸音的强弱、性质以及病理的呼吸音。

听诊顺序是由前至后，由上至下，直至全肺区。每个听取点至少要听取2～3次呼吸音。再变换位置。如呼吸音有异常变化时，须在该部周围及对侧对称部位做仔细的比较。为便于发现病理呼吸音，术者可短时间停闭呼吸继续听诊。

牛的正常肺音有肺泡呼吸音和支气管呼吸音两种。肺泡呼吸音类似“夫夫”声，低沉而稍弱，声音由弱变强，呼气时短而弱，声音由强到弱。听诊中央区明显，后界减弱，前下方最弱。支气管呼吸音，音性较粗，类似“赫赫”声。可在第3～4肋间肩关节下方听到支气管呼吸音，它是带有肺泡音的混合呼吸音，为生理性支气管呼吸音。病理性支气管呼吸音，则为肺和胸膜重剧疾病的主要特征。

病理状态下呼吸音增强，见于热性病和贫血等。肺泡呼吸音减弱或消失，见于肺炎、肺气肿和胸膜炎。干啰音常见于支气管炎、肺结核等，湿啰音常见于支气管炎、支气管肺炎和肺水肿等。捻发音常见于胸膜炎的初期和渗出液吸收期。胸腔拍水音见于渗出性胸膜炎。

20. 消化系统检查包括哪些内容?

在牛疾病中，消化系统疾病占很高比例，既有原发性的，也有继发性的。因此，在一般检查的基础上多数要进行消化系统检查。它包括饮欲、食欲检查，口腔检查，咽及食管检查，反刍、嗳气及腹部检查等。

（1）饮欲、食欲检查　食欲是牛是否健康的最可靠指证。健康牛食欲旺盛，见到精饲料大口吞咽，很快吃完，并以舌头舔饲槽，发出刷刷的声音。

在一般情况下，只要牛生病了，首先就会影响到食欲，病牛一般食欲减退或消失，如对饲料不争食、有剩料或拒食，都是患病的表现，可以在早上给料时查看饲槽是否有剩料来确定。

食欲反常主要见于代谢性疾病，尤其是矿物质缺乏或慢性消化紊乱，表现异食癖。食欲废绝，表明严重的全身紊乱，也见于严重的口腔疾病及其他疼痛性疾病；饮欲反映了全身需水量的程度，饮欲减退见于伴有昏迷的脑病；饮欲增加见于高热或大失血等情况。

（2）反刍检查　反刍是食团从瘤胃返回口腔进行再咀嚼和再吞咽。由于反刍与前胃、皱胃的功能有关系，健康牛通常在饲喂后不久即出现反刍，每次反刍持续 30 ～ 60 分钟，1 个食团咀嚼 40 ～ 60 次。反刍的病理变化主要是反刍迟缓而稀少，短而无力，时时终止，不愿咀嚼或咀嚼不充分即行咽下，严重时反刍停止，见于前胃弛缓或胃肠病。

在反刍中逆呕或吞咽不自然，可能是食管疾病。

假性反刍是一种病理现象，其特点是空口咀嚼，并发出含漱音。用手插入口腔，有大量黄褐色的、酸臭的瘤胃液流出，常见于前胃疾病、各种传染病、严重的寄生虫病、多种代谢病、中毒病，当出现全身症状时均可影响反刍。

（3）嗳气检查　嗳气是瘤胃气体压迫瘤胃后背盲囊而引起的一种反射运动。常用听诊或视诊检查，嗳气增强表示瘤胃运动功能增强，发酵旺盛；嗳气减少是瘤胃运动功能障碍和前胃内容物干涸或积食的结果。嗳气停止与食欲废绝、反刍消失常相一致，并常常导致瘤胃臌胀。

21. 腹部检查的重要内容有哪些?

腹部检查是消化系统检查的重要组成部分，包括腹围大小、腹腔内容物及胃肠道功能变化。

（1）腹围检查　从前方或尾后观察腹围的大小，在胃肠臌胀、变位、子宫蓄脓、膀胱破裂、腹水、肿瘤等均可见腹围增大；而长期饥饿、腹泻等腹围缩小。

（2）瘤胃检查　瘤胃触诊是瘤胃检查很重要的方法。用拳紧压瘤胃即可感到节律性的起伏运动，判定蠕动波的次数，用手触诊瘤胃还可探知内容物的数量和硬度。听诊可测定蠕动波的强弱与长短。凡影响消化系统的局部和全身性疾病，瘤胃蠕动次数减少，蠕动音降低，蠕动力量减弱。病情严重者则蠕动停止。

（3）网胃、瓣胃检查　网胃、瓣胃检查不如瘤胃检查效果明显，即使是触诊网胃，也并非一定能测出疼痛。瓣胃在右侧第 7 ～ 9 肋间、肩关节水平线上下 3 厘米处，在此处听诊，可听到轻微的沙沙音，患瓣胃堵塞时蠕动音减弱或消失。

（4）皱胃检查　皱胃位于右侧第 8 ～ 11 肋间及肋弓的腹下部。判定皱胃阻塞则用触诊的方法，两手掌平放于右侧肋弓后下方，向腹内摇动可感到皱胃的轮廓和硬度。当皱胃左方变位时，在左侧髋关节水平线上的倒数第 1 ～ 4 肋间范围内叩诊结合听诊可出现钢管音。当皱胃右方变位时，在右侧髋关节水平线的倒数第 1 ～ 4 肋间范围内叩诊结合听诊可出现典型的钢管音。

（5）肠管检查　牛正常肠音低弱，病理状态下肠音减弱或消失。临床上牛的直肠检查对肠套叠、肠扭转、肠便秘等疾病的确诊具有实用价值。

22. 如何检查牛的排尿动作？尿液感官检查主要查什么？

（1）观察牛在排尿过程中的行为与姿势　正常牛每日排尿 8 ～ 10 次。临床病理现象常见多尿、少尿、频尿、无尿、尿失禁、尿淋漓等。

①多尿。表现为排尿次数和尿量增加，多见于慢性肾病、渗出性胸膜炎的吸收期。

②少尿。表现为排尿次数减少和尿量减少，见于热性病、急性肾炎。

③频尿。表现为时有排尿动作，但尿量少，多尿见于膀胱炎、尿道炎。

④无尿。真性无尿，无排尿动作，见于急性肾炎；假性无尿，时有排尿行为，但无尿液排出，见于尿道结石或堵塞。

⑤尿失禁或尿淋漓。尿失禁是尿液不由自主地自行流出；尿淋漓是在腹压增高或姿势改变时，经常有少量尿液呈滴状流出。见于膀胱及其括约肌的麻痹或中枢神经系统疾病。

（2）尿液及其感官检查　尿液感官检查，主要检查尿液的气味、透明度、颜色及混有物。健康牛的新鲜尿液清亮透明，呈浅黄色。如排出的尿液有强烈氨臭味，见于膀胱炎；有醋酮味，见于酮尿病。颜色变深，见于饮水不足或热性病；尿液深黄色见于肝病、胆道阻塞；红尿提示血红蛋白尿或血尿，血红蛋白尿多透明，放置无沉淀，见于牛血红蛋白尿症、梨形虫病和犊牛饮水过多；血尿有沉淀多因肾脏、尿道、膀胱出血。

23. 如何检查肾脏、膀胱及尿道？

肾区捶击或触诊时牛疼痛不安，提示肾炎；膀胱区触诊呈波动感，提示膀胱内尿液潴留；随触压而流出尿液，则提示膀胱麻痹；触诊敏感，多见于膀胱炎。

24. 神经系统检查的重点有哪些？

（1）中枢神经功能检查　主要观察牛的精神状态或行为。常见的中枢神经功能障碍有以下两种。

①兴奋、狂躁。牛表现为不安、惊恐，横冲直撞，攻击人、畜，见于狂犬病、脑及脑膜充血以及中毒等。

②抑制、昏迷。轻者表现为低头垂耳，反应迟钝，行动无力，多见于热性病；重者呈现昏迷状态，病牛卧地不起，呼唤不应，意识完全丧失，反射消失，甚至瞳孔散大，粪尿失禁，为预后不良征兆，见于脊髓损伤、脑及脑膜炎、中暑后期及重度的产后瘫痪。

（2）头颅及脊柱检查　观察头颅的形状、大小及脊柱的外形，配合进行触诊及叩诊。头颅局部膨大变形，见于外伤、肿瘤、额窦炎；局部温度增高，多为脑、脑膜充血及炎症；叩诊浊音，见于脑瘤、额窦炎、脑多头蚴病；脊柱变形，向内、向下、侧方弯曲，见于骨软症或佝偻病；局部肿胀疼痛，常为挫伤或骨折；僵硬，快速运动或转圈运动不灵活，见于破伤风、腰肌风湿等。

必要时，要进行开颅检查。

25. 感觉器官检查的内容有哪些？

（1）视觉器官检查　观察眼球、眼睑、角膜、瞳孔的状态，主要检查眼的视觉能力及瞳孔对光的反应。

①眼睑。眼睑肿胀，见于流行性感冒、牛恶性卡他热；上眼睑下垂，多见于面神经麻痹、脑炎、脑肿瘤及某些中毒病。

②眼球。眼球下陷，见于严重失水、眼球萎缩；眼球震颤，见于急性脑炎、癫痫等。

③角膜。角膜浑浊，见于牛恶性卡他热、角膜外伤或维生素 A 缺乏等。

④瞳孔。瞳孔散大，多见于脑膜炎、脑肿瘤或脓肿、多头蚴病或阿托品中毒；瞳孔缩小，且伴发对光反应迟钝或消失，多见于慢性脑室积水、脑膜炎、有机磷中毒等。

⑤视力。视物不清，甚至失明，多见于犊牛的维生素缺乏症。

（2）听觉器官检查　在安静环境，给以音响刺激，观察牛的反应。常见的听觉异常有以下两种。

①听觉增强。对轻微声音耳迅速来回转动，惊恐不安，多见于破伤风、狂犬病、牛酮血症等。

②听觉减弱。对较强的声音刺激，无任何反应，见于延髓和大脑皮质颞叶受损等。

（3）皮肤感觉检查　遮盖动物的眼睛，检查牛皮肤的触觉、痛觉和温热感觉。感觉减弱或消失，对强烈刺激无明显反应，见于中枢功能抑制的脊髓、脑干部疾病；感觉增强，见于局部炎症、脊髓炎等。

（4）反射功能检查　主要检查皮肤、黏膜、深部反射等。反射减弱或消失，常见于脑积水、多头蚴病等；反射亢进，见于脊髓背根、腹根或外周神经的炎症，以及脊髓炎、破伤风、有机磷中毒、士的宁中毒等。

26. 常见的运动障碍有哪些？

在运动系统检查时，先观察牛在站立静止时肢体的位置、姿势是否正常，肢体局部有无异常变化，然后让牛自由活动，观察是否存在运动异常。常见的运动功能障碍有盲目运动、共济失调、痉挛、麻痹和瘫痪等。

（1）盲目运动　表现为无目的地行走，前冲、后退，转圈运动等，见于脑炎、脑膜炎、某些中毒病以及牛多头蚴病等。

（2）共济失调　表现为静止时站立不稳，四肢叉开，运步时步态不稳、后躯摇晃、行走如醉，多见于小脑性失调。

（3）痉挛　主要见于破伤风、某些中毒病、脑炎及脑膜炎。

（4）麻痹　末梢性麻痹，常见于面神经麻痹、坐骨神经麻痹、桡神经麻痹等。中枢性麻痹，常见于狂犬病、某些中毒病等。

（5）瘫痪　有两种情况：单瘫表现为某一肌群或一肢的麻痹，如三叉神经或颜面神经麻痹，以致影响咀嚼和采食；截瘫时，身体两侧对称部位发生麻痹，多因脊髓横断性损伤所致。

27. 乳房检查的方法有哪些?

乳房的检查对乳腺疾病的诊断具有很重要的意义。检查方法主要有视诊、触诊，同时注意观察乳汁的外观。

（1）视诊　注意乳房的大小、形状，乳房和乳头的皮肤颜色，有无发红、橘皮样变、外伤、隆起、结节及脓疱等。乳房皮肤上出现疱疹、脓疱及结节多为痘疹的特征。

（2）触诊　须在挤奶后进行。用手触摸乳房，注意检查肿胀的部位、大小、硬度、压痛及局部温度，有无波动感。牛患乳房炎症时，炎症部位肿胀、发硬、皮肤呈紫红色，有热痛反应。有时乳房淋巴结也肿大，挤奶不畅。炎症可发生于整个乳房，有时仅限于乳腺的一叶，或仅局限于一叶的某部分。因此，检查应遍及整个乳房。如乳房发生脓肿时，可在乳房的皮下或深部出现大小不等的坚实感并带有明显弹性的囊状物。当脓肿成熟后，可出现波动，但深部肿胀波动不明显。奶牛发生乳房结核时，乳房淋巴结显著肿大、硬结、触诊无热痛。

（3）乳汁外观检查　除轻度炎症外，多数乳房炎患牛，乳汁性状都有变化。检查时，可将患病乳叶的乳汁挤入手心或盛于器皿内进行观察，注意乳汁的颜色、稀薄和性状，如乳汁内含絮状物或纤维蛋白性凝块，或含有脓汁、带血，为乳房炎的重要指征。此外，必要时可用化学方法进行乳汁的酸碱度测定及乳内酶的测定；亦可用显微镜检查法进行血细胞和细菌学分析，以确定乳房炎的类型。

28. 剖检前应做好哪些准备?

进行尸体剖检，必须做好如下准备工作。

（1）解剖器械和消毒药品的准备　有条件的基层兽医站购有动物专用的解剖器械箱，其箱内配备解剖所需要的器械。一般而言，解剖器械的准备主要包括外科刀、外科剪、骨剪、斧头、镊子等。消毒药品主要有5%碘酒、75%酒精、3%～5%来苏尔、0.2%新洁尔灭、高锰酸钾、消毒威、菌毒灭等，解剖前最好准备2种以上用途的常用消毒药品。

（2）剖检人员自身防护的准备　在解剖前，剖检人员应先行戴好手套、口罩、防护帽，穿上防护服、长筒胶鞋，必要时还要外罩胶皮或塑料围裙、戴上防护眼镜，以防病菌的感染。

（3）解剖场地的准备 尸体剖检一般应在专用解剖室内进行，以便于清洗、消毒，防止病原的扩散。如果条件不许可，应选择远离村庄、房屋、水源、道路和畜禽栏舍，并且要求地势高、环境干燥、方便就地掩埋畜禽尸体的地点进行。

29. 剖检要注意哪些问题？

（1）剖检对象的选择 要选择临床症状比较典型的病死牛。有的病例，特别是最急性死亡的病例，特征性病变尚未出现。因此，为了全面、客观、准确地了解病理变化，可多选择几头疫病流行期间不同时期出现的病、死牛进行解剖检查。

（2）剖检时间 剖检应在病牛死后尽早进行，死后时间过长（夏季超过 12 个小时）的尸体，因发生自溶和腐败而难判断原有病变，失去剖检意义。剖检最好在白天进行，因为灯光下很难把握病变组织的颜色（如黄疸、变性等）。

（3）正确认识尸体变化 牛死亡后，血液循环停止，机体组织器官的功能与代谢过程先后停止，受体内细胞酶和肠道内细菌的作用，以及外界环境的影响，逐渐发生一系列的死后变化。其中包括尸冷、尸僵、尸斑、血液凝固、尸体自溶与腐败等。正确地辨认尸体的变化，可以避免把某些死后变化误认为生前的病理变化。

（4）剖检人员的防护 剖检人员在剖检过程中要时刻警惕感染人兽共患病以及尚未被证实、而可能对人类健康有害的微生物，所以剖检人员应尽可能采取各种防护手段，穿工作服、胶靴，戴胶手套及工作帽、口罩、防护眼镜。剖检过程中要经常用低浓度的消毒液冲洗器械上及手套上的血液和其他分泌物、渗出物等。剖检中若不慎皮肤被损伤，应立即停止剖检，妥善消毒包扎；若液体溅入眼中，要迅速用 2% 硼酸水冲洗，并滴入消炎杀菌的眼药水。剖检后，双手用肥皂洗数次后，再用 0.1% 新洁尔灭洗 3 分钟以上；为除去腐败臭味，可先用 5% 高锰酸钾溶液浸洗，再用 3% 草酸溶液洗涤脱色，然后用清水清洗；口腔可用 2% 硼酸水漱口；面部可用香皂清洗，然后用 70% 乙醇擦洗口腔附近面部。

（5）尸体消毒和处理 剖检前应在尸体体表喷洒消毒液，如怀疑患炭疽时，取颌下淋巴结涂片染色检查，确诊患炭疽的尸体禁止剖检。死于传染病的尸体，可采用深埋或焚烧法处理。搬运尸体的工具及尸体污染场地也应认真清理消毒。

（6）注意综合分析诊断 有些疾病特征性病变明显，通过剖检可以确诊，但大多数疾病缺乏特征性病变。另外，原发病的病变常受混合感染、继发感染、药物治疗等诸多因素的影响。在尸体剖检时应正确认识剖检诊断的局限性，结合流行病学、临床症状、病理组织学变化、血清学检验及病原分离鉴定等进行综合分析诊断。

（7）做好剖检记录，写出剖检报告　尸体剖检记录是尸体剖检报告的重要依据，也是进行综合分析诊断的原始资料。记录的内容要力求完整、详细，能如实地反映尸体的各种病理变化。记录应在剖检当时进行，按剖检顺序记录。记录病变时要客观地描述病变，对无肉眼可见变化的器官，不能记录为“正常”或“无变化”，因为无肉眼变化，不一定就说明该器官无病变，可用“无肉眼可见变化”或“未发现异常”来描述。

30. 病理剖检应采用什么程序和方法?

牛的尸体剖检常采用左侧卧位，以便于取出巨大的瘤胃。

（1）尸体外观检查　主要检查畜别、品种、性别、年龄和营养状况、皮肤、被毛、可视黏膜、天然孔等有无异常，以及尸体变化和卧位等内容。

（2）剥皮与切离前后肢　将牛仰卧，自下颌部起沿腹部正中线切开皮肤，至脐部后把切线分为两条，绕开生殖器或乳房，最后在尾根部会合。然后沿四肢内侧的正中线切开皮肤，到关节处作一环形切线，顺次剥下全身皮肤。患传染病尸体一般不剥皮。在剥皮过程中，应注意检查皮下是否有出血等。

为了便于内脏的检查与摘除，先将牛的右侧前后肢进行切离。切离的方法是将前肢或后肢向背侧牵引，切断肢体附近的肌肉、关节囊、血管、神经和结缔组织后即可取下前肢或后肢。

（3）剖开腹腔及采取腹腔器官　先将母牛乳房或公牛外生殖器从腹壁切除，然后从肷窝沿肋骨弓切开至剑状软骨，再从肷窝沿髂骨体切开腹壁至耻骨前缘。切开腹腔后，检查有无肠变位、腹膜炎、腹腔积液或积血等异常。

剖开腹腔后，在剑状软骨部可见到网胃，右侧肋骨后缘部为肝脏、胆囊和皱胃，右肷部可见盲肠，其余脏器均被网膜覆盖。因此，为了采出牛的腹腔器官，宜先将网膜切除，并依次采出小肠、大肠、胃和其他器官。

提起牛盲肠的盲端，沿盲肠体向前，在回盲韧带处分离一段肠，在距盲肠约 20 厘米处作双重结扎，从结扎间切离。再将回肠断端向前牵引，在接近小肠部切断肠系膜。由回肠向前分离至十二指肠空肠曲，作双重结扎并于两结扎间切断即可取出全部小肠。采出小肠的同时，要检查肠系膜和淋巴结有无变化。

找到直肠，并将直肠内粪便向前挤压并做结扎，在结扎后方切断直肠。抓住直肠断端向前分离直肠系膜，把横结肠、肠盘与十二指肠回行部之间切断，最后切断前肠系膜根部的血管、神经和结缔组织，可取出整个大肠。

先将胆管、胰管与十二指肠之间的筋膜和韧带切断，分离十二指肠系膜。将瘤胃向后牵引，露出食管，并在末端结扎切断。再向后下方牵引瘤胃，切离瘤胃与背部联系的组织，切断脾附近韧带，将牛胃、十二指肠及脾脏同时采出。

肝脏采出，先切断左叶周围的韧带及后腔静脉，然后切断右叶周围的韧带、门静脉和肝动脉，便可采出肝脏。胰脏可从左叶开始逐渐切下或将胰脏附于肝门部和肝脏一同取出，也可随腔动脉、肠系膜一并采出。采出肾脏和肾上腺时，首先应检查输尿管的状态，然后先取左肾，即沿腰肌剥离其周围的脂肪囊，并切断肾门处的血管和输尿管，采出左肾。右肾用同样方法采出。肾上腺可与肾脏同时采出。

（4）采取胸腔脏器　①开腔。锯开胸腔之前，应先检查肋骨的高低及肋骨与肋软骨结合部的状态。然后将膈的左半部从季肋部切下，用锯把左侧肋骨的上下两端锯断，只留第一肋骨，即可将左胸腔全部暴露。锯开胸腔后，应注意检查左侧胸水的量和性状，胸膜的色泽和粘连情况等。

②采取心脏。先在心包左侧中央作“十”字形切口，将手洗净，把食指和中指插入心包腔，提取心尖，检查心包液的量和性状；然后沿心脏的左侧纵沟左右各 1 厘米处，切开左、右心室，检查血量及其性状；最后将左手拇指和食指分别伸入左、右心室的切口内，轻轻提取心脏，切断心基部的血管，取出心脏。

③采取肺脏。先切断纵隔的背侧部，检查胸腔液的量和性状；然后切断纵隔的后部；最后切断胸腔前部的纵隔、气管、食管和前腔动脉，并在气管轮上做一小切口，将食指和中指伸入切口牵引气管，将肺脏取出。

④采取腔动脉和肠系膜。从前腔动脉至后腔动脉的最后分支部，沿胸椎、腰椎下面切断肋间动脉，可将腔动脉和肠系膜一并采出。

（5）采取骨盆腔脏器　切离子宫和卵巢，再由盆腔下壁切离膀胱颈、阴道及生殖腺等，最后切断附着于直肠附近的肌肉，先锯断髂骨体，然后锯断耻骨和坐骨的髋臼支，除去锯断的骨体，暴露盆腔。对于母牛，还须将肛门、阴门做圆形切离，即可取出骨盆腔内脏器。

（6）采取口腔及颈部器官　切断咬肌，在下颌骨的第一臼齿前锯断左侧下颌支；再切断下颌支内面的肌肉和后缘的腮腺，下颌关节的韧带及冠状突周围的肌肉，将左侧下颌支取下；然后用左手握住舌头，切断舌骨支及其周围组织，再将喉、气管和食管的周围组织切离，直至胸腔入口处即可采出口腔及颈部器官。

（7）颅腔的打开与脑的采出　切断颈部使头与颈分离，然后除去下颌骨体及右侧下颌支，切除附着部肌肉。先沿两眼的后缘用锯横行锯断，再沿两角外缘与第一锯相接锯开，并于两角的中间纵锯一正中线，然后两手握住左右两角，用力向外分开，使颅顶骨分成左右两半，取出脑。沿鼻中线两侧各1厘米纵行锯开鼻骨、额骨，暴露鼻腔、鼻中隔、鼻甲骨及鼻窦。剔去椎弓两侧的肌肉，锯断椎体，暴露椎管，切断脊神经，取出脊髓。

31. 牛组织器官检查的要点有哪些？

（1）淋巴结　注意检查颌下淋巴结、颈浅淋巴结、淋肠系膜淋巴结、肺门淋巴结等颜色、大小、硬度以及与其周围组织的关系及横切面的变化。

（2）肺脏　首先注意其大小、色泽、重量、质度、弹性及有无病灶及表面附着物等。然后用剪刀将支气管剪开，注意检查支气管黏膜的色泽、表面附着物的数量和黏稠度。最后将整个肺脏从不同侧面切开，观察切面有无病变以及切面流出物的数量和色泽变化。

（3）心脏　先检查心脏纵沟、冠状沟的脂肪量和出血情况。然后检查心脏的外形、大小、色泽及心外膜性状，最后切开心脏检查心腔。沿左侧纵沟切开右心室及肺动脉，同样再切开左心室及主动脉。检查心腔内血液性状，心内膜、心瓣膜是否光滑，有无变形、增厚，心肌的色泽、质地及心壁的厚薄等。

（4）脾脏　脾脏摘出后，注意其形态、大小、质度；然后纵行切开，检查脾小梁、脾髓的颜色，红、白髓的比例，脾髓是否容易刮脱。

（5）肝脏　先检查肝门部的动脉、静脉、胆管和淋巴结。然后检查肝脏的形态、大小、色泽，有无出血、结节或坏死等。最后切开肝组织，观察切面的色泽、质地和含血量等。注意切面是否隆突，肝小叶结构是否清晰，有无脓肿、寄生虫性结节和坏死等。

（6）肾脏　先检查肾脏的形态、大小、色泽和质地，然后由肾的外侧面向肾门部将肾脏纵切为相等的两半，检查包膜是否容易剥离，肾表面是否光滑，皮质和髓质的颜色、比例、结构，肾盂黏膜及肾盂内有无结石等。

（7）胃　检查胃的大小、质地，浆膜的色泽，有无粘连，胃壁有无破裂和穿孔等，然后沿胃大弯剖开胃，检查胃内容物的性状、黏膜的变化等。牛胃的检查，特别要注意网胃有无创伤及是否与膈肌相粘连。如果没有粘连，可将瘤胃、网胃、瓣胃和皱胃之间的联系分离，然后沿皱胃小弯与瓣胃、网胃剪开；瘤胃则沿背缘和腹缘剪开，检查胃内容物及黏膜情况。

（8）肠管　从十二指肠、空肠、回肠、盲肠、大肠和直肠分段进行检查。在检查时，先检查肠管浆膜面的情况。然后沿肠系膜附着处剪开肠腔，检查肠内容物及黏膜情况。

（9）骨盆腔器官　公牛泌尿生殖系统的检查，从腹侧剪开膀胱、尿管、阴茎，检查输尿管开口及膀胱、尿道黏膜，仔细检查尿道中有无结石，包皮、龟头有无异常分泌物；切开睾丸看有无异常。检查母牛泌尿生殖系统，沿腹侧剪开膀胱，沿背侧剪开子宫及阴道，检查黏膜有无异常；检查卵巢形状，卵泡、黄体的发育情况及输卵管是否扩张。

32. 牛剖检及采样注意事项有哪些？

（1）剖检的时间　病牛死后，应尽早剖检。供分离病毒的脑组织要在牛死后 5 小时内采取。此外，细菌和病毒分离培养的病料要先无菌采取，再取病料做组织病理学检查。

（2）了解病史，预判病种和病情　尸体剖检前，先全面了解病牛所在地区的疾病的流行情况、病牛生前病史，包括临床化验、检查和临床诊断等，对病种和病情做出初步判断，决定是否适合于解剖。此外，还应注意治疗、饲养管理和临死前的表现等方面的情况，为检查特征性病变提供线索。

（3）做好自我防护　根据初步诊断确定人员防护级别。相关人员应穿戴与病种级别相符的防护装备。剖检前应在尸体体表喷洒消毒液。搬运尸体时，特别是搬运炭疽等传染病尸体时，用浸透消毒液的棉花团塞住天然孔，并用消毒液喷洒尸体后方可运送。

（4）病变的切取　未经检查的脏器切面，不可用水冲洗，以免改变其原来的颜色和性状。切脏器的刀剪应锋利，切开脏器时，要由前向后，一刀切开。切开未经固定的脑和脊髓时，应先使刀口浸润，保证切面平整。

（5）剖检后的处理　剖检中所用衣物和器材应先经灭菌后，方可清洗和处理；解剖器械也可直接放入消毒液内浸泡消毒后再清洗处理。金属器械消毒清洁后擦干，涂抹凡士林，以免生锈。

牛剖检后的尸体需要按规定进行无害化处理，以防止尸体和解剖时的污染物成为传染源。特殊情况（如人兽共患病或烈性病）尸体要先用消毒药处理后再焚烧。野外剖检时，尸体就地深埋，深埋之前要在坑底铺上生石灰，在尸体上喷洒消毒液，尸体放入后，表层再喷洒上消毒剂，填土掩埋，保证尸体表层与坑表面距离在1.5米以上。尸体和污染物处理地要做隔离和标识，防止野生或家养动物接近并将污染物刨出，防止人为将尸体挖出，扩散病原体。

剖检场地须彻底消毒，以防污染周围环境。当撤离检验工作点时，要做彻底消毒，以保证继用者的安全。

33. 怎样编写剖检记录？

剖检记录应包括主诉、发病经过、主要临床症状及体征、诊断结果、治疗经过、各种化验室检查结果及死亡原因等。剖检记录必须遵守系统、客观、准确的原则，对病变组织的形态、大小、重量、位置、色彩、硬度、性质和切面的结构变化等都要客观地描述和说明，应尽可能避免采用诊断术语或名词来代替。有的病变用文字难以表达时，可绘图补充说明，有的可以拍照或将整个器官保存下来。

34. 如何进行病理材料的采集和寄送？

在尸体剖检时，为了进一步作出确切诊断，往往需要将病料送实验室做进一步检查，如组织病理学检查或微生物学和免疫学检测等。应严格按相应规程进行病料的采取、保存和寄送。

（1）病理组织材料的采集和寄送　采集病理材料时，首先要采集病变最明显部位的病健交界组织，同时兼顾全面采样，保证采样的代表性。同时，取样要完整，刀剪应锋利，避免反复切割或挤压组织，切面要平整。保持组织结构的完整性，如肾脏应包括皮质、髓质和肾盂；胃肠应包括从黏膜到浆膜的完整组织等，并应多取几块。要求组织块厚度5毫米，面积1.5～3厘米^2；易变形的组织应平放在纸片上，一同放入固定液中。

病理组织材料一般用10%的中性福尔马林溶液固定，固定液量为组织体积的5～10倍。容器底应垫脱脂棉，以防组织固定不良或变形，固定时间为12～24小时。已固定的组织，可用固定液浸湿的脱脂棉或纱布包裹，置于玻璃瓶封固或用不透水塑料袋包装于木匣内送检。送检的病理组织学材料要有编号、组织块名称、数量、送检说明书和填写送检单，供检验单位诊断时参考。

（2）微生物检验材料的采集和寄送　采集病料应于病牛死后立即进行，或于病牛临死前扑杀后采集，以保证组织新鲜未腐败。以无菌操作采取所需组织，采后放在预先消毒好的容器内，以尽量避免外界污染。采集组织种类的原则是：采集病变最明显的部位，采集标识病种特征的部位，如急性败血性疾病，可采集心、脾、肝、肾、淋巴结等组织；生前有神经症状的疾病，可采集脑、脊髓或脑脊液；局部性疾病，可采集病变部位组织如坏死组织、脓肿病灶、局部淋巴结及渗出液等材料。在采集与外界接触过的脏器时，可先用烧红的热金属片在器官表面烧烙，然后除去烧烙过的组织，从深部采集病料，迅速放在消毒好的容器内封好；采集体腔液时可用注射器吸取；脓液可用消毒棉球收集，放入消毒试管内；胃肠内容物可收集放入消毒广口瓶内或剪一段肠管两端扎好，直接送检；血液涂片固定后，两张涂片涂面向内，用火柴棍隔开扎好，用厚纸包好送检；对疑似病毒性疾病的病料，应放入 50% 甘油生理盐水溶液中，置于灭菌的玻璃容器内密封、送检。

采集病料用的刀、剪、镊子等设备、器械，使用前后均应严格消毒。送检微生物学检验材料要有编号、检验说明书和送检报告单。同时，应在冷藏条件下派专人送检。

（3）牛常见细菌性传染病取样部位　①炭疽。取样时，严禁剖检尸体，应立即从耳尖采血涂片染色镜检。必要时在严格控制的条件下，从尸体左侧最后一条肋骨后缘打开腹腔，采集小块脾脏涂片染色镜检，腹腔切口用浸透碘酊的纱布填塞。皮肤炭疽可采集病灶水肿液渗出物，肠炭疽可采集粪便。

②布鲁氏菌病。最好采集流产胎儿的胃内容物、羊水及胎盘的坏死部分。如无此材料，也可用母牛阴道分泌物、乳汁或尿液。

③巴氏杆菌病。尽可能采集新鲜病料，如渗出液、心血、肝、脾、淋巴结、骨髓等，制成涂片，以免镜检时细胞碎片混淆视线。

④结核病。采集患病动物的病灶、痰液、尿液、粪便、乳汁及其他分泌物。

⑤副结核病。已有临床症状的病牛，可刮取直肠黏膜或取粪便中的小块黏膜及血液凝块，尸体可取回肠末端与附近肠系膜淋巴结或取回盲瓣附近的肠系膜。

⑥放线菌病。采集病灶脓汁。

（4）中毒病料的采集与寄送　应采集肝、胃等脏器的组织、血液和较多的胃肠内容物，以及食后剩余的饲草、饲料，分别装入清洁的容器内，并且注意切勿与任何化学药剂接触混合，密封后在冷藏条件下寄送。

35. 牛病常见病理变化有哪些？

（1）充血　由于小动脉扩张而流入局部组织和器官中的血量增多的现象，称为动脉性充血，简称充血。

按充血发生的机理，可分为生理性充血和病理性充血两类。生理性充血见于生理情况下，当器官组织和机能活动加强时，如采食后的胃肠道充血，运动时肌肉的充血等。病理性充血是在致病因子作用下发生的，如炎症早期的充血，就是动脉性充血。

充血时，由于局部小动脉和毛细血管扩张，组织的含血量增多，血流速度加快，血液中富含氧气，因此，充血的组织，器官色泽鲜红，局部温度升高，体积肿大，血管搏动明显，代谢旺盛，机能增强。

（2）**淤血**　由于静脉回流受阻，血液淤积在小静脉和毛细血管中，引起局部组织中的静脉血含量增多的现象，称为静脉性充血，简称淤血。

淤血按其原因不同可分为局部性淤血和全身性淤血。局部性淤血主要由于局部静脉管腔狭窄，或完全阻塞所致。全身性淤血主要由于心脏机能障碍或肺循环障碍。

淤血时，各级静脉（特别是小静脉）毛细血管或细动脉因血液回流障碍而扩张，其中充满血液。静脉的回流不畅，必然妨碍动脉血的灌注，从而使局部动脉血液的含量减少；同时因血流缓慢，又使血氧过多地消耗，因而血中还原血红蛋白含量显著增多，血管内充满着紫黑色的血液，使局部组织呈蓝紫色，称为发绀。

（3）**局部贫血**　是指由于动脉管腔高度狭窄或完全闭塞所造成的局部组织的血液供应不足或完全断绝。原因可归纳为以下 3 类。①动脉痉挛性。这种局部贫血是指中、小动脉管壁的平滑肌，因缩血管神经兴奋而发生强力收缩，造成管腔持续性狭窄，导致血液流入减少，乃至完全停止所引起的贫血。寒冷、外伤、疼痛等均可引起局部动脉痉挛。②动脉阻塞性。由于中、小动脉管壁增厚（慢性小动脉炎、小动脉硬化）或血管内腔被某些异物（血栓）所阻塞引起其内腔狭窄或闭塞所致。③动脉压迫性。这是由于血管壁受某种外力压迫而引起的局部贫血。如肿瘤、异物、积液等。

局部贫血组织，因缺血的原因，所以暴露出组织所固有的色彩。如黏膜、皮肤贫血时，其色彩苍白，肺则呈灰白色，肝呈褐色。缺血的组织温度下降，体积变小，被膜有皱纹形成。

（4）**梗死**　当某组织或器官由于动脉血流断绝，组织因缺血而发生坏死的过程称为梗死形成。因缺血所致的坏死灶称为梗死。

由任何原因所造成的组织缺血，在侧支循环不能及时建立的情况下，均可以引起梗死。其中最多见的是血管内血栓形成和栓塞。

梗死灶的形态与发生梗死的血管所分布的区域相一致。肺、肾、脾等动脉均由这些器官的“门部”向外缘作树枝状分布，因此，这些器官的梗死灶呈尖端指向器官中心的锥体状，锥体的底部位于器官的表面。心、脑发生梗死时，因局部血液循环重新有所调整，故呈不规则形。当动脉闭塞时，由于闭塞局部及其周围的血管发生反射性痉挛，组织内的血液几乎全部被挤出，残留的红细胞崩解，其血红蛋白迅速被破坏和吸收。因此，梗死部位呈灰白色，称为白色梗死（贫血性梗死）。白色梗死多见于心、脑、肾、脾和肝。初期形成的梗死灶除脑部形成液化性坏死外，其他各器官的相应组织则发生凝固性坏死。坏死的组织呈轻度肿胀，所以略向表面隆起；而与之相邻的健康组织的血管，则发生反射性充血和出血，因此，在梗死灶外围形成一红色反应带。外观呈红色的梗死则称为红色梗死（出血性梗死），这是因为梗死区伴有显著的出血所致。红色梗死常见于肺和肠。

（5）出血　血液流出血管或心脏之外，称为出血。血液流出体外称为外出血；血液流入组织间隙或体腔内称内出血。

血管壁被损坏是出血的直接原因。根据破坏的情况不同，分为破裂性出血和渗出性出血。①破裂性出血。是由于血管受损而引起的出血。见于外伤、炎症和肿瘤的侵蚀，或在血管壁发生某种病理变化的基础上，血压突然升高时。②渗出性出血。渗出性出血时，肉眼上甚或光学显微镜下看不出血管壁有明显的解剖学变化。红细胞可通过通透性增高的血管壁漏出血管之外。

出血的表现因出血血管的种类、局部组织的特性以及出血速度不同等而异。动脉管的破裂性出血时，由于血压高、血流急、出血量多，从而压迫周围组织，往往形成血肿。毛细血管出血，多形成小出血点（淤血）或出血斑。组织内的出血，称为溢血。当有全身性渗出性出血倾向时，称为出血性素质。

（6）水肿　组织间液在组织间隙内蓄积过多，称为水肿。若组织间液在胸腔、腹腔、心包腔、关节腔和脑室等浆膜腔蓄积过多时，则称为积水。

水肿的病变特征是，局部组织体积增大、臌胀、变重、紧张度增加、弹性降低、局部温度降低、颜色苍白等。

（7）脱水　机体内水分因摄入不足或丧失过多，所造成水的负平衡，称为脱水。由于水、盐（主要是氯化钠）是体液的主要组成成分，所以在水分丧失的同时，都伴有不同程度的盐类丧失。根据水、盐丧失的比例不同，在临床实践中将脱水区分为缺水性脱水、缺盐性脱水和混合性脱水 3 种类型。

①缺水性脱水。以水分丧失为主、盐类丧失较少的一种脱水，称为缺水性脱水，也称为单纯性脱水。

缺水性脱水的特点是：血液浓稠，血浆渗透压升高，细胞因脱水而皱缩。患畜呈现口渴、尿少，尿的比重增高。此型脱水的主导环节是血浆渗透压升高，故临床又称为高渗性脱水。

②缺盐性脱水。以盐类的丧失多于水分丧失的一类脱水，称为缺盐性脱水。此型脱水的特点是：血浆渗透压降低，血浆容量及组织间液减少，血液浓稠，细胞内水肿；患畜不感到口渴，尿量较多，尿的比重降低。由于血浆渗透压降低是本型脱水的主导环节，所以在临床上又称为低渗性脱水。

③混合性脱水。混合性脱水是体内水分和盐类都大量丧失，但往往以水分的丧失略为显著。又因丧失的多半是等渗溶液，故又称为等渗性脱水。

（8）变性　变性是细胞和组织物质代谢和机能活动障碍在形态学上的反映，它的特点是表现在细胞或间质内出现过多的或异常的，具有各种各样特殊物理和化学性质的物质。例如，水分、糖类、脂类及蛋白质类等。大多数变性是属于可复性的病理过程，此时细胞或组织保持着生活能力，但是机能往往减低。严重的变性，则能导致细胞和组织的死亡。

常见的细胞变性有颗粒变性、水疱变性、脂肪变性及透明变性等；间质的变性则有黏液变性、透明变性及淀粉样变等。

①颗粒变性。是一种最常见和轻微的细胞变性，很容易恢复，但也可能是其他严重变化的先兆。临床上使用的名称很多。它的主要特征是变性细胞的体积肿大，胞浆内出现蛋白质颗粒，这是颗粒变性这一名称的由来。由于变性的器官细胞肿胀和浑浊，失去原有光泽，所以也称作浑浊肿胀，简称“浊肿”。

②水疱变性。也是主要见于急性病理过程中的一种细胞变性形式。它的主要特征是细胞的胞浆和胞核内出现多量水分，形成大小不等的水疱，使整个细胞呈蜂窝状的结构。镜检时，细胞内的水疱呈空泡状，所以又称空疱变性或水肿变性。

③脂肪变性。是指在变性细胞的细胞浆内，出现大小不等的游离脂肪小滴，简称脂变。所见脂肪较多为中性脂肪（甘油三酯），也可能是类脂质或为两者的混合物。

④黏液变性。是指某些间叶组织（结缔组织）发生物质代谢障碍时，失去原来的组织结构而变成一种透明、黏稠的物质，其中含有多量的黏液物质或黏蛋白。

⑤透明变性。又称玻璃样变，是指某些病理过程（主要是慢性过程）中在间质或细胞内出现一种在光学显微镜下呈同质化、半透明、致密无结构的蛋白样物质，称为透明蛋白或透明素。

⑥淀粉样变。是指一种淀粉样物质沉着在某些器官的网状纤维、血管壁或组织间的病理过程，常伴发于体内存在慢性抗原性刺激和异常的浆细胞增多

症时。

⑦免疫复合物沉着。在某种超敏反应过程中，抗原和循环抗体在小血管壁内及其周围形成一种很小的沉淀物，并吸引补体共同形成抗原—抗体—补体复合物。称为免疫复合物沉着。这种复合物引起的病变，就称作免疫复合物疾病。

（9）坏死　动物体内局部细胞组织的病理性死亡，称为坏死。坏死是细胞组织物质代谢障碍的最严重的表现，是不可逆的变化。

组织坏死的原因复杂，有缺氧性坏死，生物性因素、化学性因素、物理性因素、机械性因素坏死，神经营养障碍性坏死等。

坏死的类型主要有：①凝固性坏死。组织坏死后，由于蛋白质凝固，形成一种灰白或灰黄色，比较干燥而无光泽的凝固物质，称为凝固性坏死。②液化性坏死。这一类型的坏死组织，因受蛋白分解酶的作用，细胞死后迅速进行酶分解而变成液体状态。③坏疽。组织坏死后，由于受到外界环境的影响和不同程度的腐败菌感染所引起的变化，坏死组织外观上呈现灰褐色或黑色的色彩，称为坏疽。按照坏疽的发生原因、条件及病理变化，可分为：干性坏疽、湿性坏疽、气性坏疽。

（10）炎症　炎症通常称为发炎。它是机体遭受有害刺激物的作用，特别是微生物感染时，在受作用的局部所发生的一系列复杂反应的病理过程，首先是引起组织的损伤，继而出现血液循环障碍，白细胞游出及液体的渗出，最后常以组织增生、修复损伤而告痊愈。临床上，发炎的部位常表现红（局部充血）、肿（组织肿胀）、热（炎区温度升高）、痛（疼痛）及机能障碍（器官组织的机能下降）等症候。

36. 炎症反应的基本过程、本质是什么？炎症有几类？

炎症反应的基本过程是变质、渗出和增生。

（1）变质　炎症的第一个阶段是变质。变质是指炎症发生的部位组织出现了变性和坏死的现象。变质通常是致炎因子直接作用的结果，或者是局部血液循环障碍作用的结果。变质的轻重与致炎因子的性质、强度有关，症状表现不一，严重时可导致组织功能障碍。

（2）渗出　炎症的第二个阶段是渗出。渗出的过程主要包括流血动力学改变、血管通透性增加、液体渗出和细胞渗出等。流血动力学改变通常包括细动脉短暂收缩、炎症充血和血流速度减慢等。血管通透性增加会导致炎症发生部位液体和蛋白质渗出。

（3）增生　增生是指在致炎因子的刺激下，炎症发生部位的细胞出现的再生和增殖的现象。在临床上，炎症增生是很重要的防御反应，能够有效限制炎症的扩散，促进组织的修复。

炎症是动物有机体受到有害因子的损伤时引起的一种综合性病理反应过程，它是动物在进化发展过程中受外界条件的作用而形成，并遗传下来的一种生物学特性；它不仅是一种病理性过程，而且在本质上还是一种有利于机体的防卫适应性反应。通过炎症反应，机体能预防和制止许多疾病的发生发展。

需要指出的是，炎症的本质虽然是一种防御性反应，但在评价炎症对机体的意义时，必须考虑到炎症过程中的具体情况，而不能单从概念上来确定。

在病理解剖分类上，通常以炎症过程的 3 种基本变化（变质、渗出和增生）为依据，把炎症区分为三大类。

（1）变质性炎　这种炎症的特征是炎灶内以组织变质、营养不良或渐进性坏死的变化为主，而渗出性和增生性的反应微弱。

（2）渗出性炎　渗出性炎的特征是以渗出现象为主，变质和增生现象较轻微。这是由于血管壁的损害较重，有较大量的液体或细胞成分由血管内渗出所致。

按照炎症发生的部位和渗出物的性质不同，渗出性炎可以分为下列 5 种。

①浆液性炎。以渗出较大的浆液为特征。浆液类似血浆或淋巴液，含蛋白质 3% ～ 5%，色淡黄。在炎症时，浆液性渗出液中还含一些白细胞及脱落细胞，故呈轻度浑浊。

②纤维素性炎。纤维素性炎是以炎症渗出液中含大量凝固的纤维蛋白为特征。纤维蛋白（纤维素）来源于血浆中的纤维蛋白原，渗出后，受到损伤组织释出的酶的作用即凝固成为淡灰黄色的纤维蛋白。

按炎灶组织坏死的程度不同，纤维素性炎可分为以下两种类型。

浮膜性炎：发生在黏膜或浆膜上。它的特征是渗出的纤维蛋白凝固，形成一层淡黄色、有弹性的膜状物（假膜）被覆在炎灶的表面。这种膜状物易于剥离，剥离后，被覆上皮一般仍保存。

固膜性炎：又称纤维素性坏死性炎，它的特征是黏膜发炎时，渗出的纤维蛋白形成一层与深层组织较牢固地相结合的纤维蛋白膜（痂）、不易剥离。这是由于组织损伤较重，黏膜层发生坏死，纤维蛋白透入坏死组织中而凝固所致。

③卡他性炎。是指发生于黏膜并在表面有大量渗出物流出为特征的一种炎症。卡他性炎简称“卡他”。“卡他”一词是来自拉丁语的译音，它的含义是

“流溢”之意。黏膜发生轻度炎症时，由于分泌增强，浆液性和黏性渗出物从表面多量流出，故称卡他性炎。

卡他性炎又分为不同类型。渗出液稀薄透明者称浆液性卡他；渗出物黏稠而不透明者称黏液性卡他；渗出液为灰黄或浅绿色的脓性分泌物者，称脓性卡他。

④化脓性炎。炎性过程中以形成脓液为主要特征者称化脓性炎。脓液是浑浊的，灰白色、灰黄色或浅绿色的凝乳状渗出物，其中混有多量中性粒细胞和富于白蛋白和球蛋白的成分。

表现形式：脓性浸润、脓性卡他、积脓、脓肿、蜂窝织炎。

⑤出血性炎。炎症时，有大量的红细胞渗出。致使渗出液甚至整个炎区组织呈现血红色。

出血性炎的基础是血管壁严重损伤，通透性显著增高所致。病因一般是一些强烈的刺激物。常发于胃肠道。

（3）增生性炎　是以组织增殖反应占优势为特征的炎症。它分为普通的和特异的两种。

①普通增生性炎。这是与特异增生性炎比较而言。在普通增生性炎中，增生的组织无特殊的组织结构。

②特异性增生性炎。某些炎症，其增生的组织具有一定的特殊性结构。例如：结核杆菌、鼻疽杆菌、放线菌等病原微生物所引起的慢性炎症。

37. 牛病实验室诊断应遵循什么程序?

牛病的实验室诊断内容广泛，现场兽医或技术人员将病例提交给专业实验室，实验室基于病历及病变选择诊断测试方案，分别开展细菌学检测、病毒学检测、血清学检测、分子生物学检测、组织病理学检测、免疫学检测、临床药理学检测等。最终专业技术人员结合临床病例、病史以及实验室检测结果得出结论。

38. 牛病的实验室检测方法有哪些?

（1）细菌学检测　将所采集的样品，在无菌操作规程下，进行相应的细菌分离。选择合适的培养基对细菌进行培养，待细菌生长到一定程度后，挑选细菌进行革兰氏染色，经初步鉴定后，可以进行下一步的生化鉴定，从而确定病菌种类。或者通过设计相应的引物，进行聚合酶链式反应（PCR）扩增测序，将测序产物送到测序公司进行测序，最终对测序结果进行比对分析，确定所分离菌株。

（2）病毒学检测　当怀疑病牛有病毒感染时，先按照规程进行采样。然后进行病毒的分离培养。常见的分离培养方法包括鸡胚培养法、动物接种法、组织培养法和传代细胞培养法，根据组织样品在各种培养物上的表现确定病毒是否能够分离，并进行中和试验等。

（3）免疫学检测　血清学检测是最常用的免疫学检测，是利用抗体和其对应抗原之间发生专一反应的一种检测方法，由于抗体主要存在于血清中，所以俗称为血清学检测。使用已知抗原可以检测血清中相应的未知抗体；反之，使用已知抗体可以鉴定血清中的未知抗原（如病毒）。常见的免疫学检测技术包括抗血清凝集技术、乳胶凝集技术、荧光抗体检测技术和酶联免疫技术。酶联免疫技术的应用，大大提高了检测的敏感性和特异性，现已广泛应用于病原微生物的检验。应用酶联免疫技术制造的全自动免疫分析仪，可以在48小时内快速鉴定沙门氏菌、大肠杆菌O 157∶H7、单核李斯特菌、空肠弯曲杆菌和葡萄球菌等。酶联免疫技术工作站可实现大规模全自动血清学检测。

（4）分子生物学检测　分子生物学检测技术主要对感染性疾病的病原微生物进行分子诊断，具有快速、准确、特异性高、灵敏性强的特点，已用于病原体的快速检测，为感染性疾病的早期诊断、及时处理以及控制疾病的流行，减少发病率和病死率提供了可能。主要的分子生物学检测技术包括PCR与反转录PCR、实时荧光定量PCR与实时荧光定量反转录PCR以及限制性内切酶片段长度多态性检测技术等，用于分型和鉴别病原体。

（5）组织病理学检测　组织病理学检测是在光学显微镜下观察病变组织的形态学改变的一种疾病检测方法。首先将所取的病变组织进行固定，然后将固定组织制成0.4微米左右的病理切片，将切片染色后，放置于显微镜下观察，检查组织结构完整性以及各类细胞的结构、形态、数量和位置的改变等，进一步探讨病变产生的原因、致病机理、病变的发生发展过程，最后作出病理学诊断。

39. 怎样用好口蹄疫3ABC抗体竞争ELISA检测试剂盒？

（1）作用与用法　用于鉴别口蹄疫野毒感染血清和疫苗免疫血清。

①样品准备。阳性对照血清、弱阳性对照血清、阴性对照血清与被检血清用相应的稀释液作1∶5稀释，备用。根据待检样品宿主，选择相应的稀释液，将高免血清作1∶2 000稀释、备用。

②操作步骤。稀释好的对照血清和被检血清样品加入酶标板，对照血清加

2孔，被检样品加1孔，每孔50微升；然后每孔再加入高免血清50微升；轻轻振荡1分钟，置37℃孵育1小时；用洗涤液连续洗涤6遍；以100微升/孔加入HRP标记的酶标二抗，置37℃孵育1小时；用洗涤液连续洗涤6遍；将底物A、B按1∶1比例混合，以100微升/孔加入底物，37℃作用10分钟；以100微升/孔加入终止液；置酶标仪上测定OD_{450nm}值。

（2）判断　抑制率PI=（阴性血清OD_{450nm}－样品血清OD_{450nm}）/（阴性血清OD_{450nm}－阳性血清OD_{450nm}）×100%

若抑制率大于50%，则判定为阳性；小于40%，则判定为阴性；40%～50%，可疑。判为可疑的血清样品应重做一遍进行确证，如仍为可疑则判为弱阳性。

（3）注意事项　铝箔袋有破损时，建议不作为仲裁使用；试剂盒必须在2～8℃冰箱保存，使用后应放回冰箱，防止污染；试剂盒必须平衡至室温方可进行试验；目测时，阳性对照血清和阴性对照血清孔的颜色无明显区别；机测时，阳性对照血清OD_{450nm}＞0.3或阴性对照血清OD_{450nm}＜0.7，试验不成立，需要重新做试验；用于区分口蹄疫病毒感染抗体与免疫抗体；试验时需戴一次性保护手套，及时消毒和妥善处理废弃物品；注意生物安全。

40. 如何正确使用口蹄疫病毒非结构蛋白2C3AB抗体检测试纸条？

口蹄疫病毒非结构蛋白2C3AB抗体检测试纸条是利用大肠杆菌表达的口蹄疫病毒非结构蛋白2C3AB和兔抗2C3AB蛋白多抗，结合免疫层析胶体金标记技术制成。

（1）作用与用法　用于检测口蹄疫病毒非结构蛋白2C3AB抗体。

①待检样品的处理。采集动物全血，37℃放置0.5～1小时，以3 000转/分钟离心10分钟，取上层血清置合适的无菌器皿中。

②样品检测。待检样品、试纸条置15～25℃平衡。沿锡箔袋切口处撕开，将试纸卡平放于桌面上，在试纸卡的S加样孔中小心滴入70微升血清，当液体全部浸湿硝酸纤维素膜后，20分钟内判定结果。

（2）结果判定　当C质控带与T检测带都出现清晰可见红色条带判为阳性；当C质控带仅出现清晰可见红色条带，而T检测带不出现判为阴性；当C质控带出现一条清晰可见的红色条带，而T检测带出现一条颜色很浅的带，为可疑，再重复检测1次，仍为若隐若现的红色带，则判定为可疑；当C质控带不出现红色条带，判为检测结果无效。

（3）注意事项　本品仅用于检测牛、羊和猪血清中的口蹄疫病毒非结构蛋白 2C3AB 抗体，也可用于口蹄疫感染和免疫鉴别诊断（但对于多次免疫口蹄疫灭活疫苗的血清有可能会影响检测结果）；试纸条应 2 ～ 8℃冷藏运输；严格遵守有关生物安全规定；操作含活病毒的血清时，应在生物安全三级（P3）实验室进行测定；确保试纸条密封，干燥保存，严防受潮和冰冻；严格按说明书操作，特别注意控制反应时间。由于层析膜在湿润时显色相对清晰，同时固相的免疫学反应需要一定时间，因此从样品液体全部浸湿硝酸纤维素膜计时，20 分钟内观察结果；试验废料、废水等应做无害化处理。

41. 如何正确使用口蹄疫 O 型病毒抗体胶体金检测试纸条？

本品系采用口蹄疫 O/GD/N×/92 和 O/HN/ZK/93 抗原，利用双抗原夹心法和胶体金免疫层析技术，制备的口蹄疫 O 型病毒抗体胶体金检测试纸条。

（1）作用与用法　用于猪、牛和羊血清中口蹄疫 O 型病毒抗体快速检测。

①血清稀释。取待检血清 50 微升加入离心管，用血清稀释液倍比稀释至 1∶16（或 10 微升待检血清加入血清稀释液 150 微升，直接稀释至 1∶16），充分混匀。

②样品检测。取出检测试纸条，将标志线端插入稀释好的血清样品中，注意将试纸条完全插入待检样品中，样品液面不可超过标志线；观察液体全部浸湿硝酸纤维素膜后，取出平放于桌面上，静置 10 分钟后观察结果。

（2）结果判定　①阳性。质控带显示红色条带，检测带显示红色条带（血清中的口蹄疫 O 型病毒抗体水平越高，检测带红色越深。根据检测带红色的深浅不同，深红色为强阳性，红色为阳性，淡红色为弱阳性）。

②阴性。质控带显示红色条带，检测带不显色。

③可疑。质控带显示红色条带，检测带显示若隐若现条带。

④无效。质控带不显色，检测带显示红色条带或不显色。

（3）诊断参考标准　待检血清在 1∶16 稀释度时，试纸条显示阳性结果，说明血清中口蹄疫 O 型病毒抗体阳性；待检血清在 1∶16 稀释度时，试纸条显示可疑或阴性结果，说明血清口蹄疫 O 型病毒抗体阴性。

（4）注意事项　待检血清全部浸湿硝酸纤维素膜后 10 分钟作为结果判定的最佳时间；待检样品的稀释只能使用试剂盒中的血清稀释液，不能用纯净水、磷酸缓冲液或生理盐水等溶液替代；应在有效期内使用，不要将不同批次试纸条与试剂混用；用过的试纸条、器械与被检样品应做无害化处理；试纸条与血清稀释液均应放置 2 ～ 8℃干燥保存，切勿使其受潮或冰冻；因为个体对颜色感知能力的不同，试纸条显色评价带有一定的主观性。显色判定中出现的“淡红色条带”为肉眼明确可见，显示微弱红色的条带。“若隐若现条带”为肉眼隐约可见，相对模糊，主观无法确定是否显色的条带。

42. 如何正确使用口蹄疫病毒 O 型竞争 ELISA 抗体检测试剂盒？

本试剂盒系用口蹄疫 O 型病毒（O/MYA98/BY/2010 株）兔抗血清包被酶标板，捕获口蹄疫 O 型病毒灭活抗原，制备成酶标反应板；用 HRP 标记口蹄疫 O 型病毒特异性单克隆抗体，制备成 O 型酶标抗体工作液；再配备阴阳性血清、样品稀释液、底物溶液、终止液及 25 倍浓缩洗涤液，组装成口蹄疫病毒 O 型竞争 ELISA 抗体检测试剂盒。

（1）作用与用法　用于检测牛、羊、猪等动物血清中口蹄疫 O 型病毒抗体。

①试剂准备（现用现配）1 倍洗涤液，用去离子水稀释试剂盒配备的 25 倍浓缩液。

②操作步骤。

A. 根据不同的需要进行布局，选择图 3-1 和图 3-2 中的一种布局来设定相应的检测目的。图 3-1 为抗体测定检测 10 份样品布局；图 3-2 为抗体测定检测 20 份样品布局。

	1	2	3	4	5	6	7	8	9	10	11	12
A	S1 1∶8	S2	S3	S4	S5	S6	S7	S8	S9	S10	+1∶32	−1∶8
B	1∶16										1∶64	1∶16
C	1∶32										1∶128	1∶32
D	1∶64										1∶256	1∶64
E	1∶128										1∶512	对照
F	1∶256										1∶1 024	
G	1∶512										1∶2 048	
H	1∶1024										1∶4 096	

+ 阳性血清；− 阴性血清

图 3-1　检测 10 份血清样品布局

	1	2	3	4	5	6	7	8	9	10	11	12
A	S1 1∶8	S2	S3	S4	S5	S6	S7	S8	S9	S10	+1∶32	−1∶8
B	1∶16										1∶64	1∶16
C	1∶32										1∶128	1∶32
D	1∶64										1∶256	1∶64
E	S11 1∶8	S12	S13	S14	S15	S16	S17	S18	S19	S20	1∶512	对照
F	1∶16										1∶1 024	
G	1∶32										1∶2 048	
H	1∶64										1∶4 096	

+ 阳性血清；– 阴性血清

图 3–2　检测 20 份血清样品布局

B. 稀释血清。建议在血清稀释板上按照试验要求稀释血清，之后整体移至酶标反应板中。

在血清稀释板中，以 60 微升 / 孔的量用样品稀释液 2 倍连续稀释血清，被检血清在第 1 ～ 10 列从 1∶4（即 A1 ～ A10 孔，90 微升样品稀释液加 30 微升被检血清）稀释至 1∶512；在第 11 列稀释阳性对照血清，方法同稀释待检血清；在第 12 列稀释阴性对照血清，从 A12 ～ D12，方法同稀释待检血清；E12 ～ H12 为空白对照（仅为样品稀释液）。

本方法是竞争 ELISA 方法，当稀释血清移至反应板后，再加入等量的酶标抗体工作液，此时血清的稀释度加倍，被检血清稀释梯度从 1∶8 到 1∶1 024，由于阳性对照血清已经预先做了 1∶4 倍稀释，其稀释梯度从 1∶32 到 1∶4 096。

C. 加样。将稀释板内血清整体平移至酶标反应板中，每孔 50 微升；随后给所有反应孔加 50 微升 O 型酶标抗体工作液，轻轻振荡，37℃反应 30 分钟。

D. 洗涤。取出酶标反应板，将其甩干，用洗涤液洗涤 3 ～ 5 次，300 微升 / 孔，在吸水纸上甩干。

E. 显色。每孔加入底物溶液 50 微升，于 37℃温箱静置避光反应（12±1）分钟。

F. 读值。在酶标仪 OD_{450nm} 波长处，测定酶标板的每孔光吸收值。

③试验认可标准。酶标抗体对照孔的 OD_{450nm} 值应≥ 1.0；阴性对照血清抗体效价应小于 1∶8；阳性对照抗体效价应在 1∶（512 ～ 2 048）滴度范围内。

④结果计算。在酶标仪 OD_{450nm} 波长处，测定酶标板的每孔光吸收值，求出 O 型酶标抗体对照孔的平均 OD_{450nm} 值。

⑤血清抗体效价的判定。以 O 型酶标抗体对照平均 OD_{450nm} 值的 60% 为

临界值，被检血清 OD_{450nm} 值大于临界值的孔为阴性孔，小于等于临界值的孔为阳性孔。某份血清系列稀释中，阳性孔的最高稀释倍数为被检血清的抗体效价。若临界值处于两个稀释孔 OD_{450nm} 值之间，抗体效价取相邻阳性孔和阴性孔稀释倍数的对数中间值，如处于 1∶64（log10 的对数值为 1.8）与 1∶128（log10 的对数值为 2.1）之间，则判定该份血清的抗体效价为 1∶90（log10 的对数值为 1.95）。

（2）判定　当被检血清效价大于等于 1∶64 时，为口蹄疫 O 型抗体阳性；当被检血清效价小于等于 1∶32 时，为口蹄疫 O 型抗体阴性；当被检血清效价介于 1∶（32 ～ 64）时，为可疑，须重新测定。若仍在此范围，则判为阴性。

（3）注意事项　认真阅读并遵循说明书；处理样品和操作试剂盒的地方禁止饮食和吸烟；底物溶液和终止液对皮肤有刺激性，须小心操作；避免底物溶液被强光照射，或接触到氧化剂；本试剂盒所有试剂一律 2 ～ 8℃保存；所有试剂使用前恢复至室温 20 ～ 25℃使用后再放回 2 ～ 8℃；小心操作防止试剂盒成分被污染；用过的材料在弃去前要进行无害化处理；不要使用过期的试剂盒组分；禁止非同批试剂盒组分混用；若酶标反应板上的封口膜已损坏或膨胀，请勿使用；严格按照操作程序，仔细地吸液、计时、充分洗涤，保持精确和准确，这样将获得最佳检测结果。

43. 如何正确使用口蹄疫 A 型病毒抗体胶体金检测试纸条？

本品系采用口蹄疫 AF/72 抗原，利用胶体金免疫层析技术制备而成。

（1）作用与用法　用于猪、牛和羊血清中口蹄疫 A 型病毒抗体检测。

①血清稀释。取待检血清 50 微升加入离心管，用稀释液倍比稀释至 1∶16（或 10 微升待检血清加入稀释液 150 微升，直接稀释至 1∶16）。

②样品检测。取出检测试纸条，手握红色手柄端，将标志“MA×”线端插入稀释好的血清样品中，注意将试纸条完全插入待检样品中，样品液面不可超过标志线；观察液体全部浸湿硝酸纤维素膜后，取出平放于桌面上，静置 10 分钟后观察结果。

（2）判定　①在试纸条上出现两条红色条带（T：检测线，C：质控线），判为阳性。

②在试纸条上仅出现一条红色条带（C：质控线），判为阴性。

③在试纸条质控线处不出现红色条带，判为无效。

（3）注意事项　待检血清全部浸湿硝酸纤维素膜后 10 分钟作为结果判定的最佳时间；待检样品的稀释只能使用试剂盒中的血清稀释液，不能用纯净水、磷酸缓冲液或生理盐水等溶液替代；应在有效期内使用，不要将不同批次试纸条与血清稀释液混用；用过的试纸条、器械与被检样品应做无害化处理；试纸条与血清稀释液均应放置 2 ～ 8℃干燥保存，切勿使其受潮或冰冻。

44. 怎样正确使用牛、羊口蹄疫病毒 VP1 结构蛋白抗体酶联免疫吸附试验诊断试剂盒？

（1）作用与用法　用于检测牛、羊口蹄疫 O 型病毒 VP1 结构蛋白抗体。与牛、羊口蹄疫病毒非结构蛋白抗体酶联免疫吸附试验诊断试剂盒配套使用，用于区分口蹄疫野毒感染动物和疫苗免疫动物。

①使用前将试剂盒恢复至室温，避免阳光直射或放置在 30℃以上的环境中。

②取出试剂盒中的样品稀释板。A1、B1 两孔作为阴性对照孔，C1、D1 两孔作为阳性对照孔，其余孔作检测孔，每孔 1 个样品。

③在稀释板的各孔中加入 200 微升样品稀释液。在相应各孔中分别加入 10 微升对照血清或被检血清样品。用加样器重复吹吸数次。稀释每个样品时必须使用不同的吸头。

④取出抗原包被板。

⑤分别从稀释板上取稀释后的对照血清和被检血清各 100 微升，加至抗原包被板的相应孔中，加盖或封膜后，置（37±2）℃下孵育（60±5）分钟。

⑥洗涤工作液配制：按需要量，用去离子水或双蒸水将洗涤液作 25 倍稀释。

⑦用洗涤工作液洗涤抗原包被板，每孔 300 微升，洗涤 6 次，拍干。

⑧酶结合物工作液配制：用酶结合物稀释液将酶结合物作 100 倍稀释，现配现用。

⑨每孔加入 100 微升酶结合物工作液，加盖或封膜后，置（37±2）℃下孵育（30±2）分钟。

⑩重复⑦。

⑪ TMB 底物工作液配制：将 TMB 底物 B 液和 TMB 底物 A 液等量混合。现配现用。

⑫每孔加入 100 微升 TMB 底物工作液，加盖或封膜后，置（37±2）℃下孵育（15±1）分钟。

⑬每孔加入 100 微升终止液，并轻轻振荡混匀。

⑭在 15 分钟内，用酶联读数仪测定 OD_{450nm} 值。

（2）判定　①阴性对照孔平均 OD_{450nm} 值应不超过 0.2，每个阳性对照孔 OD_{450nm} 值应不低于 0.5，且不超过 2。否则，试验无效。临界值 =0.23× 阳性对照孔平均 OD_{450nm} 值。

②被检样品孔 OD_{450nm} 值低于临界值时，判为阴性，即为抗口蹄疫病毒 VP1 结构蛋白抗体阴性。

③被检样品孔 OD_{450nm} 值不低于临界值，判为阳性。

④对判定结果为阳性的样品，应用 2 个孔进行重复检测。重复检测后，若至少有 1 个孔为阳性，则判为口蹄疫病毒 VP1 结构蛋白抗体阳性，若两孔均为阴性，则判为口蹄疫病毒 VP1 结构蛋白抗体阴性。

⑤当牛、羊口蹄疫病毒 VP1 结构蛋白抗体酶联免疫吸附试验诊断试剂盒（试剂盒 1）与牛、羊口蹄疫病毒非结构蛋白抗体酶联免疫吸附试验诊断试剂盒（试剂盒 2）联合使用时，按下列标准进行最终判定。

试剂盒 2 的检测结果	试剂盒 1 的检测结果	
	+	–
+	感染动物	感染动物
–	疫苗接种动物	未免疫未感染动物

（3）注意事项　本品仅供体外诊断使用；试验中应按说明书操作，不同批号的组成成分不能混用；请在试剂盒规定的有效期内使用。

45. 怎样正确使用布鲁氏菌抗体胶体金检测试纸条?

（1）作用与用法　用于检测牛、羊抗凝血和血清中光滑型布鲁氏菌抗体。

①试剂的准备。用前将试纸条、样品稀释液和待检样品均恢复至室温。

②取出试纸条。从包装铝箔袋中取出试纸条，样品孔（S）、测试区朝上平放于桌面上。

③加样。用样品滴管吸取血清或抗凝血，滴加 1 滴（约 10 微升）于样品孔（S）中，再滴加样品稀释液 2 滴（约 100 微升）于样品孔（S）中，加样后开始计时。

④观察。静置 8 ～ 10 分钟，仔细观察测试区窗口中检测线（T 线）和质控线（C 线）显色反应。

（2）判定　①在试纸条上出现两条紫红色条带（T 线和 C 线），判为阳性（图 3–3–A）。

②在试纸条上仅出现一条紫红色条带（C 线），判为阴性（图 3–3–B）。

③在试纸条上C线处不出现紫红色条带，判为无效（图3-3-C和图3-3-D）。

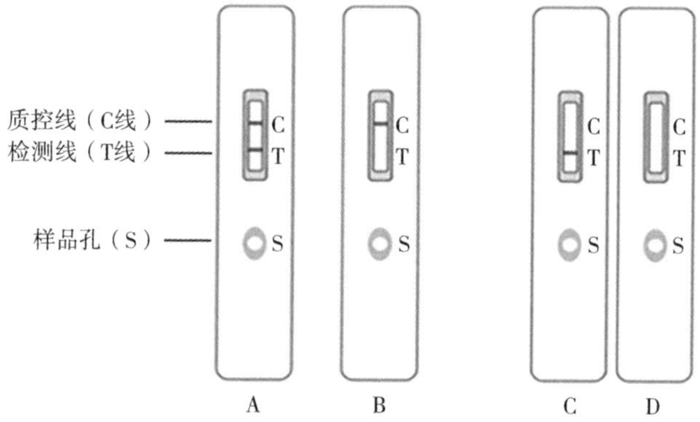

图 3-3　布鲁氏菌抗体胶体金检测试纸条检测结果判定

（3）注意事项　试纸条应在 2 ～ 30℃进行运输和贮存，严禁受潮；试纸条的包装袋如果有破损，请勿使用。包装袋打开后，应尽快使用；试纸条不能重复使用；样品稀释液应逐滴加入样品孔中，防止溢出；抗凝血样品不可冷冻；血清样品可冷藏或冷冻保存，忌反复冻融；溶血或腐败的样品勿用于检测；测试样品来自动物，可能有潜在感染性，应做好生物安全防护；试验完毕后，使用过的试纸条、样品和试剂应进行无害化处理。

46. 如何正确使用布鲁氏菌荧光偏振抗体检测试剂盒?

（1）作用与用法　用于检测牛、羊血清中的光滑型布鲁氏菌抗体。

①样品处理。取动物全血，分离血清，血清应清亮，无溶血。

②5× 样品稀释液的配制。使用前，将 5× 样品稀释液恢复至室温（20 ～ 25℃），并摇动（若有结晶可在 37℃水浴中加热 5 ～ 10 分钟）。然后用去离子水作 1∶5 稀释，充分混匀。

③荧光偏振仪参数设置。打开 Gen5 软件，新建试验，选择“Procedure”模块，设置试验程序；选择“Plate Layout”模块，设置 96 孔荧光分析板样品分布，包括 3 个阴性对照孔、1 个阳性对照孔以及待检样品孔；选择“Data Reduction”模块，设置 Cutoff，即△ mP 不低于 20mP 时为阳性；△ mP 低于 20mP 时为阴性。

④操作步骤。

A. 打开荧光偏振仪，先放入废液收集板，将 Dispenser 1 的取样针插入样品稀释液中，将 Dispenser 2 的取样针插入 FITC 标记抗原液中。

B. 打开 Gen5 软件，选择“System” – “Reader Control” – “Synergy 2” – “Dispenser”，用 1 毫升样品稀释液和 1 毫升抗原液分别注满 Dispenser 1 和 Dispenser 2 的管路。

C. 取出废液收集板，并按参数设置中的样品分布加样，将待检血清、阳性对照血清和阴性对照血清分别加入 96 孔荧光分析板中，20 微升 / 孔，其中阳性对照血清加 1 孔和阴性对照血清加 3 孔。加样过程要注意避免产生气泡。然后将已加样的荧光分析板放入仪器。

D. 在 Gen5 软件，选择“Read Plate”，仪器开始检测。每孔自动加 180 微升样品稀释液并快速振荡 2 分钟，充分混匀。

E. 静置 1 分钟，仪器自动读取每孔空白值。

F. 每孔自动加入 10 微升荧光标记抗原并快速振荡 2 分钟，充分混匀。

G. 静置 1 分钟，仪器自动读取每孔 FP 值并计算△ mP。

H. 检测完毕后，取出荧光分析板，在 Gen5 软件中再次选择“System” – “Reader Control” – “Synergy 2” – “Dispenser”， 将 Dispenser 1 和 Dispenser 2 的管路中的样品稀释液和抗原液分别回收后，关闭仪器。

（2）结果判定　①计算公式。△ mP =（样品 FP 值—阴性对照平均 FP 值）

②试验成立条件。3 个阴性对照血清孔的 FP 值均应＜ 170mP，且△ mP 的绝对值均＜ 10mP；1 个阳性对照血清孔的 FP 值≥ 200mP，试验成立。

③结果判定。A. 当血清样品的△ mP ≥ 20mP 时，为布鲁氏菌病抗体阳性。

B. 当血清样品的△ mP ＜ 20mP 时，为布鲁氏菌病抗体阴性。

（3）注意事项　严格按照说明书操作，不同批号组分不得混用；所有试剂一律于 2 ～ 8℃保存，使用前应在室温平衡 15 ～ 30 分钟后方可使用；加样时应尽量避免起泡及液体溅出，避免样本间相互污染；用法与判定中使用的荧光偏振仪型号为 BioTek Synergy2，使用其他型号荧光偏振仪时可参考上述操作步骤进行相应设置。

47. 怎样正确使用提纯牛型结核菌素诊断牛结核病?

提纯牛型结核菌素可用于皮内变态反应诊断牛结核病。

（1）牛皮内变态反应　液体提纯牛型结核菌素不用稀释，冻干制品应先用注射用水（或生理盐水）稀释成 10 头份 / 毫升。不论牛只大小，一律于颈中部上 1/3 处剪毛（或提前 1 日剃毛），用酒精棉消毒后，皮内注射 0.1 毫升（1 头份）。3 月龄以内的犊牛，可在肩胛部做试验。注射菌素前用卡尺测量术部中央皮皱厚度，作好记录。注射后 72 小时判定，观察局部有无热痛肿胀等炎性反应，并用卡尺测量术部皮皱厚度，做好详细记录。如有可能，对阴性和可疑牛，于注射后 96 小时和 120 小时再分别观察 1 次，以防个别牛出现较晚的迟发性变态反应。

判定标准如下。

①阳性反应。局部有明显的炎性反应，皮皱厚度差等于或大于 4 毫米。

②可疑反应。局部炎性反应较轻，皮皱厚度差在 2.1 ～ 3.9 毫米。

③阴性反应。无炎性反应，皮皱厚度差在 2 毫米以下。只要有一定炎性肿胀，即使皮皱厚度差在 2 毫米以下者，仍应判为可疑。

凡判为可疑反应的牛，即刻在另一颈侧以同一批菌素同一剂量进行第 2 次注射，再经 72 小时观察反应。

（2）牛、禽两型提纯结核菌素的对比诊断　本试验适用于结核检疫中遇到的可疑牛和弱阳性牛，或牛群有感染禽分枝杆菌或副结核分枝杆菌等的可疑征候时。方法和判定：于颈中部上 1/3 处按常规剪毛、测量原皮皱厚度，消毒后，皮内注射提纯禽型结核菌素 0.1 毫升（1 头份），在同侧颈中部下 1/3 处（距离上述注射点不少于 10 厘米）同上法皮内注射提纯牛型结核菌素 0.1 毫升（1 头份），注射后 72 小时判定（如有可能，分别于 48 小时、72 小时和 96 小时各观察 1 次）。详细观察和比较两种菌素炎性反应的程度，并用卡尺测量其皮皱厚度，计算出皮皱厚度差（如果增加 48 小时和 96 小时的判定时间，即可比较出两种菌素炎性反应消失的快慢）。判定：如果禽型结核菌素的反应大于牛型结核菌素，两种菌素之间的皮皱厚度差在 2 毫米以上，且禽型结核菌素的反应消失也较慢，这可能是感染了禽分枝杆菌或副结核分枝杆菌等引起的反应；反之，则可能是感染牛分枝杆菌和结核分枝杆菌所引起的反应。如两种菌素炎性反应相近似，皮皱厚度差在 2 毫米以下，则须根据被检牛群是否已定性为结核牛群或副结核牛群，如已定性为结核牛群，则判为结核牛，如已定性为副结核牛群，则判为副结核牛，必要时隔 3 个月后重检，如仍为可疑，则酌情处理。

（3）其他动物皮内变态反应　同时用牛、禽两型提纯结核菌素在体两侧对称皮内注射 0.1 毫升（1 头份）。马的注射部位与牛的注射部位相同；猪、绵羊在耳根外侧注射；山羊在肩胛部注射。注射后 72 小时判定，判定标准与牛、禽两型提纯结核菌素的对比诊断相同。

48. 如何使用牛结核病 γ－干扰素 ELISA 检测试剂盒进行牛结核病的辅助诊断？

（1）样本制备　待检样本按如下方法制备。

①采血。无菌采集牛结核病阳性或阴性牛全血 5 毫升，肝素钠抗凝，室温条件下 36 小时内送达实验室进行刺激培养。培养试验开始前准备无菌清洁的 2 毫升平底离心管和无菌 PBS。

②血液分装。分装前应将装有抗凝血的采血管上下轻轻颠倒 5 ～ 10 次，充分混匀血液样本。将每份抗凝血加入 3 个 2 毫升离心管中，1 毫升 / 管。

③抗原刺激。将牛结核菌素（bPPD）、禽结核菌素（aPPD）工作液（2 种刺激抗原）和 PBS（无刺激抗原对照）各 100 微升分别按无菌操作加入 3 支离心管中。盖严，轻轻摇动离心管，使血液与刺激抗原或 PBS 充分混合，置 37℃培养箱中培养 16 ～ 20 小时，取上清，得到该头牛的 3 份待检样本，即 2 种抗原刺激的血液培养上清和 PBS 血液培养上清。

④样本贮存。如果不立即检测上述血液培养上清，可收集后低温保存，检测时先将样本恢复至室温。上清在 2 ～ 8℃可保存 7 日，在 –20℃以下可保存 3 个月。

（2）试剂配制（临用前配制）①PBS（0.01 摩尔 / 升，pH 值 7.4，下同）。称取氯化钠 8 克、氯化钾 0.2 克、磷酸氢二钠（含 12 个结晶水）2.9 克、磷酸二氢钾 0.2 克，加蒸馏水 800 毫升溶解，用 1 摩尔 / 升的氢氧化钠溶液和 1 摩尔 / 升的盐酸溶液调 pH 值至 7.4，加蒸馏水定容至 1 000 毫升，经 121℃高压灭菌 20 分钟，冷却备用。

②结核菌素工作液配制。使用前，将牛结核菌素（bPPD）和禽结核菌素（aPPD）做 5 倍稀释，即结核菌素与无菌 PBS 按 1∶4 比例混合。

③洗涤液配制。使用前，将 20 倍浓缩洗涤液恢复至室温（20 ～ 25℃），并摇动混匀（也可在 37℃水浴中加热 5 ～ 10 分钟），然后用蒸馏水作 20 倍稀释，混匀，置 2 ～ 8℃，可保存 7 日。

（3）操作步骤　①取出单抗包被板，平衡至室温（根据样本多少，可拆开分次使用），按样本布局表（以 90 份样本为例）（表 3–4）加入刺激后的血液培养上清样本，100 微升 / 孔；另外设阳性对照（PC）、阴性对照（NC）各 2 孔，100 微升 / 孔。置 37℃孵育 45 分钟。

表 3-4　样本布局

	1	2	3	4	5	6	7	8	9	10	11	12
A	S1bPPD	S1aPPD	S1PBS	S2bPPD	S2aPPD	S2PBS	S3bPPD	S3aPPD	S3PBS	S4bPPD	S4aPPD	S4PBS
B	S5bPPD	S5aPPD	S5PBS	S6bPPD	S6aPPD	S6PBS	S7bPPD	S7aPPD	S7PBS	S8bPPD	S8aPPD	S8PBS
C	S9bPPD	S9aPPD	S9PBS	S10bPPD	S10aPPD	S10PBS	S11bPPD	S11aPPD	S11PBS	S12bPPD	S12aPPD	S12PBS
D	S13bPPD	S13aPPD	S13PBS	S14bPPD	S14aPPD	S14PBS	S15bPPD	S15aPPD	S15PBS	S16bPPD	S16aPPD	S16PBS
E	S17bPPD	S17aPPD	S17PBS	S18bPPD	S18aPPD	S18PBS	S19bPPD	S19aPPD	S19PBS	S20bPPD	S20aPPD	S20PBS
F	S21bPPD	S21aPPD	S21PBS	S22bPPD	S22aPPD	S22PBS	S23bPPD	S23aPPD	S23PBS	S24bPPD	S24aPPD	S24PBS
G	S25bPPD	S25aPPD	S25PBS	S26bPPD	S26aPPD	S26PBS	S27bPPD	S27aPPD	S27PBS	S28bPPD	S28aPPD	S28PBS
H	S29bPPD	S29aPPD	S29PBS	S30bPPD	S30aPPD	S30PBS	/	/	PC	PC	NC	NC

注："S1 ～ S30" 表示 "样本编号 1 ～ 30"，每头待检动物包括 3 份样本，即：牛结核菌素培养上清（简称 "bPPD"）；禽结核菌素培养上清（简称 "aPPD"）；PBS 培养上清（简称 "PBS"）；"PC" 表示 "阳性对照"；"NC" 表示 "阴性对照"；"/" 表示 "不加样"。

②甩掉板孔中的液体，用洗涤液洗板 3 次，300 微升 / 孔，每次静置 1 分钟后倒掉，最后 1 次用吸水纸拍干。

③加入兔抗牛 γ－干扰素多克隆抗体，100 微升 / 孔，置 37 ℃孵育 30 分钟。

④洗板 3 次，方法同②。

⑤加入羊抗兔酶标二抗，100 微升 / 孔，置 37℃孵育 30 分钟。

⑥洗板 5 次，方法同②。

⑦每孔先加入 50 微升底物溶液 A，再加入 50 微升底物溶液 B，混匀，置室温避光显色 10 分钟。

⑧每孔加入 50 微升终止液，10 分钟内在酶标仪上测定各孔 OD_{630nm} 值。

（4）结果判定　①试验成立的条件为：阳性对照（PC）的 OD_{630nm} 值均应 ≥ 1.0，阴性对照（NC）的 OD_{630nm} 值均应＜ 0.2。

② bPPD 血液培养上清孔 OD_{630nm} 值记作 OD_{bPPD}，aPPD 血液培养上清孔 OD_{630nm} 值记作 OD_{aPPD}，PBS 血液培养上清孔 OD_{630nm} 值记作 OD_{PBS}。计算 OD_{bPPD}、OD_{aPPD} 及 OD_{PBS} 之间的差值；$OD_{bPPD}-OD_{PBS} \geq 0.2$ 且 $OD_{bPPD}-OD_{aPPD} \geq 0.2$ 判为牛结核病阳性；其他情形均判为牛结核病阴性。

（5）注意事项　试剂用前应恢复至室温，液体试剂应充分摇匀，用后放 2 ～ 8℃保存；20 倍浓缩洗涤液使用前务必摇匀使盐沉淀充分溶解；酶标板拆封后应避免受潮；底物溶液和终止液不能暴露于强光或接触氧化剂；不同批号试剂盒的试剂组分不能混用；试验完毕，应将相关材料高压消毒后再按实验室常规废弃物处理。

49. 怎样用牛支原体竞争 ELISA 抗体检测试剂盒检测牛血清中的牛支原体抗体?

（1）用法　①样品准备。取牛全血，充分凝固后，4 000 转 / 分钟离心 10 分钟，收集上清。

②待检血清稀释。取待检血清在血清稀释板中进行 4 倍稀释（如：30 微升血清加入 90 微升样品稀释液），混匀，备用。

③洗涤液的配制。取 1 份 20 倍洗涤液加入 19 份蒸馏水或去离子水中，混匀。2 ～ 8℃保存，备用，不得超过 7 天。

④操作步骤。A. 分别取稀释好的待检血清、阳性对照血清和阴性对照血清（对照血清不做稀释）加至抗原包被板中，50 微升 / 孔，对照血清各设 2 孔。再向以上各孔加入酶标记物，50 微升 / 孔，轻轻振匀，37℃温育 60 分钟。

B. 甩掉孔中溶液，每孔加入洗涤液 300 微升，无须静置，甩掉孔中洗涤液，同法重复洗涤 3 次后，在吸水纸上拍干。

C. 每孔加入底物显色液 100 微升，15 ～ 25℃避光孵育 10 分钟。

D. 每孔加入终止液 50 微升，轻轻振匀，10 分钟内测定结果。

E. 用酶标仪测量待检血清和对照血清的吸光值 OD_{450nm} 值。按照以下计算公式，计算阻断率（PI 值）。

PI 值 =（1–S/N）×100%

其中，S= 样品 OD_{450nm} 值；N= 阴性对照血清 OD_{450nm} 平均值（注：若 S 值大于 N 值，则 PI 值为 0.00%）。

（2）判定　①试验成立的条件　$0.65 < N < 2.0$，且阳性对照血清 PI 值均 $> 60.00\%$，则判为试验成立。

②结果判定　待检样品 PI 值 $\geq 41.00\%$ 时，判为阳性；待检样品 PI 值 $< 41.00\%$ 时，判为阴性。

（3）注意事项　试剂盒应在 2 ～ 8℃运输及保存；所有的试剂在使用前，必须恢复至 15 ～ 25℃；不要使底物显色液接触强光和氧化物，取出后，不得再加回瓶中；不同试剂盒组分不得混用，不同试剂使用时应防止交叉污染；如 20 倍浓缩洗涤液出现结晶，可置 37℃加热使其溶解后再使用；被检血清发生腐败时勿用于检测；应严格按照操作程序进行吸液、计时和洗涤，以获得精确的结果；操作过程中应戴手套。如接触终止液（硫酸），应迅速用清水冲洗接触部位。

第四章　规模化生态养牛疫病的治疗

1. 牛疫病治疗过程中应遵守什么原则?

（1）在传染病发生或流行早期及时诊断并确定病因，以采取相应的治疗方法和策略。在传染病发展的早期阶段，病原体尚处于增殖阶段，机体尚未受到严重损伤，此时治疗可以保证疗效。

（2）传染病发生时，应注意隔离和消毒并防止病原体的传播和扩散。在治疗过程中，应隔离患病动物，安排专人管理，确保环境清洁。

（3）根据疫病种类及其危害程度确定治疗方法。如 WOAH 规定的必须通报疫病或我国规定的一类疫病和部分二类疫病、刚刚传入的外来疫病、人兽共患病等发生或流行时，往往应采取以扑杀为主的严密控制措施。对于那些无法治愈的传染病、治疗费用超过动物本身价值的疾病以及某些慢性消耗性传染病也可采取扑杀和淘汰的处理方式。

（4）选用药物或生物制品时应了解药物或生物制品的特性和适应证。特别是对细菌性传染病的治疗，应通过药敏试验选择适当的敏感药物以确保可靠的治疗效果。要严格遵守行业标准和职业道德规范，禁止滥用药物或制品，盲目加大使用剂量、盲目投药、盲目搭配其他药物等，以减少耐药菌株的产生。

严禁使用国家规定的各种违禁药品。严格执行动物宰前各种药品休药期的规定，以减少或防止动物产品中的药物残留。

2. 牛传染病的治疗方法有哪些?

科学技术的不断发展使得细菌性或病毒性传染病都可以通过一定的方法进行治疗。通过治疗可以阻止病原体在机体内的增殖并清除传染源。

传染病的治疗首先要考虑是否有助于该传染病的控制与消灭，同时还应力求以最少的花费取得最佳的治疗效果。治疗也在“预防为主”的基础上进行。及时诊断、早期治疗是提高治疗效果的关键；争取做到尽早治疗、标本兼治、特异性和非特异性结合，药物治疗与综合性措施相配合。

传染病的治疗方法分为针对病原的治疗方法、针对畜群机体的疗法、微生态制剂调整疗法和中药制剂的治疗等。

（1）针对病原的治疗方法　①特异性疗法。应用针对某种传染病的高免血清、高免卵黄抗体、痊愈血清等特异性生物制品进行治疗。这些制品只对某种特定的传染病有疗效，对其他种病原无效。

②抗生素与化学药物的疗法。抗生素作为细菌性急性传染病的主要治疗药物在兽医实践中的应用十分广泛。合理使用抗生素和化学药物是发挥其疗效的重要前提。使用一般要注意抗生素与化学药物的适应证，要考虑到药物的用量、疗程、给药途径、不良反应以及经济效益等，要考虑抗生素与其他药物的联合使用。

③干扰素。干扰素是动物机体内天然存在的一种生物活性物质。当机体发生任何病毒感染时都能产生干扰素防御。目前临床上常用的干扰素是 α 型干扰素。

（2）针对畜群机体的疗法　治疗患病动物要考虑帮助机体消灭或抑制病原体，消除其致病作用，又要帮助机体增强抵抗力，调整生理功能，恢复健康。主要从加强护理和对症治疗 2 个方面入手。

（3）微生态制剂调整疗法　正常动物肠道中的微生物总数可达 10^{14} 个。这些正常定植的微生物群落之间以及微生物与宿主之间在动物的不同发育阶段均建立了动态的稳定平衡关系，这种稳定平衡关系是动物健康的基础。微生物菌群的生理功能是动物生存所必需的。胃肠菌群促进黏膜细胞的发育和成熟；肠黏膜菌群发挥着屏障作用；并能够激活免疫系统；酸化肠道环境，激活酶系统和抑制偏碱性有害微生物的生长。因此，动物体内的微生态系统有着抑制有害菌群、增强免疫功能、防治疾病、提高饲料消化转化效率、促进动物产品的形成和品质改善等功能。

（4）中药制剂的治疗　无论是单方还是复方中药制剂均对病原体有抗菌、抗病毒作用，能够促进机体的免疫功能。有不少中药虽然抗菌能力不强，却具有明显的“解毒”作用，能够缓解毒素引起的多种症状和对机体的进一步病理损伤。

3. 什么是经口给药法？如何操作？

经口给药法是指药物通过口服后被胃肠道吸收入血，通过血液循环到达局部或全身组织，达到治疗疾病的目的。这种方法是最常用、最安全、最经济的一种给药方式，适用于对动物疾病的防治、药物的毒性试验以及与食物有关的人类疾病动物造模。经口给药法的优点在于其简单方便，但缺点是剂量不能保证准确，且动物个体间服药量差异较大。对于大动物，在给予片剂、丸剂、胶囊剂时，可以将药物用镊子或手指送至舌根部，迅速关闭口腔，将头部稍稍抬高，使其自然吞咽。

在牛病防治过程中，经口给药是最基本的防治措施。投药的方法很多，实践中应根据药物的不同剂型、剂量以及药物的刺激性和病情及其进程，选用不同的投药方法。

（1）*液剂药物灌服法*　适用于液体性口服药物。给牛灌药，建议采用专用灌药橡皮瓶，若没有专用橡皮瓶，可使用长颈塑料瓶或长颈啤酒瓶，洗净后，装入药液备用。一般采用徒手保定，必要时采用牛鼻钳及鼻钳绳借助牛栏保定。

灌服时，首先把牛拴系于牛栏活牛桩上，由助手紧拉鼻环或用手抓住牛的鼻中隔，抬高牛头，一般要略高于牛背，用另一只手的手掌托住牛的下颌，使牛嘴略高。术者一只手从牛的一侧口角伸入，打开口腔并轻压牛的舌头，另一只手持盛有药液的橡皮瓶或长颈瓶，从另一侧口腔角伸入并送向舌背部，然后抬高灌药瓶的后部，并轻轻振抖，使药液流出，吞咽后继续灌服，直至灌完。若药量较多，应分瓶次灌服，每瓶次药量不宜装得太多，灌服速度不宜太快。严禁药物呛入气管内，在灌药过程中，如病牛发生强烈咳嗽时，立即暂停灌服，并使牛头低下，使药液咳出。

经口腔灌药，既可以往瘤胃内灌药，又可以往瓣胃以后的消化道灌药，不同的灌药方法会产生不同的效果。一般若每次灌服少量药液时，由于食道沟的反射作用，会使食道沟闭锁，形成筒状，从而把大部分药液送入瓣胃；若一次灌入大量药液，则食道沟开放，药液几乎全部流入瘤胃。因此往瘤胃投药时，可用长颈瓶子等器具一次大量灌服，或用胃管直接灌服，而往瓣胃内以及以后的消化道内投药时，则应少量多次灌服。

（2）*片剂、丸剂、舔剂药物投药法*　应用于西药以及中成药制剂，可采用裸手投药或投药器进行。投药时一般站立保定。裸手投药法：术者用一只手从一侧口角伸入，打开口腔，另一只手持药片（丸、囊）或用竹片刮取舔剂自另一侧口角送入其舌背部。投药器投药法：事先将药品装入投药器内，术者持投药器自牛一侧口角伸入并直接送向舌根部，迅速将药物推出，抽出送药器，待其自行咽下。

裸手投药或投药器投药后，都要观察牛是否吞咽，必要时也可在投药后灌饮少量水，以确保药物全部吞咽。

通过口腔投入抗生素、磺胺类药物等化学制剂时，应考虑到其对瘤胃微生物群落的影响问题。四环素族抗生素以及磺胺类药物对瘤胃微生物群落的发育繁殖具有强烈的抑制作用，链霉素相对危害较轻。一般采用化学制剂灌服治疗之后，建议采用健康牛瘤胃液灌服，以接种瘤胃微生物群落。

（3）胃管投药法　胃管投药法是将药液经由胃导管送入胃内的一种给药方法，也用于食管探诊、胃内容物获取。此法适用于大剂量药液的给予，特别是药物的刺激性大、适口性差时，经胃导管给药最为合适，如中药、粉剂调和后。其还可用于胃内容物的排出，瘤胃臌气时的排气治疗，尤其适合于泡沫性臌气、前胃弛缓、瘤胃积食、瘤胃酸中毒等的治疗。

部位　通常从鼻腔插胃导管，也可从口腔插入，但需要开口器。

操作方法及注意事项　①投药前先将胃导管消毒、软化、湿润。

②将插入端经鼻孔（或口腔）缓缓插入至咽喉部。产生吞咽动作时，适时将胃导管插进食管内并继续深插到颈部下 1/3 处。确定胃导管准确无误地插入食管后，继续将胃导管送入胃内。

③抬高牛头并保定，将漏斗与胃导管连接，缓缓倒入药液，直至投药结束；投入少量清水，冲净胃导管内残留的药液。

④患病动物呼吸极度困难或有鼻炎、咽炎、喉炎或高温时，忌用胃导管投药。

⑤经证实胃导管插入食管深部后，方可进行投药。如果投药引起咳嗽气喘，应立即停止；胃导管移动脱出时，应重新插入，判断无误后再继续投药。

⑥拔出胃导管前应折叠外端胃导管，以防胃导管内的药液在拔出咽部时流出并进入气管内，造成异物性肺炎乃至窒息。

⑦异物性肺炎或药物误投的处理。在投入液体过程中，应密切注意病畜表现，随时观察脉搏、呼吸的变化，并做好详细记录。液体误投入呼吸道后，动物立即表现不安、频繁咳嗽、呼吸急促、鼻翼张开或张口呼吸；继之可见肌肉震颤、出汗、黏膜发绀、心跳加快、心音增强、音界扩大；数小时后体温升高，肺部出现明显广泛的啰音，并进一步呈现异物性肺炎的症状。如灌入大量液体时，可造成动物的窒息或迅速死亡。牛一旦发现异常，首先应立即停止用药并使其低头，促进咳嗽，咳出液体。其次应用强心剂或给予呼吸中枢兴奋剂，同时应大量注射抗生素制剂，直至其恢复。严重者，可按异物性肺炎的疗法进行抢救。

胃导管插入食管或气管的鉴别要点见表 4–1。

表 4-1　胃导管插入食管或气管的鉴别要点

鉴别方法	插入食管内	插入气管内
胃导管送入的感觉	插入时稍感前送有阻力	无阻力
观察咽、食管及动物的动作	胃导管前端通过咽部时，可引起吞咽动作或伴有咀嚼，动物安静	无吞咽动作，可引起剧烈咳嗽，动物不安
触诊颈沟部	食管内可摸到有一坚硬探管	无
将胃导管外端放耳边听诊	可听到不规则的咕噜声，但无气流冲耳	随呼气动作而有强力的气流冲耳
鼻嗅胃导管外端	有刺鼻酸臭味	无
排气和呼气动作	不一致	一致
将橡皮球打气或捏扁橡皮球后再接于胃管外端	打入气体时可见颈部食管呈波动膨起，接上捏扁的橡皮球后不再鼓起	不见波动状鼓起，橡皮球迅速鼓起

4. 什么是注射给药法？应注意哪些问题？

注射给药法是使用无菌注射器或输液器将药液直接注入牛的体组织内、体腔或血管内的给药方法。注射法是临床治疗上最常用的技术，具有避免胃肠内容物的影响、给药量小、确实、见效快等优点。

（1）注射用品　①注射器和针头。注射器按材料分为玻璃制、金属制、塑料制、塑钢制等；按其容量分为 1 毫升、2.5 毫升、5 毫升、10 毫升、20 毫升、30 毫升、50 毫升、100 毫升等规格。大量输液时使用容量较大的输液瓶。此外，还有装甲注射器、连续注射器、远距离吹管注射器等用于特殊用途的注射器。注射器由针管和活塞两部分组成。注射针头按其内径大小及长短分为不同型号，主要有 4 号、4.5 号、5 号、5.5 号、6 号、6.5 号、7 号、8 号、9 号、12 号、16 号、20 号等规格。针头由针尖、针梗、针栓 3 部分组成。

使用时应按牛体格大小、注射方法和剂量的不同，选择合适的注射器与针头。并应检查注射器有无破损，针头和针管、活塞是否适合，金属注射器的橡胶垫是否老化，松紧度的调节是否适宜，针尖是否锐利、通畅，与注射器的连接是否严密等。所有注射器械在使用前都必须清洗干净并进行消毒（煮沸或高压蒸汽灭菌）。塑料制注射器为一次性使用。

②注射药品。消毒药为 2% ～ 5% 碘酊、70% ～ 75% 酒精等；注射用药根据实际处方准备。

③注射盘。常规放置下列物品：无菌持物钳，皮肤消毒液（2% 碘酊和 70% 乙醇），棉签或乙醇棉球，静脉注射用的止血带和止血钳。

（2）药液抽吸　①自安瓿内吸取药液的方法。将安瓿尖端药液弹至体部，用乙醇棉球消毒安瓿颈部，然后用砂轮在安瓿颈部划一锯痕，再次消毒，折断安瓿。将针头斜面向下放入安瓿内液面之下，抽动活塞吸药。吸药时手持针栓柄，不可触及针栓其他部位。

抽毕，将针头垂直向上，轻拉针栓，使针头中的药液流入注射器内，使气泡聚集在乳头处，轻推针栓，驱出气体。如注射器乳头位于一侧，排气时将乳头稍倾斜，使气泡集中在乳头根部，用上述方法驱出气体。将安瓿套在针头上备用。

②自密封瓶内吸取药液的方法。除去铝盖中心部分，用2%碘酊、70%乙醇棉签消毒瓶盖，再将针头插入瓶内，注入所需药量等量的空气，以增加瓶内压力，避免形成负压。倒转药瓶及注射器，使针尖在液面以下，吸取所需药量。再以食指固定针栓，拔出针头，排尽空气。

③吸取结晶、粉剂或油剂药物的方法。用无菌生理盐水、注射用水或专用溶剂将结晶、粉剂药物溶解，待充分溶解后吸取。如为混悬液，应先摇匀再吸药。油剂可先用双手对搓药瓶后再抽吸。油剂及混悬剂抽吸时应选用稍粗的针头。

（3）注射给药注意事项　①应按牛的体格大小、注射方法和剂量的不同，选择合适的注射器与针头。并应检查注射器有无破损，针头和针管、活塞是否适合，金属注射器的橡胶垫是否老化，松紧度的调节是否适宜，针尖是否锐利、通畅，与注射器的连接是否严密等。所有注射器械在使用前都必须清洗干净并进行消毒（煮沸或高压蒸汽灭菌）。塑料制注射器为一次性使用。

②严格遵守无菌操作原则，防止感染。注射前须洗手、戴口罩。被毛浓厚的部位，可先剪毛。用棉球蘸2%碘酊消毒注射部位，以注射点为中心向外螺旋式旋转涂擦，待碘酊干后，用70%乙醇以同法脱碘，待干后方可注射。

③认真执行查对制度，做好三查七对。三查：操作前查、操作中查和操作后查。七对：核对畜主姓名、动物、药名、剂量、浓度、时间、用法。

④检查药液质量。如药液变色、沉淀、浑浊，药物有效期已过或安瓿有裂缝，均不能使用。多种药物混合注射时则须注意配伍禁忌。

⑤根据药液量、黏稠度及刺激性强弱选择注射器和针头。注射器须完好无损、不漏气。针头应锐利、无钩、无弯曲，注射器和针头衔接紧密。

⑥选择合适的注射部位，防止损伤神经和血管，不能在炎症、硬结、瘢痕及皮肤病处进针。应注意不同种属的动物，其各种注射部位的不同。

⑦注射药物按规定时间现配现用。临用时抽取，以防药物效价降低或

污染。

⑧注射前须排尽注射器内空气，以防空气进入形成空气栓子。排空时应防止浪费药物。

⑨进针后，推进药液前，应抽动活塞，检查有无回血。静脉注射时须见有回血方可注入药液。皮下、肌内注射时，如发现回血，则应拔出针头重新进针，切不可将药液注入血管内。

⑩运用无痛注射技巧。首先要分散患病牛的注意力，采取适当的体位，使肌肉松弛，注射时做到“二快一慢”，即进针和拔针快，推注药液慢，但对骚动不安的病牛应尽可能在短时间内注射完毕。对刺激性强的药物，针头宜粗长，进针宜深，以防疼痛和形成硬结。同时注射多种药物时，先注射无刺激性或刺激性弱的药物，后注射刺激性强的药物。如注射一种药物量大时，应采取分点注射。

5. 什么是静脉注射给药法？进行静脉推注时要注意什么？

静脉注射给药法是将药液注入静脉内或利用液体静压将一定量的无菌溶液、药液或血液直接滴入静脉的方法，是临床治疗和抢救病牛的重要手段，有静脉推注和静脉滴注两种方式。药液直接注入脉管内，随血液分布全身，药效快，作用强，注射部位疼痛反应轻。但药物代谢较快，作用时间较短。药物直接进入血液，不会受到消化道及其他脏器的影响而发生变化或失去作用。病牛能耐受刺激性较强的药液，如钙制剂、水合氯醛、10% 氯化钠注射液等，以及容纳大量的输液和输血。

静脉推注是用注射器将药液在较短时间内注入静脉的方法，其特点是药液从静脉快速进入血液循环而迅速发生药效。对须迅速发生药效药物以及药物因浓度高、刺激性大、量多而不宜采取其他注射方法时可采用此法。静脉推注一般要求在一定时间内注射完，例如保留麻醉药的给药浓度、推注高浓度葡萄糖等。牛多用颈静脉，其部位在颈静脉沟（胸头肌和臂头肌之间）上 1/3 与中 1/3 交界处。

操作时应注意，如须长期静脉给药者，应由远心端逐步向近心端移行进针点；进针后有血液从针头滴出，表明注射针头已刺进静脉；若局部肿胀、牛只疼痛不安，提示针头滑出静脉，应拔出针头更换部位，重新注射；根据病情及药物性质，掌握注入药液的速度，并随时观察体征及病情变化；对机体组织有强烈刺激的药物，应防止药液漏出血管外而发生静脉周围炎或坏死。

6. 怎么给牛进行静脉滴注？

静脉注射给药法最常用的是静脉滴注，即输液，是应用输液器将大量药物溶液通过静脉缓慢输入体内的方法。其特点是药液容量较大、维持时间较长。

（1）应用　用于大量的输液、输血；或用于以治疗为目的的如急救、强心等急需速效的药物；或注射药物有较强的刺激作用，又不能皮下、肌内注射，只能通过静脉内注射才能发挥药效的药物。

（2）准备　①静脉注射或输液的用品包括注射盘、注射器、一次性输液管、瓶套、开瓶器、止血带、血管钳、胶布、剪毛剪、无菌纱布、药液、输液卡、输液架。

②根据注射用量可备 50 ～ 100 毫升注射器及相应大小针头的一次性输液管。

③注射药液的温度要尽可能地接近于体温。使用输液瓶时，输液瓶的位置应高于注射部位。

（3）操作要领　①颈静脉注射法。保定；消毒；注射者用左手压迫颈静脉的近心端（靠近胸腔入口处），或者用绳索勒紧颈下部，使静脉回流受阻而怒张。确定注射部位后（颈静脉的下 1/3 与中 1/3 的交界处的颈静脉上），右手持针头用力迅速地垂直刺入皮肤（因牛的皮肤很厚，不易穿透，最好借助腕力奋力刺入）及血管，若见到有血液流出，表明已将针头刺入颈静脉中，再沿颈静脉走向稍微向前送入，固定好针头后，连接输液管，即可注入药液；注射完毕，一只手拿灭菌棉球紧压针孔处，另一只手迅速拔针并按压片刻。

②牛的尾静脉注射法适用于小剂量的给药和采血，可代替颈静脉穿刺法，且尾部抽血可减轻患病牛的紧张程度，避免牛吼叫和过度保定，操作简便快捷。

（4）静脉注射给药注意事项　严格遵守无菌操作，对所有注射用具及注射部位，均应严格消毒；患病牛确实保定，看清脉管并明确注射部位后插入针头，以免引起血肿；检查针头是否通畅，如针孔被组织块或血凝块堵塞时，应及时更换针头；注入药液前应排除注射器或输液管中的空气；针头刺入静脉后，要再顺静脉方向进针 1 ～ 2 厘米，连接输液管后使之固定；对所需注射的药品质量（如有无杂质、沉淀等）应严格检查，不同药液混合使用时要注意配伍禁忌。对组织刺激性强或有腐蚀性的药液要严禁漏出血管外，油剂不能进行静脉注射；给病牛补液时，速度不要过快，以每分钟 30 ～ 60 毫升为宜。药液在注入前应保证其接近牛的正常体温；在输液过程中，要随时注意观察病牛的表现，如有不安、出汗、呼吸困难、肌肉震颤等症状时，应立即停止注射，待查明原因后再行处置；要随时观察药液注入情况，当发现输入液体突然过慢或停止以及注射局部明显肿胀时，应检查回血（猛捏滴壶突然加压，并随即放开，利用产生的一时性负压，观察其是否回血）。如针头已滑出血管外，则应重新刺入。

（5）静脉注射时药液外漏的处理办法　当发现药液外漏时，应立即停止注射，并根据不同的药液采取如下措施进行处理。

①如果是等渗溶液（如生理盐水或等渗葡萄糖），一般很快自然吸收，不必做任何处理。

②如果是高渗盐溶液，则应向肿胀局部及其周围注入适量的灭菌蒸馏水，以稀释原液。

③如果是刺激性强或有腐蚀性的药液，则应向其周围组织内注入生理盐水；如果是氯化钙溶液，可注入10%硫酸钠或10%硫代硫酸钠10～20毫升，使氯化钙变为无刺激性的硫酸钙和氯化钠。

④局部进行温敷，以缓解疼痛。

⑤如果是大量药液外漏，应做早期切开，并用高渗硫酸镁溶液引流。

7. 如何给病牛进行肌内注射？

肌内注射是将药物注入肌肉内的注射方法。

（1）应用　肌肉内血管丰富，药液注射肌肉内吸收较快。由于肌肉内的感觉神经较少，疼痛轻微。因此，刺激性较强和较难吸收的药液，进行血管内注射而有副作用的药液，油剂、乳剂等不能进行血管内注射的药液，为了缓慢吸收、持续发挥作用的药液等，均可采用肌内注射。但由于肌肉组织致密，仅能注射较少量的药液。

（2）部位　牛多在颈侧及臀部股前部。但应避开大血管及神经径路的部位。

（3）肌内注射的方法　根据牛体格大小和注射部位不同，选用合适型号的针头，成年牛一般用16号针头。

①病牛适当保定，局部常规消毒处理。

②左手的拇指与食指轻压注射局部，右手持注射器，使针头与皮肤垂直，迅速刺入肌肉内。一般刺入2～3厘米。尔后用左手拇指与食指握住露出皮外的针头结合部分，以食指指节顶在皮上，再用右手抽动针管活塞，观察无回血后，即可缓慢注入药液。如有回血，可将针头拔出少许再行试抽，直至见无

回血后方可注入药液。注射完毕，用左手持酒精棉球压迫针孔部，迅速拔出针头。

（4）注意事项　肌内注射由于吸收缓慢，能长时间保持药效，维持血药浓度；肌肉比皮肤感觉迟钝，因此注射具有刺激性的药物，不会引起剧烈疼痛，但对强刺激性药物（如钙制剂、浓盐水等）不宜做肌内注射；长期进行肌内注射的病牛，注射部位应交替更换，以减少硬结的发生；由于病牛的骚动或操作不熟练，注射针头、玻璃或塑料性注射器的接合头易折断。

8. 怎样给牛进行皮内注射?

皮内注射是将药液注入表皮与真皮之间的注射方法，主要用于诊断。

（1）应用　皮内注射与其他治疗注射相比，其药液的注入量少，所以不用于治疗。主要用于如牛结核、副结核、牛肝蛭病等疾病的变态反应诊断，或做药物过敏试验，以及炭疽疫苗等的预防接种。一般仅在皮内注射药液、疫苗或菌苗 0.1 ～ 0.5 毫升。

（2）准备　小容量注射器或 1 ～ 2 毫升特制的注射器与短针头。

（3）部位　一般可选在颈侧中部或尾根内侧。

（4）方法　按常规消毒，排尽注射器内空气，左手绷紧注射部位，右手持注射器，针头斜面向上，与皮肤呈 5° 角刺入皮内。待针头斜面全部进入皮内后，左手拇指固定针柱，右手推注药液，局部可见一半球形隆起，俗称皮丘。注毕，迅速拔出针头，术部轻轻消毒，但应避免压挤局部。

注射正确时，可见注射局部形成一半球状隆起，推药时感到有一定的阻力，如误入皮下则无此现象。

（5）注意事项　注射部位一定要认真判定准确无误，否则将影响诊断和预防接种效果；进针不可过深，以免刺入皮下，应将药物注入表皮和真皮之间；拔出针头后注射部位不可用棉球按压揉擦。

9. 怎样给病牛进行皮下注射?

皮下注射是将药物注射到皮下结缔组织内，经毛细血管、淋巴管吸收进入血液，以发挥药效，从而达到防治疾病的目的。

（1）应用　凡是易溶解、无强刺激性的药品及疫苗、菌苗、血清、抗蠕虫药（如伊维菌素）等，某些局部麻醉，不能经口或不宜经口的药物，以及要求在一定时间内发生药效时，均可做皮下注射。

（2）准备　根据注射药量多少，可用 2 毫升、5 毫升、10 毫升、20 毫升、

50毫升的注射器及相应针头。当抽吸药液时，先将安瓿封口端用酒精棉消毒，并随时检查药品名称及质量。

（3）部位　多选在皮肤较薄、富有皮下组织、活动性较大的部位。牛多在颈部两侧。

（4）方法　①药液的吸取。首先用酒精棉球消毒盛药液的瓶口，然后用砂轮切掉瓶口的上端，再将连接在注射器上的注射针插入安瓿的药液内，慢慢抽拉内芯。当注射器内混有气泡时，必须把它排出。此时注射针要安装牢固，以免脱掉。

②消毒。注射局部首先进行剪毛、清洗、擦干，除去体表污物。注射时，要切实保定患牛，对术者的手指及注射部位进行消毒。

③注射。注射时，术者左手中指和拇指握起注射部位的皮肤，同时用食指尖下压使其呈皱褶陷窝，右手持连接针头的注射器，针头斜面向上，从皱褶基部陷窝处与皮肤呈30°～40°角，刺入针头的2/3，并根据病牛体格大小，适当调整进针深度，此时如感觉针头无阻抗，且能自由活动时，左手把持针头连接部，右手抽吸无回血即可推压针筒活塞注射药液。如须注射大量药液时，则应分点注射。注完后，左手持干棉球按住刺入点，右手拔出针头，局部消毒。必要时可对局部进行轻轻按摩，促进吸收。当要注射大量药液时，应利用深部皮下组织注射，这样可以延缓吸收并能辅助静脉注射。

（5）注意事项　刺激性强的药品不能做皮下注射，特别是对局部刺激较强的钙制剂、水合氯醛及高渗溶液等，易诱发炎症，甚至组织坏死。

10. 怎样给病牛进行气管内注射？

气管内注射是将药液注入气管内，使药物直接作用于气管黏膜的注射方法。

（1）应用　适用于气管及肺部疾病的治疗。临床上常将抗菌药注入气管内治疗支气管炎和肺炎、肺脏的驱虫，注入麻醉剂以治疗剧烈的咳嗽。

（2）部位　牛一般在颈部上1/3处，腹侧面正中，两个气管软骨环之间进行注射。

（3）方法　病牛仰卧、侧卧或站立保定，使前躯稍高于后躯，局部剪毛消毒；术者一只手持连接针头的注射器，另一只手握住气管，于两个气管软骨环之间，垂直刺入气管内，此时摆动针头，感觉前端空虚，再缓缓滴入药液；注完后拔出针头，涂擦碘酊消毒。

（4）注意事项　注射前宜将药液加温至与牛体同温，以减轻刺激；注射速度不宜过快，最好一滴一滴地注入，以免刺激气管黏膜，咳出药液；注射过程如遇病牛咳嗽时，则应暂停注射，待安静后再行注入；如病牛咳嗽剧烈，或为了防止注射诱发咳嗽，可先注射2%盐酸普鲁卡因溶液2～5毫升后，降低气管的敏感反应，再注入药液；注射药液量不宜过多，牛一般不超过20～30毫升。量过大时，易由于发生气管阻塞而引起呼吸困难。

11. 怎样进行胸腔内注射？

胸腔内注射也称胸膜腔内注射，是将药液或气体注入胸膜腔内的注射方法。注入胸腔的药物吸收较快，对胸腔炎症疗效显著。同时通过排出积液、气体或冲洗，会使病情减轻。因此，本法对于治疗胸腔内出血、胸腔积液、胸腔积气等病症疗效显著。应注意胸腔内有心脏和肺脏，注射或穿刺时容易误伤。

（1）*应用*　胸膜腔内注射药液，适用于治疗胸膜的炎症、抽出胸膜腔内的渗出液或漏出液作实验室诊断、注入消炎药或洗涤药液及气胸疗法时向胸腔内注入空气以压缩肺脏。

（2）*部位*　牛在右侧第5～6肋间，左侧第6肋间，与肩关节水平线相交点下方2～3厘米，即胸外静脉上方沿肋骨前缘刺入。取站立姿势为宜。

（3）*准备*　注射器材用20号长针头，连接于相应的针管上。为排除胸腔内的积液或洗涤胸腔，通常要使用套管针。一般根据病牛体格的大小或治疗目的选用器材。

（4）*方法*　病牛站立保定，术部剪毛消毒；术者左手将穿刺部位皮肤稍向前方移动1～2厘米；右手持连接针头的注射器，沿肋骨前缘垂直刺入，深度3～5厘米，可依据病牛个体大小及营养程度确定；刺入注射针时，一定注意不要损伤胸腔内的脏器，注入的药液温度应与体温相近。在排除胸腔积液、注入药液或气体时，必须缓慢进行，并且要密切注意病牛的反应；注入药液后，拔出针头，使局部皮肤复位，并进行消毒处理。

12. 怎样进行牛的腹腔内注射？

腹腔注射法是将特定药物直接注入腹腔，借助腹膜的吸收机能治疗某些疾病的注射法。

腹腔注射时，病牛站立保定，犊牛亦可侧卧保定。术部剪毛、消毒后，用16～18号针头垂直皮肤刺入，依次穿透腹肌和腹膜，当针头透过腹膜后，其阻力降低，有落空感。针头内不出现气泡及血液，也无腹腔脏器内容物溢出，经针头注入生理盐水无阻力，说明刺入正确。此时可连接注射器或连接输液吊瓶上的输液管接头向腹腔内注入药液。

向腹膜腔内注入药液应加温至 37 ～ 38℃，药液过凉，会引起胃肠痉挛产生腹痛。注入的药液应为等渗溶液且无刺激性。当膀胱积尿时，应轻轻压迫腹部，或通过直肠部位按摩膀胱，强迫排尿，待膀胱排空后再进行腹腔注射。注射过程中应防止针头退出腹腔外，必要时用胶布粘贴固定针头，一次注药量为 200 ～ 1 500 毫升。注药完毕，拔下针头，局部消毒。

13. 什么是关节腔内注射？

关节腔内注射是借助注射器将药物注入关节腔的一种临床常用治疗方法（为治疗关节炎或滑液囊炎等），例如，应用醋酸可的松溶液作关节腔内注射治疗关节炎症等。

（1）部位　不同关节的关节腔内注射方法略有不同，都应避开血管、神经和韧带，且在关节空隙较宽处。

（2）操作方法及注意事项　①触摸关节四周，寻找关节缝隙较宽处且避开血管、神经和韧带，确定进针点。如果对某关节解剖结构清楚则直接确定进针点。

②进针突破关节囊后应无较大阻力，针尖不可触及骨骼。穿透关节囊后有明显的突破感，回抽有少量滑液，证明针已进入关节腔。

③在注射药物前，应适当抽取少量关节内的积液，以减少对关节腔内压力的影响。如果关节内有感染，则应冲洗后给药。

14. 怎样进行牛的瓣胃内注射？

病牛站立保定，在右侧第 9 肋间，肩关节水平线上下 2 厘米处剪毛消毒，采用长 15 厘米（16 ～ 18 号）的针头，垂直刺入皮肤后，针头朝向左侧肘突（左前下方）方向刺入 8 ～ 10 厘米（刺入瓣胃内时常有沙沙声），以注射器注入 20 ～ 50 毫升生理盐水后立即回抽，如见混有草屑等胃内容物，即可注入治疗药物。注射完迅速拔出针头，按照常规消毒法消毒。

15. 怎样进行皱胃内注射？

病牛站立保定，消毒注射位点，皱胃位于右侧第 12、13 肋骨后下缘，若右侧肋骨弓或最后 3 个肋间显著膨大，呈现叩击钢管清朗的铿锵音，也可选此处作为注射点。局部剪毛消毒，取长 15 厘米（6 ～ 18 号）的针头，朝向对侧肘突刺入 5 ～ 8 厘米，有坚实感即表明刺入皱胃，先注入生理盐水 50 ～ 100

毫升，立即抽回，其中混有胃内容物（pH 值 1 ～ 4），即可注入事先备好的治疗药物。注完后，常规消毒注射点。

16. 怎样进行牛的乳池注射？

乳池注射即将药物注入乳房的乳池中，用于预防或治疗乳房炎的一种方法，是奶牛场常用的注射方法。采用放奶针头（或称导乳针头），消毒备用。

其操作方法是：将牛适当保定，用干净温水清洗、擦干乳房；挤净乳房内积存的奶汁，用酒精棉球擦拭消毒乳头以及乳头下端中央的乳头管开口，左手护住乳头下端，使乳头管口偏向操作者，右手持针，把针头缓缓插入乳头管内 23 ～ 35 厘米，把持乳头的左手同时捏住导乳针底座，右手将吸好的药液的针管连接到针头底座上（通常可用一小段乳胶管连接）将药液缓缓推入乳池中。注完后抽出导乳针头，用手稍捏一会乳头或轻柔乳头，如果是治疗性药物，则须一只手捏住乳头下端，另一只手轻上托按摩乳房，促使药液在乳池内向上串开。操作时要注意保定好奶牛，以防被奶牛踢伤。注入药液的一般容量要求每个乳池 50 ～ 100 毫升为宜。采用乳池注射法治疗乳房炎，注射前一定要把乳房内炎性乳汁挤净，在挤完奶后，立即进行乳池注射。每次挤完奶后，都要进行乳池灌注，以维持乳池内长时间具有有效治疗药物。

17. 什么是灌肠法？

灌肠是为了治疗某些疾病，向肠内灌入大量的药液、营养物或温水，使药液或营养很快吸收或促进宿粪排出，除去肠内分解产物与炎性渗出物的方法。

事先备好灌肠器、压力气筒、吊桶和灌肠溶液等。灌肠液常用微温水、微温肥皂水或 3% ～ 5% 单宁酸溶液、0.1% 高锰酸钾溶液、2% 硼酸溶液等具有消毒、收敛作用的溶液，或葡萄糖溶液、淀粉浆等营养溶液。

灌肠分为浅部灌肠与深部灌肠两种。浅部灌肠仅用于排出直肠内积粪，而深部灌肠则用于肠便秘、直肠内给药或降温等。

（1）浅部灌肠　病牛柱栏内站立保定，并吊起尾巴。将灌肠液盛入漏斗或吊桶内，在灌肠器的橡胶管上涂以石蜡油或肥皂水，术者将灌肠器胶管的前端缓缓插入病牛肛门，再逐渐向直肠内推送，助手高举灌肠器漏斗端或吊桶，亦可固定于柱栏架上，使溶液徐徐流入直肠内，如流入不畅，可适当抽动橡胶管。注入一定液体后，牛便出现努责，让直肠内充满液体，再与粪便一起排出。如此反复进行多次，直到直肠内洗净为止。

（2）深部灌肠　深部灌肠是在浅部灌肠的基础上进行，但使用的灌肠器的皮管较长、硬度适当（不过硬）。橡皮管插入直肠后，连接灌肠器件，伴随灌肠液体的进入，不断向橡皮管内送，如用唧筒代替高举或高挂的灌肠器，液体进入肠道的速度就更快。

在边灌边向橡皮管内送的同时，压入液体的速度应放慢，否则会因液体大量进入深部肠道，反射性刺激肠管收缩而把液体排出，或使部分肠管过度膨胀（特别在有炎症、坏死的肠段），造成肠破裂。

在灌肠过程中，随时用手指刺激肛门周围，使肛门紧缩，防止灌入的溶液流出。

灌肠完毕后，拉出胶管，解除保定。

18. 什么是穿刺法？

通过穿刺，可以获得病牛体内某一特定器官或组织的病理材料，作必要的现场鉴别或实验室诊断，确诊疾病。而当急性胃肠臌气时，应当穿刺排气，可以缓解或解除病症。

（1）*瘤胃穿刺术*　当瘤胃严重臌气时，导致呼吸困难，作为紧急治疗的有效措施就是实施瘤胃穿刺术，排放气体，缓解症状，创造治疗时机。

穿刺部位在左肷部的髋结节和最后肋骨中点连线的中央。瘤胃臌气时，取其臌胀部位的顶点。穿刺时，病牛站立保定，术部剪毛消毒，将皮肤切一小口，术者以左手将局部皮肤稍向前移，右手持消毒的套管针迅速朝向对侧肘头方向刺入约 10 厘米深，固定套管，抽出针芯，用纱布块堵住管口，施行间歇性放气，使瘤胃内的气体断续地、缓慢地排出。若套管堵塞，可插入针芯疏通或稍摆动套管。排完气后，插入针心，手按腹壁并紧贴胃壁，拔出套管针。术部涂以碘酒。

为防止臌气继续发展，造成重复穿刺，必要时套管不要拔出，继续固定，经留置一定时间后再拔出。若没有套管针，可用大号长针头或穿刺针代替，但一定要避免多次反复穿刺，必要时，可进行第二次穿刺，但不宜在原穿刺孔进行。排出气体后，为防止复发，可经套管向瘤胃内注入防腐消毒剂等。

（2）*胸腔穿刺术*　一般用于探测胸腔有无积液并采集胸腔积液进行病理鉴定，排出胸腔内的积液或注入药液以及冲洗治疗等。

病牛站立保定，针对病症要求选择穿刺部位。左侧穿刺部位为第 7 肋间胸外静脉上方，右侧穿刺部位为第 6 肋间胸外静脉上方，或肩关节水平线下方 2 ～ 3 厘米处。术部剪毛、消毒，术者左手将术部皮肤稍向前移，右手持连接胶管与注射器的 16 ～ 18 号针头沿肋骨前缘垂直刺入约 4 厘米，然后连接注射器，抽取胸腔积液，术后严格消毒。

无积液排出时，应迅速将针头上的胶管回转、折叠压紧，使管腔闭合，防止发生气胸。

（3）腹腔穿刺术　腹腔穿刺术主要用于采集腹腔液鉴别诊断相关疾病，排出腹腔积液、腹腔注射药液以及进行腹腔冲洗治疗等。

实施腹腔穿刺术前，备好消毒套管针，若没有专用套管针，可选用16号针头代替。病牛站立保定，或后肢拴系保定。在脐与膝关节连线的中点，剪毛消毒术位，术者蹲下，右手控制套管针的刺入深度，由下向上垂直刺入，左手固定套管，右手拔出套管针芯。采集积液送检。术后常规消毒。

（4）膀胱穿刺术　膀胱穿刺一般是在尿道完全堵塞时，有膀胱破裂危险，而采取的临时性治疗措施，或用于公牛的导尿等。

病牛站立保定。按照直肠检查操作要领，首先排出直肠蓄粪，清洗消毒术者手臂，然后将装有长胶管的14～16号针头握在手掌中，术者手呈锥形，缓缓进入直肠，在膀胱充满的最高处，将针头向前下方刺入，并固定好针头，使尿液通过针头沿事先装好的橡胶管流出。待尿液彻底流完后，再把针头拔出，同样握在掌中，带出直肠。

（5）心包穿刺术　心包穿刺术主要用于采取心包液进行病理鉴定以及心包积脓时的排脓与清洗治疗。

术牛站立保定，并使病牛的左前肢向前伸出半步，充分暴露心区。在左侧第5肋间，肩端水平线下2厘米处剪毛、消毒，一手将术部皮肤向前推移，一手持带胶管的16～18号长针头，沿第6肋骨前缘垂直刺入约4厘米，连接注射器，边抽边进针，至抽出心包液为止。

操作过程要谨慎小心，避免针头晃动或刺入过深，伤及心脏。进针过程或注药的换药过程都要把胶管折叠、回转压紧，保持管腔闭合，防止形成气胸。

19. 什么是子宫冲洗法?

子宫冲洗主要用于治疗阴道炎和子宫内膜炎、子宫蓄脓、子宫积水等生殖道疾病。由于用大量消毒液冲洗子宫，会降低子宫上皮的抵抗力和防御机能，发生子宫严重弛缓，导致所谓“治疗性”不孕，故应尽量少用。

冲洗前，应按常规消毒子宫冲洗器具。在没有专用子宫冲洗器的条件下，一般可用马的导尿管或硬质橡皮管、塑料管代替子宫冲洗管，有条件的，可采用胚胎采集管代替。用大玻璃漏斗或搪瓷漏斗代替唧筒或挂桶，消毒备用。

冲洗时，洗净消毒牛的外阴部和术者的手、臂。通过直肠将导管小心地从阴道插入子宫颈内，或进入子宫体，抬高漏斗或挂桶，使药液通过导管徐徐流入子宫，待漏斗或挂桶内药液快完时，立即降低漏斗或挂桶位置，借助虹吸作用使子宫内液体自行流出。更换药液，重复进行 2 ～ 3 次，直至药液流出子宫时保持原来色泽状态不变为止。为使药液与黏膜充分接触以及冲洗液顺利排出，冲洗时，术者应一手伸入直肠，在直肠内轻轻按摩子宫，并掌握药液流入与排出情况，并务必排完冲洗药液。建议隔日 1 次，每次备药量 10 000 毫升。冲洗次数不宜太多，以免导致“治疗性”不孕。

冲洗药液应根据炎症经过而选择，常用的有微温生理盐水、0.1% ～ 0.5% 高锰酸钾溶液、0.1% ～ 0.2% 雷佛奴尔溶液以及抗生素、磺胺类制剂等。

20. 什么是导尿法?

导尿主要用于尿道炎、膀胱炎治疗以及采取尿液检验等，即母牛膀胱过度充满而又不能排尿时施行导尿术。做尿液检查而一时未见排尿，可通过导尿术采集尿样。

病牛柱栏内站立保定，用 0.1% 高锰酸钾溶液清洗肛门、外阴部，酒精消毒。选择适宜型号的导尿管，放在 0.1% 高锰酸钾溶液或温水中浸泡 5 ～ 15 分钟，前端蘸液体石蜡。术者左手放于牛的臀部，右手持导尿管伸入阴道内 15 ～ 20 厘米，在阴道前庭处下方用食指轻轻刺激或扩张尿道口，在拇指、中指的协助下，将导尿管引入尿道口，把导尿管前端头部插入尿道外口内；在两只手的配合下，继续将导尿管送入约 10 厘米，可抵达膀胱。导尿管进入膀胱后；尿液会自然流出。排完尿液后，在导尿管后端连接冲洗器或 100 毫升注射器，注入温的冲洗药液，反复冲洗，直至药液透明为止。常用的冲洗药液主要有生理盐水、2% 硼酸溶液、0.1% ～ 0.5% 高锰酸钾溶液、0.1% ～ 0.2% 雷佛奴尔溶液、0.1% ～ 0.2% 石炭酸以及抗生素、磺胺类制剂等。

公牛导尿，可通过直肠穿刺进行。

21. 什么是糖钙疗法?

糖钙疗法适用于预防和治疗奶牛的酮尿病、骨质疏松症、前胃弛缓、产前产后瘫痪、胎衣不下等病。依照奶牛的体重状况，以 500 千克体重计算用法用量为：5% ～ 10% 葡萄糖注射液 500 ～ 1 000 毫升，10% 葡萄糖酸钙注射液 400 ～ 500 毫升（5% ～ 10% 葡萄糖注射液 500 ～ 1 000 毫升，5% 氯化钙 200 ～ 300 毫升），静脉注射，每天 1 ～ 2 次。

（1）临产前　奶牛出现食欲不振或废绝，心跳、体温正常时可用糖钙疗法。治疗后能起到：促进食欲；加强子宫阵缩、促进分娩；能预防产前产后瘫痪的发生，加速胎衣的脱落。

（2）*产后*　奶牛出现食欲不振或废绝，心跳、体温正常，有前胃弛缓症状时可用糖钙疗法。对已发生产后瘫痪的牛可起治疗作用，对未瘫痪的牛可以起到预防，并促进食欲与胎衣的脱落，促使子宫的恢复与恶露的排出。

（3）*泌乳阶段的牛*　日产奶量在25千克以上，心跳、体温正常，食欲降低或废绝，突然或持续降奶，步行不稳时，可用糖钙疗法。这样既能促进食欲，又可以提高产奶量。

22. 什么是普鲁卡因封闭疗法？

封闭疗法是使用不同浓度和剂量的普鲁卡因溶液（在炎症时，尚可加入青霉素粉剂）注入一定部位的组织或血管内，以改变神经的反射兴奋性，促进中枢神经系统机能恢复正常，改善组织营养，促进炎症修复过程。它是一种辅助的疗法，在治疗过程中与其他疗法配合应用。

封闭疗法临床上常用的有病灶周围封闭法和静脉内注射封闭法。其中病灶周围封闭疗法主要适用于创伤、烧伤、蜂窝织炎、乳房炎，也适用于各种急性、亚急性炎症等的治疗；静脉内注射封闭法适用于肠痉挛、风湿病、各种创伤、挫伤、烧伤、乳房炎的治疗法。

普鲁卡因封闭疗法只是一种辅助性疗法，在治疗过程中应与其他疗法配合应用。

（1）*病灶周围封闭法*　病牛柱栏内站立保定，病灶及其周围剪毛，常规消毒。将0.25%～0.5%盐酸普鲁卡因溶液，分数点注入病灶周围健康组织内的皮下与肌肉深部或病灶基底部，使普鲁卡因药液包围整个病灶，药量以能达到浸润麻醉的程度即可，一般用50～100毫升，每天或隔天1次。

为了提高疗效，可于药液内加入50万～100万单位青霉素。本法常用于治疗创伤、溃疡、急性炎症等，乳房炎时可将药液注入于乳房基部的周围。注意不可将针头穿过病灶，以免扩散感染。

（2）*四肢环状封闭法*　用于四肢和蹄的炎症及慢性溃疡等。将0.25%～0.5%盐酸普鲁卡因溶液，注射于四肢病灶上方3～5厘米处的健康组织内，分别在前、后、内、外从皮下到骨膜进行环状分层注射药液。剪毛消毒后，对皮肤呈45°角或垂直刺入皮下，先注射适量药液，再横向推进针头，边推边注射药液，直达骨膜为止，拔出针头，再以同样方法环绕患肢注射数点，注入所需量的药液。用量应根据部位的粗细而定，每日或隔日1次。注射时针头不要损伤较大的神经和血管。

（3）静脉内封闭法　将普鲁卡因溶液注入静脉内，使药物作用于血管内壁感受器，以达到封闭目的。方法与一般静脉注射法相同，但注入速度要缓慢。一般用等渗盐水或5%葡萄糖生理盐水配制的0.1%～0.25%普鲁卡因注射液，中等体型的牛每次用量100～200毫升，每2日1次，连用3～4次。本法适用于蜂窝织炎、顽固性浮肿、久不愈合的创伤、风湿症、化脓性炎症、乳房炎及过敏性疾病等。

（4）尾骶封闭　病牛站立保定，举起尾部，刺入点在尾根与肛门形成三角区中央，相当于中兽医的后海穴或交巢穴处，其间有腰荐神经丛、阴部神经和直肠后神经。用长15～20厘米的针头，垂直刺入皮下，将针头稍上翘并与荐椎呈平行方向刺入，先由正中边注边拔针，然后再分别向左、右各注入1次，使药液分布呈一扇形区。一般注入0.25%普鲁卡因溶液150～250毫升。可用于治疗子宫脱、阴道脱和直肠脱，或上述各器官的急、慢性炎症及其脱垂的整复手术。

（5）穴位封闭法　在针灸穴位上进行封闭注射。临床上常用0.25%～0.5%盐酸普鲁卡因溶液注入抢风穴或巴山穴，分别治疗前肢或后肢疾病，每日1次，连用3～5次。具体操作是剪毛消毒后，用连接胶管的封闭针头于皮肤垂直刺入4～6厘米深，回抽不见血液后，即可缓慢注入药液。要注意定准穴位，深度适当，防止针头折断。

23. 牛病用药的原则有哪些？

畜禽养殖科学安全用药的原则是发挥药物的有利作用，避免有害作用，消除不良影响因素，达到安全、有效、经济、方便的目的。牛病用药要遵循以下几个原则。

（1）预防为主原则　养牛业的规模化、集约化、生态发展趋势，对环境条件要求越来越高，应激因素不断增多，病原传播的机会增加，疾病危害越来越严重。因此科学预防、控制疫病发生显得更加重要。

一年四季中，随着温度、湿度以及外界环境的变化，牛的一些疫病的发生和流行具有较明显的季节性。夏季随着外界温度升高，空气湿度增大，卫生条件差，饲料极易发霉变质，牛的机体抵抗力减弱，牛群的疫病发生率就会增高。如奶牛更易发生乳腺炎、牛流行热（暂时热或三日热）、腐蹄病、奶牛梨形虫病、霉菌中毒、瘤胃酸中毒和其他消化系统疾病。冬春季节气温很低，投喂的饲料品质较差，如果管理措施不到位，牛最易患消化系统和呼吸系统疾病。如瓣胃阻塞、病毒性腹泻、流感（冬季最易发生，多因受风寒侵袭后引起）、皮肤真菌病、螨病、片形吸虫病（在牛吃草、喝水时，吞入片形吸虫囊蚴而造成感染。一般是夏季感染，没有进行驱虫，到冬季表现出症状）、绦虫病（因吃草时吃进了含有似囊尾蚴的甲螨而被感染，常见的病原虫是扩展莫尼茨绦虫、贝氏莫尼茨绦虫）以及饲料中毒等。

牛的不同的生理阶段（或年龄阶段），疾病的发生也有其不同的特点。如犊牛腹泻是最常见的疾病，新生犊牛 2 周内多发（由于细菌、病毒感染引发或管理因素造成，如初乳质量差、先天营养不良、环境因素不良等），犊牛肺炎、脐带炎等也是犊牛易发生的疾病。所以，要有效地控制疾病，必须采取综合预防措施。

除了加强饲养管理，提供适宜的环境条件外，还要注意药物预防。

①制订消毒制度，使用消毒药物进行消毒。牛场入口设立消毒池和消毒间；场门、生产区和牛舍入口处都应设立消毒池，内置 1% ～ 10% 漂白粉溶液，或 3% ～ 5% 来苏尔、3% ～ 5% 烧碱溶液，并经常更换，保持应有的浓度；牛舍、牛床、运动场应定期消毒（每月 1 ～ 2 次），消毒药一般用 10% ～ 20% 石灰乳、1% ～ 10% 漂白粉、0.5% ～ 1% 菌毒敌或百毒杀等；牛粪要堆积发酵，也可喷洒渗入消毒液。用 2% ～ 3% 敌百虫溶液杀灭蚊、蝇等吸血昆虫等。

②使用生物制品，加强免疫接种。免疫接种可以提高牛机体的免疫能力，使之能抵抗相应传染病的侵害，须定期对健康牛群进行疫苗或菌苗的预防注射。

③使用驱虫药物定期进行驱虫。一般在每年春秋两季各进行 1 次全牛群的驱虫，通常结合转群、转饲或转场实施。犊牛在 1 月龄和 6 月龄各驱虫 1 次。驱虫前最好做 1 次粪便虫卵检查，查清牛群寄生虫的种类和危害程度，或根据当地寄生虫发生情况有的放矢地选择驱虫药物。驱虫后的粪便应集中无害化处理，防止病原扩散。

④使用抗生素预防犊牛消化道疾病和呼吸道疾病。如土霉素粉，犊牛出生后，每天 1 次，每次直接向口中喂服 2 克或注射用链霉素，早晚各口服 1 瓶（100 单位）预防犊牛副伤寒。为了防止新生犊牛下痢，可每天给予 250 毫克的金霉素（金霉素可溶于乳中供给），供给时间可以从生后的第 3 天，直至生后 30 天为止等。

（2）特殊性原则　反刍动物与其他动物在解剖生理、生化代谢、遗传繁殖等方面有明显的差异。它们对药物的敏感性、反应性和药物的体内过程，既遵循共同的药理学规律，又存在着各自的种属差异。特别是在集约化饲养条件下，行为变化、群体生态和环境因素都对药物作用的发挥产生很大的影响。牛、羊、骆驼等动物因其消化道的结构和功能特点，在其消化饲草过程中，需要一个反复咀嚼的慢动作，即反刍，因而被称为反刍动物，也称反刍兽。反刍动物因为具有复杂的消化器官多室胃（有4个胃），在消化功能上与单胃动物（如猪、犬、禽等）有很大不同，因而在给药的品种、途径、用药剂量和剂型上均与单胃动物有很大不同。

反刍动物具有复杂的前胃，其中最具代表意义的是瘤胃，瘤胃从体积上超过其他3个胃的总和（成年牛瘤胃体积约占胃总体积的80%），前胃（瘤胃、网胃、瓣胃）复杂的消化功能也主要体现在瘤胃上。反刍动物的瘤胃内含有大量的微生物，瘤胃细菌和瘤胃纤毛虫（两者比例大体为1∶1），其重量约占瘤胃内容物的3.6%。瘤胃微生物对于动物机体的重要作用表现在以下几方面。一是畜体日常所需的营养成分的来源之一（成年牛每昼夜约有100克微生物蛋白质由瘤胃进入皱胃而被机体吸收，约占牛蛋白质最低需要量的30%），特别是瘤胃纤毛虫的蛋白质含有丰富的赖氨酸等必需氨基酸，它的品质超过瘤胃细菌的菌体蛋白。二是纤维素在瘤胃细菌和瘤胃纤毛虫体内的纤维素分解酶的作用下，通过逐级分解（如瘤胃纤毛虫能撕裂、分解、吞噬纤维素），最终产生挥发性脂肪酸而被吸收入血。

与此同时，瘤胃微生物分解淀粉、葡萄糖和其他糖类，产生低级脂肪酸和形成糖原，糖原经小肠的消化吸收利用成为机体的葡萄糖，泌乳牛则将进入血液的葡萄糖用来合成牛乳。当这些有益微生物受到破坏时，家畜出现消化紊乱。由于抗生素具有抑制和杀灭微生物的作用，内服抗生素会杀灭或抑制消化道内某些有益的敏感细菌，破坏平衡，使一些不敏感或耐药的细菌过度繁殖而造成二重感染就会干扰和破坏胃内有益微生物群的正常活动，使一系列复杂的消化过程无法进行，表现出厌食、瘤胃臌气、前胃弛缓、腹泻等消化系统疾病。另外，一些药物在胃内酸性环境下可能被破坏而失去作用（如磺胺药类药物）。

因此，对于反刍动物来说，不宜内服广谱抗生素，而适宜肌内注射或静脉注射。大多数西药反刍动物口服效果都很差，西药的量都很少，且进入胃内在瘤胃的发酵过程中，大多起化学反应使药效降解；对于幼年哺乳期反刍家畜，由于瘤胃尚未发育完全，微生物菌群也未建立，食物以母乳为主，因此，当出现消化道疾病时，可内服抗生素进行治疗。

瘤胃内食物在微生物发酵过程中，不断地产生大量气体（二氧化碳、甲烷），这些气体少部分被吸收入血液经肺排出或被瘤胃微生物所利用。大部分气体通过瘤胃后背盲囊收缩，由后向前推进，移向瘤胃前庭，驱入食管，引起嗳气排出。由于抗胆碱药（如硫酸阿托品、盐酸消旋山莨菪碱等）具有抑制平滑肌收缩作用，用药后瘤胃及食管的收缩受到抑制，瘤胃内所产生的气体就不能及时排出，易造成臌气。因此临床上对于抗胆碱药，除作为某些农药中毒（有机磷酸酯类、氨基甲酸酯类农药中毒）的生理拮抗药外，应少用为宜。否则，易造成前胃弛缓、瘤胃臌气。

反刍家畜前胃的节律性蠕动和正常的反刍动作以及瘤胃内有益微生物菌群的作用是构成食物消化的重要因素。当某些致病因素使其正常蠕动和反刍减弱或停止时，就易引起消化障碍疾病，此时在临床治疗上，不宜采用助消化药物（如稀盐酸、胃蛋白酶、干酵母、乳酶生等），而应以兴奋瘤胃、促进蠕动和恢复反刍为治疗原则。肌内注射新斯的明、氢溴酸加兰他敏，或静脉注射浓氯化钠，或内服健胃酊剂（以马钱子酊、姜酊为主药配合其他健胃酊剂，混合后加等量水灌服）。对于瘤胃臌气还应及时排气（采用瘤胃穿刺或投放胃导管排气）或内服消沫药（泡沫性臌气）。反刍动物的瘤胃微生物能合成某些B族维生素，包括硫胺素、核黄素、生物素、维生素B_6、泛酸和维生素B_{12}以及维生素K。所以，在一般情况下，即使日粮中缺少这类维生素，也不会影响反刍动物的健康，即成年反刍动物的日粮中一般不需要添加这类维生素。但幼畜（如犊牛、羔羊）因瘤胃尚未发育完全，微生物区系没有充分建立，则有可能患B族维生素缺乏症，应注意在日粮中添加。同时应注意成年反刍动物在日粮中钴缺乏时，可使维生素B_{12}缺乏，因为瘤胃微生物在缺钴的情况下不能合成维生素B_{12}，于是导致动物出现食欲抑制，幼畜生长不良，所以，反刍动物的日粮中不能缺钴。

呕吐是一种保护性反应，动物借助于呕吐将进入消化道的有害物质排出。肉食和杂食动物易发生呕吐，而草食和啮齿动物由于呕吐中枢不发达一般不发生呕吐。因此，临床上对于反刍动物食物中毒或瘤胃积食病例，须把内容物排出体外时，应采用泻下方法，如内服盐类泻剂硫酸镁、硫酸钠，而不宜使用催吐剂如硫酸铜。由于反刍家畜（尤其是牛）对敌百虫较敏感，耐受性差，稍微过量易发生药物中毒。临床上牛羊驱虫时宜选用一些较安全的抗寄生虫药和杀虫剂。如选用左旋咪唑、驱蛔灵、丙硫苯咪唑作为肠道线虫的驱虫药物，而用拟除虫菊酯类农药作为体外杀虫剂。一般不选用敌百虫作为肠道驱虫药和体外杀虫剂。在非用敌百虫不可时，应注意药物浓度不宜过高（一般以小于2%为宜），用药面积不宜过大，每次用药一般不宜超过体表1/4范围，以免引起中毒。

（3）综合性原则　疾病是病因、传播媒介和宿主三者相互作用的结果。病因有物理因素（如温度、湿度、光线、声音、机械力等）、化学因素（如有害气体、药物、毒素等）和生物因素（如细菌、病毒、霉菌、寄生虫等）；传播媒介有蚊、虫、鼠类，以及恶劣的环境和不良的饲养管理条件等；宿主即牛体。在有传播媒介存在的条件下，病因较强而机体的抵抗力较弱，牛就易发生疾病；反之，牛抵抗力强，病因就不易诱发疾病。

在疾病防治过程中，使用药物的作用：①消除病因，如抗生素抑制或杀灭病原微生物，维生素或微量元素治疗相应的缺乏症；②减轻或消除症状，如抗生素退高热、止腹泻，硒和维生素 E 消除白肌症等；③增强机体的抵抗力，如维生素、微量元素构建和强壮机体，维持正常结构和功能，提高免疫力等。但药物不能抵消理化病因，也不能完全消除传播媒介，要消除理化病因和传播媒介，主要依靠饲养管理。

综合性原则是指添加用药与饲养管理相结合，治疗用药和预防用药相结合，对因用药和对症用药相结合。如抗菌药物只对病原起作用，即抑制或杀灭病原微生物或寄生虫，但对病原的毒素无拮抗作用，也不能清除病原的尸体，更不能恢复宿主的功能，有的抗菌药物本身还有一定的毒副作用。因此，在应用抗菌药物时，还要注意采取加强营养（可以提高机体的抵抗力或免疫力，使机体能够清除病原、毒素乃至药物所致的病理作用）和饲养管理（可以减少或消除各种诱因及传播媒介，切断传播环节）以及对症或辅助用药（纠正病原及其毒素所致的机体功能紊乱以及药物所致的毒副作用）等措施。

（4）规程化用药原则　牛病的发生和发展都有规律可循。大多数疾病都是在牛生长发育的某个阶段发生，如细菌感染引起的消化道疾病多发生在犊牛期。有些疾病只在某个特定的季节发生，另一些疾病只在某个区域内流行。

因此，应用药物防治牛疾病时，应熟知疾病发生的规律和药物的性能，有计划地切断疾病发生、发展的关键环节。药物应用的规程化，是指针对牛的疾病在本地的发生、发展和流行规律，有计划地在牛生长发育的某一阶段、某个季节，使用特定的药物和制订具体的给药方案，以控制疾病、保障生产、避免损失。它包括针对何种疾病，使用何种（或几种）药物，何时使用，剂量多大，使用多久，休药期多长，何时重复使用（或更换为其他药物）等。规程化用药原则是针对目前一些养殖场“盲目添加、被动用药”的状况而提出的。

规程化用药不仅可以避免盲目添加和被动用药的现象，而且还是控制或消灭某些特定疾病的有效措施，是一种科学合理的用药方式。规程化用药也能减少药物残留和环境污染的发生，避免耐药微生物的产生和传播，是提高养殖场经济效益、社会效益和生产效益的有效措施。要做到规程化用药，养殖场和饲料加工厂必须密切联系。饲料厂要熟知养殖场实际用药的需要，有目的、有计划地添加符合养殖场需要的药物，而养殖场要了解饲料中药物的添加情况，将加药饲料的效果等信息及时反馈给饲料厂。

（5）无公害原则　药物具有二重性。一方面，它能提高牛群生产性能，防治牛病，促进养殖生产。另一方面，药物的不合理使用和滥用，也有一些负面作用，如残留、耐药性、环境污染等公害，影响养殖业的持续发展乃至人类社会的安全。

要选择符合兽药生产标准的药物，不使用禁用药物、人用药物、过期药物、变质药物、劣质药物和淘汰药物，因为这些药物会使病原菌产生耐药性和造成药物残留，危害消费者的健康。农业农村部曾公布首批《兽药地方标准废止目录》，经兽药评审后确认，以下兽药地方标准不符合安全有效审批原则，予以废止：一是沙丁胺醇、呋喃西林、呋喃妥因、替硝唑、卡巴氧和万古霉素；二是金刚烷胺类等人用抗病毒药移植兽用的；三是头孢哌酮等人医临床控制使用的最新抗菌药物用于食品动物的；四是代森铵等农用杀虫剂、抗菌药用作兽药的；五是人用抗疟药和解热镇痛、胃肠道药品用于食品动物的；六是组方不合理、疗效不确切的复方制剂。选药时从药品的生产批号、出厂日期、有效期、检验合格证等方面着手详细检查，确认无质量问题后才可选用。

24. 牛病常用抗微生物药有哪些种类?

抗微生物药是指能在体内外选择性地杀灭或抑制病原微生物（细菌、支原体、真菌等）的药物，由于常用于防治感染性疾病，又称抗感染药。其包括抗生素（是从某些放线菌、细菌和真菌等微生物培养液中提取得到、能选择性地抑制或杀灭其他病原微生物的一类化学物质，包括天然抗生素及半合成抗生素）、合成抗菌药、抗病毒药、抗真菌药、抗菌中草药等，它们在控制畜禽感染性疾病、促进动物生长、提高养殖经济效益方面具有极为重要的作用。

兽医常用抗微生物药物的种类见表 4-2。

表 4-2 兽医常用抗微生物药物的种类

分类依据		种类
抗生素	根据作用特点分	抗革兰氏阳性细菌的抗生素，如青霉素类、头孢菌素类、大环内酯类、林可胺类等的青霉素、头孢菌素、泰乐菌素、替米考星、林可霉素等
		抗革兰氏阴性细菌的抗生素，如氨基糖苷类、多黏菌素类的链霉素、卡那霉素、庆大霉素、新霉素、硫酸黏菌素（仅用于促生长）等
		抗寄生虫的抗生素，如伊维菌素、莫能菌素、马度米星（马杜霉素）等
		广谱抗生素，如氟喹诺酮类、四环素类等
		抗真菌的抗生素，如制霉菌素、克霉唑、伊曲康唑、氟康唑等
	根据化学结构分	β－内酰胺类，如青霉素类、头孢菌素类等
		氨基糖苷类，如硫酸链霉素、硫酸安普霉素、硫酸庆大霉素、阿米卡星（硫酸丁胺卡那霉素）、硫酸新霉素、硫酸大观霉素等。
		四环素类，如土霉素、四环素、金霉素、多西环素等
		酰胺醇类，如氟苯尼考等
		大环内酯类，如红霉素、泰乐菌素、替米考星等
		林可胺类，如林可霉素等
		多肽类，如硫酸黏菌素、抗菌肽等
		多烯类，如制霉菌素等
		聚醚离子类，如莫能菌素、盐霉素等
抗真菌药		多烯类，如制霉菌素等
		非多烯类，如克霉唑等
合成抗菌药		氟喹诺酮类，如恩诺沙星、环丙沙星等
		磺胺类，如磺胺嘧啶、磺胺－6－甲氧嘧啶等

25. 规模化生态养肉牛使用抗微生物药物有哪些要求?

我国是牛肉生产和消费大国。近年来在监管中发现仍然存在违法使用克伦特罗、莱克多巴胺、沙丁胺醇等禁用药物，以及青霉素类药物、磺胺类药物、喹诺酮类药物、替米考星等常规药物残留超标问题。为确保牛肉产品质量安全，促进产业高质量发展，对肉牛规模化生态养殖中抗微生物药物使用提出了一些要求，具体包括以下几点。

（1）不得使用的药物种类、允许使用但不得检出的药物种类　①不得使用的药物种类。其中包括禁用药物：酒石酸锑钾，β－兴奋剂类及其盐、酯，汞制剂［氯化亚汞（甘汞）、醋酸汞、硝酸亚汞、吡啶基醋酸汞］，毒杀芬（氯化烯），卡巴氧及其盐、酯，呋喃丹（克百威），氯霉素及其盐、酯，杀虫脒（克死螨），氨苯砜，硝基呋喃类（呋喃西林、呋喃妥因、呋喃它酮、呋喃唑酮、呋喃苯烯酸钠），林丹，孔雀石绿，类固醇激素［醋酸美仑孕酮、甲基睾丸酮、群勃龙（去甲雄三烯醇酮）、玉米赤霉醇］，安眠酮，硝呋烯腙，五氯酚酸钠，硝基咪唑类（洛硝达唑、替硝唑），硝基酚钠，己二烯雌酚、己烯雌酚、己烷雌酚及其盐、酯，锥虫砷胺，万古霉素及其盐、酯（具体以农业农村部公告第250号《食品动物中禁止使用的药品及其他化合物清单》为准）。停用药物：洛美沙星、培氟沙星、氧氟沙星、诺氟沙星4种原料药的各种盐、酯及其各种制剂；喹乙醇、氨苯胂酸、洛克沙胂3种兽药的原料药及各种制剂等（具体以农业农村部相关公告为准）。

②允许使用但不得检出的药物种类。氯丙嗪、甲硝唑、赛拉嗪等（具体以GB 31650和GB 31650.1为准）。

禁用药物和停用药物在肉牛养殖中均不得使用。上市产品不得检出禁停用药物、允许使用但不得检出药物及其他有毒有害物质。

（2）使用后果　①违法使用禁用药物的后果。依照《中华人民共和国农产品质量安全法》第七十条相关规定，农产品生产经营过程中使用国家禁止使用的农业投入品或者其他有毒有害物质；或销售含有国家禁止使用的农药、兽药或者其他化合物的农产品，尚不构成犯罪的，由县级以上地方人民政府农业农村主管部门责令停止生产经营、追回已经销售的农产品，对违法生产经营的农产品进行无害化处理或者予以监督销毁，没收违法所得，并可以没收用于违法生产经营的工具、设备、原料等物品；违法生产经营的农产品货值金额不足一万元的，并处十万元以上十五万元以下罚款，货值金额一万元以上的，并处货值金额十五倍以上三十倍以下罚款；对农户，并处一千元以上一万元以下罚款；情节严重的，有许可证的吊销许可证，并可以由公安机关对其直接负责的主管人员和其他直接责任人员处五日以上十五日以下拘留。情节特别严重的，将依照《中华人民共和国刑法》有关规定执行。

②违规使用停用药物和未经批准药物的后果。依照《兽药管理条例》第六十二条的规定，未按照国家有关兽药安全使用规定使用兽药的，或者使用禁止使用的药品和其他化合物的，责令其立即改正，并对饲喂了违禁药物及其他化合物的动物及其产品进行无害化处理；对违法单位处一万元以上五万元以下罚款；给他人造成损失的，依法承担赔偿责任。

③不符合农产品质量安全标准兽药残留超限量的后果。依照《中华人民共和国农产品质量安全法》第七十一条相关规定，销售农药、兽药等化学物质残

留或者含有的重金属等有毒有害物质不符合农产品质量安全标准的农产品；或销售含有的致病性寄生虫、微生物或者生物毒素不符合农产品质量安全标准的农产品；或销售其他不符合农产品质量安全标准的农产品。尚不构成犯罪的，由县级以上地方人民政府农业农村主管部门责令停止生产经营、追回已经销售的农产品，对违法生产经营的农产品进行无害化处理或者予以监督销毁，没收违法所得，并可以没收用于违法生产经营的工具、设备、原料等物品；违法生产经营的农产品货值金额不足一万元的，并处五万元以上十万元以下罚款，货值金额一万元以上的，并处货值金额十倍以上二十倍以下罚款；对农户，并处五百元以上五千元以下罚款。情节特别严重的，将依照《中华人民共和国刑法》有关规定执行。

（3）规范使用批准药物　①采购把关。采购兽药等投入品时，要通过正规渠道在具有合法经营资质的经销商处购买，主动索取相关证照、证件和合法的票据，并结合包装标签标识对供货单位的资质、兽药产品合法性及质量情况进行审核，包括查验兽药产品“二维码”信息、兽药产品批准文号（或进口兽药注册证号）、兽药产品质量合格证明、兽药成分、用量用法、休药期、存储条件、注意事项、有效期限等。兽药入场时，应当进行检查验收，发现可能含有禁用药物以及假、劣兽药、原料药、人用药的，与进货单不符的、内外包装破损的、没有标识或标识模糊不清的、质量异常的、其他不符合规定的药物坚决不让入场。兽用处方药应当凭执业兽医开具的处方购买，现购现用，并在用药记录对应处标明处方签号。

②科学用药。遵守兽药使用规定。严格按照兽药标签或说明书的相关要求用药，切忌盲目增大用药量或增加用药次数、延长用药时间。执行用药记录制度，记录内容参照农业农村部畜牧兽医局印发的《畜禽养殖场（户）兽药使用记录（样式）》，以备检查与溯源。

③符合限量。有条件的，在产品上市前可开展自检或委托检测，确保常规药物残留量符合最新版食品安全国家标准 GB 31650 和 GB 31650.1 的要求，保障上市牛肉产品质量安全。

④开具承诺达标合格证。生产者应当履行农产品质量安全第一责任，对生产销售的牛肉产品进行质量控制，保证不使用禁停用药物和非法添加物，且使用的常规药物残留不超标，上市产品质量应符合食品安全国家标准。生产主体在严格落实质量控制相关要求的基础上自觉、自行开具承诺达标合格证，对照承诺达标合格证有关要求，根据实际情况勾选“委托检测、自我检测、内部质量控制、自我承诺”等 4 项承诺依据中的 1 项或多项，并对承诺的真实性负责。

26. 规模化生态养奶牛常用哪些药物?

（1）常用抗生素类药物　抗生素类药物要限制使用，因疾病必须使用的要选择作用迅速、疗效好、毒副作用小的药物，最好做药敏试验，不得选择《兽用处方药品种名录（第一批）》以外的药物。常用的有 β–内酰胺类也称青霉素类（如注射用青霉素钠、注射用阿莫西林钠等），头孢菌素类（如头孢氨苄注射液、注射用头孢噻呋等），氨基糖苷类（如注射用硫酸链霉素、注射用硫酸卡那霉素等），大环内酯类（如泰乐菌素注射液、替米考星注射液等），四环素类（如盐酸土霉素注射液、盐酸多西环素注射液等），酰胺醇类（如氟苯尼考注射液、甲砜霉素注射液等），林可胺类（如盐酸林可霉素注射液、盐酸林可霉素片等）。其中青霉素类药物为治疗奶牛疾病首选药物，其杀菌效果好、代谢快、毒性小。

（2）兽用化学合成抗微生物药物　化学合成药物要避免或限制使用（繁殖奶牛禁用）。主要的化学合成抗微生物药有磺胺类及其增效剂（如复方磺胺嘧啶预混剂、磺胺间甲氧苄啶粉）、喹诺酮类（如恩诺沙星注射液、乳酸环丙沙星注射液）、硝基咪唑类（如甲硝唑片）等。磺胺类药物常用于犊牛肠道感染的治疗；恩诺沙星常用于牛大肠杆菌性腹泻、败血症、溶血性巴氏杆菌–牛支原体所致呼吸道感染等疾病的治疗；甲硝唑常用于厌氧菌感染，也用于原虫病治疗。

（3）兽用抗真菌药　抗真菌药（如两性霉素 B、制霉菌素）常用于治疗犊牛真菌性胃肠炎，真菌性子宫炎等。

（4）兽用抗病毒药物　我国养殖业全面禁止使用抗病毒药物（中药除外）。

（5）兽用抗寄生虫药物　奶牛感染寄生虫病时需要使用抗寄生虫药物驱虫。犊牛期需要驱蠕虫药物（如阿维菌素注射液、阿苯达唑硝氯酚片等）进行药物驱虫；奶犊牛感染球虫病时须使用抗球虫药物（如地克珠利、氨丙啉等）；奶牛感染梨形虫病（俗称焦虫病）时须使用抗梨形虫药物（如三氮脒、盐酸吖啶黄注射液等）。

（6）兽用激素类药物　激素类药物用于调节机体的生理功能等。促性腺激素用于调整生殖能力，调节繁殖进程，增强抗病能力，临床上用于治疗不孕症。如苯甲酸雌二醇注射液、黄体酮注射液、注射用促黄体素释放激素 A_2 等（妊娠奶牛慎用或禁用）。糖皮质激素（如地塞米松磷酸钠注射液、氢化可的松注射液等）也称抗炎药，具有抗炎、抗风湿、抗过敏、抗休克作用（妊娠奶牛禁用）。

（7）中兽药　中兽药是治疗奶牛消化系统疾病、呼吸系统疾病及某些慢性疾病的理想药物。中兽药毒副作用小，无药物残留，可替代抗生素应用。如中药方剂行气活血汤用于慢性奶牛子宫内膜炎治疗，中药方剂八珍散加味用于奶牛前胃弛缓的治疗等。

（8）兽用其他治疗药物　其他治疗奶牛疾病的药物，主要以对因、对症治疗为主。如防腐消毒药用于环境和牛体皮肤、黏膜消毒；健胃助消化药物治疗消化不良；强心利尿药、解热镇痛抗炎药用于对症治疗；局部用药用于局部的消炎等。如碘伏、碘酊、医用酒精用于奶牛皮肤、黏膜消毒；大黄苏打片、乳酸菌素用于治疗奶牛消化不良；氨基比林、安乃近用于解热镇痛的对症治疗；氨苄西林氯唑西林钠乳房注入液用于奶牛泌乳期乳房炎局部治疗等。

27. 规模化生态养奶牛如何正确使用抗微生物药物?

在自然界中，引起奶牛细菌性疾病的病原非常多，由其引起的疾病危害严重，如牛流行热、巴氏杆菌病、李氏杆菌病和传染性胸膜肺炎（牛肺疫）等，给养牛业造成了巨大的损失。药物预防和治疗是预防和控制细菌病的有效措施之一，尤其是对尚无有效的疫苗可用或免疫效果不理想的细菌病，在一定条件下采用药物预防和治疗，可收到显著的效果。在应用抗菌药物治疗奶牛疾病时，要综合考虑到病原菌、抗菌药物以及机体三者相互间对药物疗效的影响，科学合理地使用抗菌药物。

（1）根据抗菌谱和适应证选择抗菌药物　在病原确定的情况下应尽量使用窄谱抗菌药，如革兰氏阳性菌应尽可能选用青霉素类、大环内酯类和第一代头孢菌素类；革兰氏阴性菌应尽可能选用氨基糖苷类、氟喹诺酮类等。如果病原不明、混合感染或合并感染时，则可以选用广谱抗菌药或联合用药，如支原体合并感染大肠杆菌可选用四环素类、氟喹诺酮类或联合使用林可霉素和大观霉素等。用药前最好做药敏试验。细菌学诊断针对性更强，通过细菌的药敏试验以及联合药敏试验，其结果与临床疗效的吻合度可达 70% ～ 80%，而且目前药品种类繁多，同类疾病的可选药物有多种，但对于一个特定的牛群来说效果会不大一样。因此，应做好药敏试验再用药，同时也要掌握奶牛群的用药史以及过去的用药经验。

（2）根据药动学特性选择用药　对于肠道感染的疾病，应选择在胃肠道内不被破坏、吸收的药物，以使其在肠道内药物浓度最高，如氨基糖苷类、氨苄西林、磺胺脒等。泌尿道感染应选择以原型从泌尿道排出的抗菌药物，如青霉素类、链霉素、土霉素、氟苯尼考等。呼吸道感染应选择易吸收且在呼吸道和肺组织有选择性分布的抗菌药物，如达氟沙星、阿莫西林、氟苯尼考、替米考星等。

（3）剂量和疗程要准确　为了抑制或杀灭病原菌，抗菌药物必须在奶牛体内达到有效血药浓度并维持一段时间。一般要求血药浓度应高于最低抑菌浓度（MIC），但有剂量依赖性的氟喹诺酮类则应高出 8 ～ 10 倍疗效最佳。杀菌药疗程以 2 ～ 3 天为佳，抑菌药尤其是磺胺类疗程则应达到 3 ～ 5 天。每天用药剂量、次数、间隔时间等应按《兽药使用指南》规定，以期达到较好的疗效并避免耐药性的产生。切忌病情稍有好转即停用抗菌药，导致病情复发和耐药性的产生。

（4）正确联合使用抗菌药　在一些严重的混合感染或病原未明的病例，当使用一种抗菌药物无法控制病情时，可以适当联合用药，以扩大抗菌谱、增强疗效、减少用量、降低或避免毒副作用、减少或延缓耐药菌株的产生。目前一般将抗菌药分为四大类：第一类为繁殖期或速效杀菌剂，如青霉素类、头孢菌素类药物等；第二类为静止期杀菌剂，即慢效杀菌剂，如氨基糖苷类、多黏菌素类药物等；第三类为速效抑菌剂，如四环素类、大环内酯类、酰胺醇类药物等；第四类为慢效抑菌剂，如磺胺类药物等。第一类和第二类合用一般可获得增强作用，如青霉素和链霉素合用，前者破坏细菌细胞壁的完整性，使后者更易进入菌体内发挥作用。第一类与第三类合用则可出现拮抗作用，如青霉素与四环素合用，由于后者使细菌蛋白质合成受到抑制，细菌进入静止状态，因此青霉素便不能发挥抑制细胞壁合成的作用。第一类与第四类合用，可能无明显影响。第二类与第三类合用常表现为相加作用或协同作用。在联合用药时要注意可能出现毒性的协同或相加作用，而且也要注意药物之间理化性质、药物动力学和药效学之间的相互作用与配伍禁忌。

（5）避免耐药性的产生　随着抗菌药物的广泛使用，细菌耐药性的问题也日益严重，为防止耐药菌株的产生，临床防治疾病用药时应做到：一要严格掌握用药指征，不滥用抗菌药物，所用药物用量充足，疗程适当；二要单一抗菌药物有效时就不采用联合用药；三要尽可能避免局部用药和滥作预防用药；四要注意病因不明者，切勿轻易使用抗菌药物；五要尽量减少长期用药；六要确定为耐药菌株感染，应改用对病原菌敏感的药物或采取联合用药。对于抗菌药物添加剂也须强调合理使用，要改善饲养管理条件，控制药物品种和浓度，不用医用抗生素作动物药物添加剂；按照使用条件，用于奶牛；严格遵照休药期和应用限制，减少药物毒性作用和残留量。

28. 兽用抗菌药兽医临床使用指导原则的主要内容是什么?

（1）兽用抗菌药兽医临床应用基本原则　合理应用兽用抗菌药是提高疗效、降低不良反应发生率以及减少细菌耐药性发生的关键。兽用抗菌药兽医临床应用是否合理，基于以下两方面：一是有无抗菌药应用指征；二是选用的品种及给药方案是否适宜。

兽医临床应根据感染风险、危害严重程度、细菌耐药性、生态环境影响、经济学评估、动物源性食品安全和公共卫生安全等因素综合考虑是否预防使用抗菌药。预防用药须遵守《兽药管理条例》《兽用处方药和非处方药管理办法》等制度规定，遵循以下基本原则，杜绝非法使用人用抗菌药，超范围、超剂量不规范用药行为。

（2）兽用抗菌药治疗应用指导原则

①诊断为细菌性感染时使用抗菌药物。兽医开具兽用抗菌药使用处方前，必须进行临床诊断。根据患病动物的发病过程、临床症状、病理剖检、实验室检查或影像学等结果，诊断为细菌性感染时才能应用抗菌药进行治疗；由支原体、衣原体、螺旋体、立克次体及真菌等病原微生物所致的感染亦可应用抗菌药。缺乏细菌及上述病原微生物感染的证据，以及病毒感染时，不宜使用抗菌药治疗。

②查明感染病原，根据病原种类及药物敏感试验结果选用抗菌药。兽用抗菌药品种的选用，原则上应根据病原菌种类及病原菌对抗菌药敏感性，即细菌药物敏感试验以下简称药敏的结果而定。因此条件具备时，对兽医临床诊断为细菌性感染的动物应在使用抗菌药治疗前，及时采集样本进行病原学检测，以尽早明确病原菌和药敏结果。当以前使用过的抗菌药（老药）和拟新使用的抗菌药（新药）同时敏感时，应首选老药，并据此调整抗菌药治疗方案；人畜共用抗菌药和动物专用抗菌药同时敏感时，应首选动物专用抗菌药；当病原菌确定时，应优先选用窄谱抗菌药。

③兽用抗菌药的经验性治疗。兽医临床诊断为细菌性感染时，在未获知病原菌药敏结果前，可根据动物的感染部位、发病情况、抗菌药用药史及治疗反应等推测可能的病原体，并结合当地细菌耐药性监测数据，先给予抗菌药经验治疗，待获知病原学检测及药敏结果后，结合先前的治疗效果调整用药方案。

④依据抗菌作用及其药代动力学特点选择使用抗菌药。不同的抗菌药其药效学和药代动力学特点不同，因此有各自的临床适应证。临床兽医应根据抗菌药的药效学、药动学特点，按临床适应证（参见“各类抗菌药物简介”）正

确选用抗菌药。例如，动物肠道感染应选用内服吸收少的药物，如氨基糖苷类等；对动物的细菌性或支原体性肺炎的治疗，除选择对致病菌敏感的药物外，还应考虑选择能在肺组织中达到较高浓度的药物，如替米考星、泰妙菌素等。

⑤综合感染动物的病情、病原种类及抗菌药特点制订治疗方案。根据病原菌、感染部位、感染严重程度和患病动物的生理、病理状况制订抗菌药治疗方案，包括抗菌药的选用品种、剂量、给药途径、给药间隔、疗程及联合用药等。

A. 品种选择。根据病原菌种类及药敏结果尽可能选择抗菌活性强、窄谱、安全、价格适当的抗菌药物。进行经验治疗，可根据可能的病原菌及当地耐药状况选用抗菌药物。

当一个动物或一群动物复发需要使用抗菌药物治疗的感染时，应找出疾病复发的原因，努力改善不合理的生产方式或饲养管理，清除感染的细菌。尽量减少使用容易导致耐药性产生的抗菌药物。

禁止未经管理部门批准将人用抗菌药用于兽医临床。使用列入食品动物特殊使用级的抗菌药时，必须经过兽医的评估，有药敏试验依据和相关流行病学数据，且其他抗菌药无效果。

B. 给药剂量。按各种抗菌药的推荐治疗剂量或剂量范围给药。治疗重症感染（如败血症等）和抗菌药物不易达到的部位的感染（如中枢神经系统感染等），宜选用抗菌药物治疗剂量范围的高限；而治疗单纯尿道感染时，对于尿药浓度远高于血药浓度的抗菌药物，则可应用治疗剂量范围的低限。

C. 给药途径。重症感染、全身性感染可静脉注射给药，以确保快速产生药效；对于轻、中度症感染可肌内注射给药、皮下注射给药或内服给药。

尽量避免抗菌药物的局部应用：皮肤黏膜局部应用抗菌药物后，在感染部位有时不能达到有效浓度，反易引起过敏反应或导致耐药菌产生，因此治疗全身性感染或脏器感染时应避免局部应用抗菌药物。抗菌药的局部应用只限于少数情况，例如全身给药后在感染部位难以达到治疗浓度时可加用局部给药作为辅助治疗，或仅采用局部应用，例如奶牛乳腺炎。某些皮肤表层及口腔、阴道等黏膜表面的感染可采用抗菌药物局部应用或外用，但应避免将主要供全身应用的品种作局部用药。局部用药宜采用刺激性小、不易吸收、不易导致耐药性和不易致过敏反应的杀菌剂。

群体给药时，混饮或混饲给药必须要有兽医处方，必须有证据表明是细菌感染且需要治疗。混饮或混饲给药后必须持续监测并记录饲料或饮水中抗菌药物的量，严格遵守兽医确定的剂量和疗程。混饲给药要确保分布均匀，每个动物应能摄入足够治疗量的药物。

D. 给药间隔。为保证药物在体内能最大程度发挥药效，抑杀感染灶病原菌，应根据药动学和药效学相结合的原则，按国家兽药质量标准规定的给药间隔给药。

E. 疗程。抗菌药疗程因感染不同而异，但应充足。一般的感染性疾病可连续用药 3～5 天；支原体病等呼吸系统疾病的治疗要求疗程较长，一般需 5～7 天。症状消失后，最好再用药巩固 1 ～ 2 天。

F. 抗菌药联合应用。单一药物可有效治疗的感染，不须联合用药，仅在下列情况时有指征联合用药。病原菌尚未查明的严重感染；单一抗菌药不能控制的混合感染；单一抗菌药不能有效控制的重症感染；疗程较长的治疗，病原菌易对某些抗菌药物产生耐药性的感染，如深部真菌病。

（3）兽用抗菌药治疗性预防应用指导原则 ①治疗性预防用药的目的。预防特定病原菌所致、特定时间内或特定动物群体可能发生的感染。

②治疗性预防用药的指征。A. 用于尚无细菌感染征象但暴露于致病菌感染的高危动物群体。如养殖场出现感染动物，患病动物隔离并进行治疗时，对于已接触患病动物而临床无症状的动物群体，为防止疾病的扩散，可进行群体治疗性预防应用抗菌药。兽医应根据对整群动物病情发展的临床观察，合理进行防治并制定给药方案。

B. 针对某一特定时间动物可能发生的具有严重后果的感染。如动物经长途运输、转群和季节变化等外部因子可能导致的高风险机会感染或外科手术后，可应用抗菌药治疗性预防。鉴于抗菌药预防性治疗存在弊端，应尽可能采用更加合理的预防性管理措施来代替抗菌药。严禁在养殖任何时间段对无疾病风险的健康动物群体进行常规治疗性预防用药，更不能以大规模的用药治疗性预防来代替良好的饲养管理。

C. 治疗性预防用药时应积极纠正导致感染风险增加的原发疾病或基础状况。可以治愈或纠正者，治疗性预防用药价值较大；原发疾病不能治愈或纠正者，治疗性预防效果有限，应权衡利弊并谨慎考虑是否治疗性预防用药。

D. 动物群体在未出现明显症状的疾病感染早期或潜伏期，应及时采用适宜剂量抗菌药进行早期防治。

E. 病毒性疾病和其他非细菌性疾病不应使用抗菌药治疗性预防。

③抗菌药物的选择。

A. 根据动物可能发生的细菌感染、抗菌药的适应证和当地耐药流行监测情况，尽可能选择抗菌活性强、安全和经济的抗菌药，避免使用易引起交叉耐药的抗菌药。

B. 应避免将规定为人医极为重要的抗菌药如第三、四代头孢菌素类，氟喹诺酮类等用作治防用药。

C. 尽量选择单一抗菌药进行治防用药，避免不必要的联合用药。

D. 针对 1 种或两种最可能的细菌感染进行治防用药，不宜治防多种细菌的多部位感染。

④给药途径。

A. 结合疾病指征与药物的适应证、性质和药动学特征选择合理给药途径。

B. 群体性治疗性预防用药一般采用混饲和混饮给药，溶解性好且稳定的药物可采用混饮给药，难溶或不溶的药物则用混饲给药。个体性治疗性预防用药采用注射或局部给药。

C. 严禁将抗菌药物的原料和残渣直接添加到饲料和饮水用于疾病的治疗性预防。

⑤给药剂量。

A. 临床治疗性预防用药必须严格掌握剂量范围，应以达到有效防止病原侵袭和定植的药物浓度，并维持足够长的时间而不致引起毒副作用的剂量为佳。

B. 按标签用量规定使用，杜绝超剂量不规范使用。

⑥给药间隔。根据药物药代动力学和特定细菌疾病治防的需要拟定合理的给药间隔，以保证药物在体内最大程度地发挥药效，阻止病原菌在体内的侵袭和定植。

⑦给药疗程。根据疾病治防的需要合理控制用药时间，避免长时间地在饲料和饮水中低剂量添加抗菌药物用于群体疾病的治防。基于动物疾病防控的实际情况需要长时间治防用药时，应依据耐药监测结果和病情发展的状况更换抗菌药物品种。

⑧严格执行休药期。治防用药后应保证在屠宰前具有足够的休药期，严格控制抗菌药在畜禽体内的残留以确保动物性食品的安全。

⑨注重公共卫生安全。在畜禽养殖过程中根据动物疾病风险应负责任地谨慎选用适宜的抗菌药进行治疗性预防性用药，采用适宜的剂量、疗程和用药途径，避免在食品动物养殖过程中过量使用甚至滥用抗菌药物，减少抗菌药物对人类健康和生态环境的潜在威胁。基于公共卫生安全的考虑，抗菌药物混饲或混饮时宜选用主要通过肾清除的药物而非大量通过粪便（胆汁和肠细胞）排泄的药物，避免排泄的原型化合物及其活性代谢产物引起肠道正常菌群的耐药性。

29. 牛寄生虫病的治疗原则是什么？

牛寄生虫病的治疗原则主要包括预防和控制传染源、切断传播途径、保护易感动物。

（1）预防和控制传染源　在疫区，应禁止放牧，推广舍饲，并对粪便进行无害化处理以消灭虫卵。同时，对饲养在血吸虫病等人畜共患寄生虫病疫区或受威胁区的牛只，应按有关规定进行血吸虫病等寄生虫病检查，确诊后进行化疗。治疗药物主要选择吡喹酮，用量为 30 毫克 / 千克体重，一次口服。对新感染牛和未治愈牛及时治疗，病牛必须彻底治愈后才能出卖或调运。

（2）切断传播途径　采取综合措施消灭中间宿主，如钉螺等。

（3）保护易感动物　通过检测后，一旦确定寄生虫感染种类，应及时合理选择针对性药物，提高用药效率和成功率，以防止大范围扩散。药物选择应遵守广谱性、低毒性和残留低的原则，避免对牛产品品质的二次影响。常用的药物包括阿维菌素类药物、柳胺类药物和广谱驱虫药物的复方制剂，这些药物可以防治牛体内外常见的寄生虫病。

此外，对于常见的牛体内外寄生虫，可以使用阿维菌素透皮溶液或阿苯达唑伊维菌素粉进行驱虫，以避免打针应激和口服对肝肾和胃肠道的毒性。使用这些药物时，应注意按照说明书上的标准剂量使用，并在驱虫前进行小范围测试以观察牛的反应。

30. 常用抗寄生虫药物有哪些种类？使用时有哪些要求？

抗寄生虫药物是指用来驱除或杀灭体内外寄生虫的物质。

牛常用的抗寄生虫药物包括抗蠕虫药，如驱线虫药、驱绦虫药和驱吸虫药等；抗原虫药，如抗球虫药、抗锥虫药、抗梨形虫药和抗滴虫药等；杀虫药，如有机磷杀虫剂、拟除虫菊酯类杀虫药、甲脒类杀虫药和其他杀虫药等。

临床使用抗寄生虫药物时，要严格按照下列要求操作，确保生态养牛生态环保、产品安全。

（1）准确选择药物　理想的抗寄生虫药应具备安全、高效、价廉、适口性好、使用方便等特点。目前，虽然尚无完全符合以上条件的抗寄生虫药，但仍可根据药品的供应情况、经济条件及发病情况等，选用比较理想的药物来防治寄生虫病。首选对成虫、幼虫、虫卵有抑杀作用且对动物机体毒性小及不良反应轻微的药物。由于动物寄生虫感染多为混合感染，可考虑选择广谱抗寄生虫药物。而且在用药过程中，不仅要了解寄生虫的寄生方式、流行特点、季节动态、感染强度和范围等信息，还要充分考虑宿主的功能状态、对药物的反应等。只有正确认识药物、寄生虫和宿主三者之间的关系，熟悉药物的理化性状，采用合理的剂型、剂量和治疗方法，才能达到最好的防治效果。

（2）选择适宜的剂型和给药途径　由于抗寄生虫药的毒性较大，为提高驱虫效果、减轻毒性和便于使用，应根据动物的年龄、身体状况确定适宜的给药剂量，兼顾既能有效驱杀虫体，又不引起宿主动物中毒这两方面。如消化道内寄生虫可选用内服剂型，消化道外寄生虫可选择注射剂型，体表寄生虫可选外用剂型。

（3）做好相应准备工作　驱虫前做好药物、投药器械（注射器、喷雾器等）及栏舍的清理等准备工作；在对大批牛进行驱虫治疗或使用数种药物混合治疗之前，应先使少数牛预试，注意观察反应和药效，确保安全有效后再全面使用。此外，无论是大批投药，还是预试驱虫，均应了解驱虫药物特性，备好相应解毒药品。在使用驱虫药的前后，应加强对牛的护理观察，一旦发现体弱、患病的牛，应立即隔离、暂停驱虫；投药后发现有异常或中毒的牛应及时抢救；要加强对牛粪便的无害化处理，以防病原体扩散；搞好牛圈舍清洁、消毒工作，对用具、饲槽、饮水器等设施定期进行清洁和消毒。

（4）适时投药　寄生虫病重在预防，要根据当地寄生虫的流行特点选择适当的时间和药物进行驱虫。肉牛场一般在春秋两季选用广谱驱虫药集中两次驱虫，新引进的肉牛观察 1～2 周后集中驱虫。肉牛在育肥前可以选用丙硫咪唑、左旋咪唑、伊维菌素、阿维菌素等驱除线虫、绦虫、吸虫 1～2 次，提高育肥效果。

奶牛场每年春秋两季全群驱虫，对于饲养环境较差的养殖场（户），每年在 5—6 月增加驱虫 1 次。犊牛在断奶前后必须进行保护性驱虫，防止断奶后产生的营养应激，诱导寄生虫的侵害。种公牛每年必须保持 4 次驱虫，以保证优良的健康状况。母牛要在进入围产前进行驱虫，以保证母牛和犊牛免受寄生虫的侵害。育成奶牛在配种前应当驱虫，以提高受胎率。新进奶牛进场后必须驱虫并隔离 15 天后再合群。转场或转舍前必须进行驱虫，减少对新舍（场）的污染。

（5）避免寄生虫产生耐药性　反复或长期使用某些抗寄生虫药物，容易使寄生虫产生不同程度的耐药性。目前，世界各地均有耐药寄生虫株出现，这种耐药虫株不但使原有的抗寄生虫药合理使用治疗无效，而且还可产生交叉耐药性，降低驱（杀）虫效果。因此，应经常更换使用不同类型的抗寄生虫药物，以减少或避免耐药虫株的产生。

（6）保证人体健康　有些抗寄生虫药物在动物体内的分布和在组织内的残留量及维持时间的长短，对人体健康关系十分重要。有些抗寄生虫药物残留在供人食用的肉产品中能危害人体健康，造成严重的公害现象。因此，许多国家为了保证人体健康，制定了允许残留量的标准（高于此标准即不能上市出售）和休药期（即上市前停药时间），以免对人体造成不利影响，因此应注意在规定的休药期禁止用药。

31. 苯并咪唑类驱线虫药物有哪些？如何正确使用？

苯并咪唑类驱线虫药物主要有阿苯达唑、芬苯达唑、奥芬达唑和奥苯达唑等。

（1）阿苯达唑　阿苯达唑对牛大多数胃肠道寄生虫成虫及幼虫均有良好的驱除效果，通常低剂量对艾氏毛圆线虫、蛇形毛圆线虫、肿孔古柏线虫、牛仰口线虫、奥氏奥斯特线虫、乳突类圆线虫、捻转血矛线虫成虫即有极佳的驱除效果。高限剂量不仅能驱净上述多数虫种幼虫，而且对辐射食道口线虫、细颈线虫、网尾线虫、莫尼茨绦虫、片形吸虫、巨片吸虫成虫也有极好的效果。本品通常对皱胃、小肠内未成熟虫体有良效，但对盲肠和大肠内未成熟虫体，以及片形吸虫童虫效果极差。阿苯达唑对牛毛首鞭形线虫、指状腹腔丝虫、前后盘吸虫、胰阔盘吸虫和野牛平腹吸虫效果极差或基本无效。

使用阿苯达唑需要注意的是，阿苯达唑是苯并咪唑类驱虫药中毒性较大的一种，应用治疗量虽不会引起中毒反应，但连续超剂量给药，有时会引起严重反应。加之，我国应用的剂量比欧美推荐量（5～7.5毫克/千克）高，选用时更应慎重。此外，连续长期使用，能使蠕虫产生耐药性，并且有可能产生交叉耐药性。由于动物试验证明阿苯达唑具胚胎毒性及致畸作用，因此，牛在妊娠45天内禁用本品。

在使用常用制剂中的阿苯达唑片、阿苯达唑粉、阿苯达唑混悬液、阿苯达唑颗粒时，以阿苯达唑计，内服，一次量，每1千克体重，牛10～15毫克。休药期，阿苯达唑片、阿苯达唑混悬液、阿苯达唑颗粒，牛14日；弃奶期60小时。阿苯达唑粉，牛14日；弃奶期2.5日。使用阿苯达唑伊维菌素片时，以本品计，内服，一次量，每1千克体重，牛0.03片，休药期，牛35日。

（2）芬苯达唑　对牛的驱虫谱大致与绵羊相似。如对血矛线虫、奥斯特线虫、毛圆线虫、仰口线虫和前后盘吸虫童虫，则须应用7.5～10毫克/千克剂量，连用6天，才能有效。芬苯达唑对线虫还有抑制产卵作用。一次用药，22～36小时后粪便中即无虫卵排出。

牛常用的芬苯达唑制剂有：①芬苯达唑片，以芬苯达唑计，内服，一次量，每 1 千克体重，牛 5 ～ 7.5 毫克，连用 3 日。休药期，牛 21 日；弃奶期 7 日。

②芬苯达唑粉（国产），以芬苯达唑计，内服，一次量，每 1 千克体重，牛 5 ～ 7.5 毫克，连用 3 日。休药期，牛 14 日；弃奶期 120 小时。

③芬苯达唑颗粒，以芬苯达唑计，内服，一次量，每 1 千克体重，牛 5 ～ 7.5 毫克。休药期，牛 14 日；弃奶期 7 日。

④芬苯达唑伊维菌素片，以本品计，内服，一次量，每 1 千克体重，牛 5.25 ～ 7.875 毫克。休药期，牛 35 日。

（3）奥芬达唑　奥芬达唑对牛奥斯特线虫、血矛线虫、毛圆线虫、古柏线虫、仰口线虫、食道口线虫和网尾线虫成虫及幼虫、贝氏莫尼茨绦虫均有高效。

使用奥芬达唑片，以奥芬达唑计，内服，一次量，每 1 千克体重，牛 5 毫克。休药期，牛 7 日。

奥芬达唑颗粒，以奥芬达唑计。内服，一次量，每 1 千克体重，牛 5 毫克。休药期，牛 7 日。

（4）奥苯达唑　奥苯达唑对牛血矛线虫、奥斯特线虫、毛圆线虫、类圆线虫、细颈线虫、古柏线虫、仰口线虫、毛细线虫、毛首鞭形线虫成虫和幼虫以及食道口线虫成虫均有高效。但对莫尼茨绦虫作用不强。

奥苯达唑片，以奥苯达唑计，内服，一次量，每 1 千克体重，牛 10 ～ 15 毫克。休药期，28 日。

32. 如何正确使用左旋咪唑给牛驱虫？

左旋咪唑对反刍动物寄生线虫成虫高效的虫体有：皱胃寄生虫（血矛线虫、奥斯特线虫）、小肠寄生虫（古柏线虫、毛圆线虫、仰口线虫）、大肠寄生虫（食道口线虫）和肺寄生虫（网尾线虫）。一次内服或注射，对上述虫体成虫驱除率均超过 96%。除艾氏毛圆线虫外，其疗效均超过噻苯达唑。对毛首鞭形线虫作用不稳定，但对古柏线虫以及肺线虫未成熟虫体几乎能全部驱净。对奥斯特线虫、血矛线虫未成熟虫体亦有 87% 以上驱除效果。

对牛眼虫除内服或皮下注射外，还可以 1% 溶液 2 毫升直接注射于结膜内治疗。

由于左旋咪唑对动物机体有拟胆碱样作用，因此在应用有机磷化合物或乙胺嗪 14 天内，禁用本品。本品不宜与四氯乙烯合用，以免增加毒性。左旋咪唑对牛的安全范围不广，特别是注射给药，时有发生中毒甚至死亡事故。

应用左旋咪唑引起的中毒症状（如流涎、排便、呼吸困难、心率变慢）与有机磷中毒相似，此时可用阿托品解毒，若发生严重呼吸抑制，可试用加氧的人工呼吸法解救。盐酸左旋咪唑注射时，对局部组织刺激性较强，反应严重，而磷酸左旋咪唑刺激性稍弱，故国外多用磷酸盐专用制剂，供皮下、肌内注射，但仍出现短暂的轻微局部反应。为安全计，妊娠后期牛，去势、去角、接种疫苗等应激状态下，不宜采用注射给药法。牛泌乳期禁用。

盐酸左旋咪唑片，以左旋咪唑计，内服，一次量，每 1 千克体重，牛 7.5 毫克。休药期，牛 2 日。

盐酸左旋咪唑注射液，以左旋咪唑计，皮下、肌内注射，一次量，每 1 千克体重，牛 7.5 毫克。休药期，牛 14 日。

盐酸左旋咪唑粉，以左旋咪唑计，内服，一次量，每 1 千克体重，牛 7.5 毫克。休药期，牛 2 日。

磷酸左旋咪唑注射液，注射剂量同盐酸左旋咪唑注射液。

33. 有机磷类驱线虫药物有哪些？如何正确使用？

（1）精制敌百虫　治疗量对牛血矛线虫、辐射食道口线虫、奥氏奥斯特线虫、艾氏毛圆线虫、牛弓首蛔虫、牛皮蝇蛆有高效，但牛必须在灌药前先灌服 10% 碳酸氢钠或硫酸钠溶液 60 毫升，关闭食管沟，否则效果较差。据国内经验，对水牛血吸虫病，按 15 毫克 / 千克日量内服（极量 4.5 克），连用 5 天，效果良好，但对黄牛效果不佳。

由于牛对反应严重，且投药方法烦琐，除特殊情况通常以不用为宜。

由于对宿主胆碱酯酶亦存在抑制效应，因此，在用药前后 2 周内，牛不宜接触其他有机磷杀虫剂、胆碱酯酶抑制剂（毒扁豆碱、新斯的明）和肌松药，否则毒性大为增强。由于碱性物质能使迅速分解成毒性更大的敌敌畏，因此忌用碱性水质配制药液，并禁与碱性药物配伍用。

反刍动物对精制敌百虫较敏感，常出现明显中毒反应，应慎用。肌内注射时，中毒反应更为严重，加之我国暂无正式批准的注射剂上市，应废止此种用药方法。中毒症状，主要为腹痛、流涎、缩瞳、呼吸困难、大小便失禁、肌痉挛、昏迷直至死亡；轻度中毒，通常动物能在数小时内自行耐过；中度中毒应用大剂量阿托品解毒；严重中毒病例，应反复应用阿托品（0.5 ～ 1 毫克 / 千克）和解磷定（15 毫克 / 千克）解救。极度衰弱以及妊娠动物应禁用，用药期间应加强动物护理。

精制敌百虫片，以敌百虫计。常用量，内服，一次量，每1千克体重，牛20～40毫克。极量，内服，一次量，牛15克。外用，配成1%溶液（以百虫计）。休药期，28日。

精制敌百虫粉，以敌百虫计。常用量，内服，一次量，每1千克体重，牛20～40毫克。极量，内服，一次量，牛15克。休药期，28日。

（2）哈乐松　哈乐松对反刍动物毒性较小，是牛、羊专用的有机磷驱虫药。主要驱除皱胃、小肠寄生线虫，对大肠寄生虫作用弱。

哈乐松对牛的驱虫作用与羊相似，但效果稍差。治疗量对血矛线虫成虫、古柏线虫成虫及幼虫、牛弓首蛔虫成虫的减虫率接近100%，对毛圆线虫、奥氏奥斯特线虫、辐射食道口线虫成虫有90%驱虫效果；对细颈线虫作用不稳定，对仰口线虫无效。

哈乐松虽与哺乳动物胆碱酯酶结合物不太稳定而毒性较低，但在用药期间仍应避免与胆碱酯酶抑制剂（如有机磷杀虫药、肌松药以及新斯的明等）并用。由于乳汁中残留药物，泌乳牛禁用。妊娠后期（产前4周）母牛，禁用。

（3）蝇毒磷　是为数不多的能用于泌乳动物的驱虫药。25毫克/千克高剂量混饲或者内服，对牛血矛线虫、毛圆线虫、古柏线虫、毛首鞭形线虫、毛细线虫、乳突类圆线虫有高效，但上述剂量（特别是灌服）对牛已出现明显中毒反应而很少应用。通常推荐量为2毫克/（千克·天），连喂6天，即对血矛线虫、古柏线虫、毛圆线虫、毛首鞭形线虫、食道口线虫、细颈线虫产生良好的驱虫效果。但对仰口线虫以及多数虫种幼虫效果极差或无效。

外用0.05%蝇毒磷药浴或喷淋，可杀灭牛体表的螨、虱、蝇、牛皮蝇蛆和创口蛆等。

禁止与有机磷化合物以及其他胆碱酯酶抑制剂并用。蝇毒磷安全范围较窄，特别是水剂灌服时毒性更大。通常2倍治疗量即引起牛、羊中毒，甚至死亡，因此，反刍动物多推荐低剂量连续喂饲法。

灌服蝇毒磷溶液时，牛必须先灌服10%碳酸氢钠60毫升使食管沟关闭，药液直接进入皱胃，否则影响药效。

34. 怎样正确使用伊维菌素给牛驱虫?

伊维菌素广泛用于牛的胃肠道线虫、肺线虫和寄生节肢动物驱虫。伊维菌素按0.2毫克/千克量给牛内服或皮下注射，对血矛线虫、奥斯特线虫、古柏线虫、毛圆线虫（包括艾氏毛圆线虫）、圆形线虫、仰口线虫、细颈线虫、毛首鞭形线虫、食道口线虫、网尾线虫等都有良好的驱虫效果。上述剂量对节肢动物亦很有效，如蝇蛆（牛皮蝇、纹皮蝇）、（牛疥螨）和虱（牛颚虱、牛血虱）等。

伊维菌素对蜱以及粪便中繁殖的蝇也极有效，药物虽不能立即使蜱死亡或肢解，但能影响摄食、蜕皮和产卵，从而降低生殖能力。一次给动物皮下注射0.2毫克/千克或每天喂低浓度（0.01毫克/千克）药物后5天时，蜱出现上述现象最为明显。按0.2毫克/千克剂量一次皮下注射对在粪便中繁殖的蝇也有一定的控制作用，牛用药9天后其粪便中面蝇（皮肤蝇）、秋家蝇幼虫不能发育成虫，再过5天，由于蛹的畸形和成虫成熟过程受阻而使蝇的繁殖大为减少，对血蝇（扰血蝇）用上述剂量，4周后情况相似。

伊维菌素虽较安全，除内服外，仅限于皮下注射，因肌内、静脉注射易引起中毒反应。每个皮下注射点，亦不宜超过10毫升。含甘油缩甲醛和丙二醇的国产伊维菌素注射剂，仅适用于牛等，用于犬和马时易引起严重局部反应。伊维菌素对线虫，尤其是节肢动物产生的驱除作用缓慢，有些虫种，要数天甚至数周才能出现明显药效。阴雨、潮湿及严寒天气均影响0.5%伊维菌素浇泼剂的药效；牛皮肤损害时（蜂、疥螨）能使毒性增强。

伊维菌素注射液，以伊维菌素计。皮下注射，一次量，每1千克体重，牛0.2毫克。休药期，牛35日。

伊维菌素浇泼剂，背部浇泼，每1千克体重，牛0.5毫克。FDA（美国食品药品监督管理局）批准用于牛（禁用于哺乳期奶牛）。休药期48日。奶牛的休药期尚未制定。

35. 怎样正确使用阿维菌素给牛驱虫？

阿维菌素对动物的驱虫谱与伊维菌素相似，以牛为例，以推荐剂量（200克/千克）给牛皮下注射，几乎能驱净的虫体有：奥氏奥斯特线虫（成虫、第4期幼虫、蛰伏期幼虫）、柏氏血矛线虫（成虫、第4期幼虫）、艾氏毛圆线虫（成虫）、古柏线虫（成虫、第4期幼虫）、绵羊夏伯特线虫（成虫）、辐射食道口线虫（成虫、第4期幼虫）、胎生网尾线虫（成虫、第4期幼虫）。

阿维菌素至少在用药7天内能预防奥斯特线虫、柏氏血矛线虫、古柏线虫、辐射食道口线虫的重复感染，对胎生网尾线虫甚至能保持药效14天。对牛颚虱的驱除能保持药效56天以上。阿维菌素对微小牛蜱吸血雌蜱的驱除效应至少维持21天，而且能使残存雌蜱产卵减少。

阿维菌素对某些在厩粪中繁殖的双翅类幼虫也极有效，如给牛一次性皮下注射200皮克/千克，据粪便检查，至少在21天内能阻止水牛蝇（东方血蝇）

的发育。

需要注意的是，阿维菌素的毒性较伊维菌素强。其性质不太稳定，特别对光线敏感，迅速氧化灭活。因此，阿维菌素的各种剂型，更应注意贮存使用条件。阿维菌素的其他注意事项可适当参考伊维菌素内容。牛泌乳期禁用。

阿维菌素透皮溶液。浇注或涂擦，一次量，牛每1千克体重0.1毫升，由肩部向后沿背中线浇注。休药期，牛42日。

36. 莫昔克丁对牛有什么用途？

牛主要用莫昔克丁注射剂和浇泼剂，对奥氏奥斯特线虫成虫和幼虫、牛仰口线虫成虫及第4期幼虫、琴形奥斯特线虫、柏氏血矛线虫、艾氏毛圆线虫、蛇形毛圆线虫、无色毛首鞭形线虫、辐射食道口线虫和胎生网尾线虫等有良好的驱虫效果。

对吸吮性外寄生虫，如牛血虱、牛颚虱、牛管虱和牛纹皮蝇蛆有效率达99%～100%。浇泼剂对牛毛虱的效果更优于注射剂。牛应用浇泼剂后，6小时内不能雨淋。注射液只适用于肉牛和非泌乳牛。

莫昔克丁浇泼溶液外用，沿着奶牛背脊从鬐甲到尾根倾注。以莫昔克丁计，每千克体重0.5毫克。弃奶期0日。

37. 怎样用枸橼酸乙胺嗪给牛驱除肺线虫？

枸橼酸乙胺嗪对牛网尾线虫（肺线虫），特别是成虫驱除效果极佳，因此适用于早期感染，但通常必须每天1次，连用3日。

常用剂型为枸橼酸乙胺嗪片。以枸橼酸乙胺嗪计，内服，一次量，每1千克体重，牛20毫克。休药期，牛28日。弃奶期7日。

38. 牛常用的抗绦虫药有哪些？怎样正确使用？

（1）氯硝柳胺　氯硝柳胺主要用于牛、羊的莫尼茨绦虫和无卵黄腺绦虫感染。较大剂量对牛、羊、鹿的继体绦虫也极有效。氯硝柳胺对绦虫头节和体节具有同样的驱除效果。在给药前，应隔夜禁食。

常用剂型为氯硝柳胺片。以氯硝柳胺计，内服，一次量，每1千克体重，牛40～60毫克。休药期，牛28日。

（2）吡喹酮　10～25毫克/千克日量，连用4日，或一次内服50毫克/千克，对牛细颈囊尾蚴、耕牛血吸虫有高效。

本品毒性虽极低，但高剂量偶可使动物血清谷丙转氨酶轻度升高。治疗血吸虫病时，个别牛会出现体温升高、肌肉震颤和瘤胃臌胀等现象。

吡喹酮片，以吡喹酮计，内服，一次量，每 1 千克体重，牛 10～35 毫克。休药期，牛 28 日；弃奶期 7 日。

吡喹酮粉，以吡喹酮计，内服，一次量，每 1 千克体重，牛 10～35 毫克。休药期，28 日；弃奶期 7 日。

39. 牛常用的抗吸虫药有哪些？怎样正确使用？

（1）*硝氯酚*　硝氯酚是比较理想的驱牛片形吸虫药。硝氯酚配成溶液给牛灌服前，若先灌服浓氯化钠溶液，能反射性使食管沟关闭，使药物直接进入皱胃，虽增强驱虫效果，但同时亦因增加了毒副作用的发生率，而不宜采用。硝氯酚中毒时，禁用钙剂静注。

治疗量对动物比较安全，过量引起的中毒症状（如发热、呼吸困难、窒息），可根据症状选用安钠咖、毒毛旋花子苷、维生素 C 等治疗。硝氯酚注射液给牛注射时，用药更方便，用量更少，但用时必须根据体重精确计量，以防中毒。

硝氯酚片，以硝氯酚计。内服，一次量，每 1 千克体重，黄牛 3～7 毫克；水牛 1～3 毫克。休药期，牛 28 日。

硝氯酚伊维菌素片，以硝氯酚计，内服，一次量，每 1 千克体重，牛 3 毫克。休药期，35 日。

阿苯达唑硝氯酚片，以硝氯酚计，内服，一次量，每 1 千克体重，牛 4～6 毫克。休药期，28 日。

（2）*碘醚柳胺*　对牛、羊片形吸虫驱除效果好。还可用于治疗血矛线虫病和羊鼻蝇蛆。

与噻苯达唑合用，治疗牛、羊的片形吸虫病和胃肠道线虫病，不改变两者的安全系数。为彻底消除未成熟虫体，用药 3 周后，最好再重复用药 1 次。

常用剂型有碘醚柳胺混悬液、碘醚柳胺片、碘醚柳胺粉。以碘醚柳胺计，内服，一次量，每 1 千克体重，牛 7～12 毫克。休药期，牛 60 日。

（3）*氯氰碘柳胺钠*　主要用于牛、羊杀片形吸虫药。对多效胃肠道线虫，如血矛线虫、仰口线虫、食道口线虫等驱除率也很高。注射剂对局部组织有一定的刺激性。

氯氰碘柳胺钠注射液，以氯氰碘柳胺计，皮下或肌内注射，一次量，每 1 千克体重，牛 2.5～5 毫克。休药期，牛 28 日。弃奶期 28 日。

阿维菌素氯氰碘柳胺钠片，以本品计，内服，一次量，每 1 千克体重，牛

0.1 片。休药期，牛 35 日。

（4）三氯苯达唑　对牛、绵羊、山羊等反刍动物片形吸虫有良好的驱虫效果。治疗急性片形吸虫病，5 周后应重复用药 1 次。

三氯苯达唑片和三氯苯达唑颗粒，以三氯苯达唑计，内服，一次量，每 1 千克体重，牛 12 毫克。休药期，牛 56 日。

（5）羟氯扎胺　用于治疗牛片形吸虫病。

给药后动物可能会出现轻微的粪便软化、排便次数增多、短暂的食欲不振或腹泻等症状，停药后恢复正常。过量使用本品可能引起动物相对增重率下降。在正常剂量下，本品对存在于肝组织中的未成熟吸虫没有活性。

羟氯扎胺混悬液，以羟氯扎胺计，内服，一次量，每 1 千克体重，牛 100 毫克。休药期，牛 28 日，弃奶期 72 小时。

40. 怎样使用托曲珠利给牛驱球虫?

托曲珠利可用于防治犊牛的球虫病。对哺乳动物的球虫、住肉孢子虫和弓形虫感染等有效。连续使用易使球虫产生耐药性，与地克珠利存在交叉耐药性现象。建议连续应用不得超过 6 个月。托曲珠利在水溶液中不稳定，宜现配现用，并在短时间内饮服完毕。

托曲珠利的主要代谢产物为托曲珠利砜，该成分稳定（半衰期＞ 1 年）而且能溶于土壤中，该成分对植物有毒性。对用药后牛的粪便，应用至少 3 倍重量的未用药牛便进行稀释后才能排放到土壤中。

托曲珠利混悬液（进口）。以托曲珠利计，内服，一次量，犊牛，每 1 千克体重 15 毫克。休药期，牛 63 日。

41. 怎样正确使用抗锥虫药喹嘧胺?

喹嘧胺的抗锥虫作用谱较广，对伊氏锥虫、马疫锥虫、刚果锥虫、活跃锥虫作用明显，但对布氏锥虫作用较差。临床主用于防治牛的伊氏锥虫病等。

本品具有一定的毒性作用，在用药后必须注意观察，必要时可注射阿托品及采用其他支持与对症疗法。严禁采用静脉注射。在皮下或肌内注射时，常见注射部位出现肿胀，甚至引起硬结，经 3 ～ 7 日可消退。当用量过大时，宜分点多次注射。宜现用现配。

注射用喹嘧胺，以有效成分计，肌内、皮下注射，一次量，每 1 千克体重，牛 4 ～ 5 毫克。临用前用灭菌注射用水配成 10% 混悬液，现配现用。休药期，牛 28 日（暂定），弃奶期 7 日（暂定）。

42. 常用抗梨形虫药有哪些?

(1)三氮脒(贝尼尔) 对不同种属梨形虫的效果不一。对牛双芽巴贝斯虫,疗效很好。对多数梨形虫的预防效果不佳,例如对分歧巴贝斯虫、牛巴贝斯虫的抗虫作用较差。

本品的毒性较大,安全范围窄,在治疗量时亦会出现不良反应,但通常能自行耐过。马的不良反应比牛更为严重。三氮脒注射液对局部肌肉组织的刺激性较强,大剂量应分点深部肌内注射。水牛较黄牛敏感,在连续应用时极易出现毒性反应。大剂量三氮脒能引起乳牛的产奶量减少。

注射用三氮脒,以三氮脒计,肌内注射,一次量,每 1 千克体重,牛 3 ~ 5 毫克。临用前配成 5% ~ 7% 溶液。休药期,牛 28 日;弃奶期 7 日。

(2)双脒苯脲(咪多卡) 对牛的多种巴贝斯虫均有良好的预防效果,例如给牛一次注射 2 毫克 / 千克体重,可保护牛群不受牛双芽巴贝斯虫、牛分歧巴贝斯虫、阿根廷巴贝斯虫侵害,而不影响牛群对虫体的免疫力。用本药治疗时,对巴贝斯虫的疗效优于其他药物。

本品的毒性虽比其他抗梨形虫药低,但 2 毫克 / 千克体重的剂量能使半数牛出现胆碱酯酶抑制症状(如咳嗽、肌肉震颤、流涎、疝痛),但可在短时间内恢复;若反应严重,可用小剂量阿托品解除。由于本品对宿主具抗胆碱酯酶作用,因此,禁与胆碱酯酶抑制剂(如有机磷杀虫药等)联合应用。本品禁止经静脉注射,否则会引起强烈反应,甚至致死。较高剂量注射时,对局部肌肉组织有较大刺激性。为彻底清除机体的带虫状态,本品宜在用药 14 日后,再重复用药 1 次。

二丙酸咪多卡注射液,以咪多卡计,皮下注射,治疗用量为每 1 千克体重,肉牛 0.85 毫克(相当于每 100 千克体重,肉牛 1 毫升);预防用量为每 1 千克体重,肉牛 2.125 毫克(相当于每 100 千克体重,肉牛 2.5 毫升)。休药期,牛 224 日。

(3)盐酸吖啶黄(曾用名黄色素、锥黄素) 吖啶黄对牛双芽巴贝斯虫、牛巴贝斯虫均有作用,但对泰勒虫和无浆体无效。在梨形虫发病季节,吖啶黄可每月注射 1 次,有良好的预防效果。由于吖啶黄对革兰氏阳性菌有较强抑菌效应,至今仍广泛用于外伤、子宫及阴道内冲洗(0.1% 溶液制剂)。

本品须经静脉注射给药,为防止出现全身反应,静脉注射速率宜缓慢;对于体质虚病畜,可将一次用量分两次应用,间隔 12 小时。盐酸吖啶黄注射液对局部肌肉组织具有强烈的刺激性,静脉注射时切勿漏出血管。

盐酸吖啶黄注射液，以盐酸吖啶黄计，静脉注射，一次量，每 1 千克体重，牛 3 ～ 4 毫克（极量 2 克）。

（4）青蒿琥酯　可用于防治牛泰勒虫和双芽巴贝斯虫感染。还能杀灭红细胞内的配子体，减少细胞分裂及虫体代谢产物的致热原作用。对试验动物具有明显的胚胎毒作用，妊娠畜慎用。

青蒿琥酯片，以青蒿琥酯计，内服，一次量，每 1 千克体重，牛 5 毫克。1 日 2 次，首次量加倍。连用 2 ～ 4 日。

第五章　规模化生态养牛常见传染病的防控

1. 牛口蹄疫的诊断要点有哪些?

（1）*病原及流行特点*　由口蹄疫病毒引起。我国农业农村部将其定为一类动物疫病，其传播迅速，流行范围广。

从流行毒株看，2005—2008 年国内流行口蹄疫的血清型为 Asia1 型。2009 年流行的血清型为 Asia1 型和 A 型，且当年两者引发疫情的次数相当。2010—2012 年流行口蹄疫的血清型为 O 型。2013—2020 年流行的血清型为 O 型和 A 型。其中 A 型口蹄疫 Sea-97 毒株 G1 分支于 2009 年由东南亚跨区域传播至中国；A 型 Sea-97 毒株 G2 分支于 2013 年由东南亚传至国内，当年引起的疫情达 17 起，此后国内的 A 型疫情均由本毒株引起。

而对于 O 型口蹄疫，则不断有新毒株传入国内。2010 年由 O 型东南亚拓扑型缅甸 98 毒株（O/MYA98）引起牛、羊、猪的疫情大范围流行。2011 年，境外传入的 PanAsia 毒株首先在贵州省天柱县引发疫情，之后该毒株在国内不断引起牛、猪发病。2017 年又有 Ind2001 毒株传入国内，且当年在新疆引发 2 起疫情。而在 2018 年出现了 O/Ind-2001、O/PanAsia、O/Mya-98、O/CATHAY、A 型 Sea-97 毒株 G2 分支同时引发疫情的局面，是近年来我国口蹄疫流行毒株最复杂的一年。

纵观近年国内疫情状况，Asia1 型已由免疫无疫过渡到非免疫无疫，A 型趋于控制，而 O 型散发、毒株复杂、防控难度大。

偶蹄动物，包括牛科动物（牛、瘤牛、水牛、牦牛）、绵羊、山羊、猪及所有野生反刍和猪科动物均易感，驼科动物（骆驼、单峰骆驼、美洲驼、美洲骆马）易感性较低。传染源主要为潜伏期感染及临床发病动物。感染动物呼出物、唾液、粪便、尿液、乳、精液及肉和副产品均可带毒。康复期动物可带毒。易感动物可通过呼吸道、消化道、生殖道和伤口感染病毒，通常以直接或间接接触（飞沫等）方式传播，或通过人或犬、蝇、蜱、鸟等动物媒介，或经车辆、器具等被污染物传播。如果环境气候适宜，病毒可随风远距离传播。

以往，口蹄疫的流行具有明显的季节性特点，表现为秋季开始、冬春季加剧、夏季基本平息；然而从近年口蹄疫发病月份的统计数据来看，其在夏季并未表现出减弱的态势。因此，对于口蹄疫来说，在人为因素的干预下，季节性发病的特点已不明显。因此，对口蹄疫的易感动物需要按免疫程序常年进行口蹄疫疫苗免疫接种，而不能再实行季节性免疫。

（2）临床症状及病理变化　病牛体温升高达 40 ～ 41℃，食欲不振，精神沉郁，呆立；流涎，1 ～ 2 天后，在唇部、舌面、齿龈、鼻镜、蹄踵、蹄叉、乳房等部位发生蚕豆至核桃大的水疱并很快破裂，形成边缘整齐的红色糜烂，如继发细菌感染，即发生溃疡。在口腔发生水疱的同时，趾间和蹄冠皮肤红、肿，进而色苍白，形成水疱，水疱破溃后留下红色糜烂面，以后结痂，如有细菌感染，则发生化脓，蹄不能着地，甚至蹄壳脱落；恢复期可见瘢痕、新生蹄甲。乳头也常发生水疱，进而出现烂斑，有继发感染时，引起乳房炎，泌乳停止。传播速度快，发病率高；成年动物死亡率低，幼畜常突然死亡且死亡率高。

病理变化主要表现消化道可见水疱、溃疡；幼畜可见骨骼肌、心肌表面出现灰白色条纹，形色酷似虎斑，俗称“虎斑心”。

（3）确诊　无菌抽取水疱液或剪取水疱皮，装于灭菌小瓶，冷藏保存，送有关部门鉴定；或者在康复后不久采取血清，进行补体结合试验或乳鼠血清保护试验、间接血凝试验、琼脂扩散试验等测定血清抗体。

2. 生产中应如何防控牛口蹄疫?

当前，我国口蹄疫疫情形势总体平稳，但国家口蹄疫参考实验室发现部分猪群中口蹄疫流行毒株发生变异，同时中东地区近年来流行的南非 2 型（SAT 2 型）口蹄疫病毒传入我国风险较高，防控工作面临新挑战。

（1）确保疫苗免疫到位　①科学选择疫苗。疫苗免疫是口蹄疫防控的有效手段。口蹄疫有 7 个血清型，不同血清型之间无交叉免疫保护性，同一血清型不同毒株的抗原性也存在差异，须选择疫苗毒株与优势流行毒株匹配性好的疫苗。从监测数据看，目前我国猪群中主要流行 O 型 CATHAY 拓扑型毒株和 O 型 Mya–98 毒株，牛羊群中主要流行 O 型 Ind–2001e 毒株。从国家口蹄疫参考实验室对流行毒株和疫苗株抗原匹配性分析看，当前部分疫苗毒株与猪 CATHAY 流行毒株匹配性下降。为确保防控效果，选择使用抗原谱广、纯度高的疫苗，并实施加强免疫，提高保护效果。各地在监测工作中，重点关注口蹄疫免疫群体中的发病畜，及时将阳性样品送国家口蹄疫参考实验室进行病原分析。密切跟踪流行毒株变异情况，评价疫苗免疫的有效性。

②规范实施免疫。实施免疫接种应根据疫情、疫苗种类和防治政策选择疫苗种类、免疫方式、接种剂量和次数。疫苗选择时应注意疫苗毒株与流行毒株应匹配，现在常用疫苗包括口蹄疫 A 型灭活疫苗（AF/72 株），口蹄疫 O 型灭活疫苗（OJMS 株），牛口蹄疫 O 型、A 型二价合成肽疫苗（多肽 0506+0708）、牛口蹄疫 O 型病毒样颗粒疫苗等。牛注射疫苗后 14 天产生免疫力并可维持 4 ～ 6 个月。免疫后应进行抗体检测和免疫效果评估，抗体合格率不达标时，应及时补注疫苗。自 2018 年 7 月 1 日起，已经在全国范围内停止亚洲 I 型口蹄疫免疫，停止生产销售含有亚洲 I 型口蹄疫病毒组分的疫苗。疫苗接种应与生物安全措施紧密结合起来，尤其注意避免引入感染牛，才能收到良好的预防效果。

鼓励有条件的养殖场监测幼畜母源抗体水平，通常畜群母源抗体合格率在 50% 左右时，进行首次免疫。犊牛可在 90 日龄左右进行初免。首次免疫后，间隔 1 个月进行 1 次加强免疫，以后每间隔 4 ～ 6 个月再次进行加强免疫。牛在调运前 21 ～ 28 天可进行 1 次强化免疫。免疫前应认真阅读疫苗使用说明书，检查牛健康状况和疫苗性状，遵守疫苗注射操作规程，严格消毒注射器械和部位，注射深度应适中，注射后观察不良反应。

③评估免疫效果。免疫后须定期监测抗体水平，评估免疫效果。使用灭活疫苗免疫的，按 GB/T 18935—2018《口蹄疫诊断技术》推荐的 ELISA 方法检测抗体；使用合成肽疫苗免疫的，采用 VP1 结构蛋白抗体 ELISA 方法检测抗体。猪免疫 28 天后，牛羊等免疫 21 天后，抗体检测结果合格，判定为个体免疫合格。免疫合格个体数量占免疫群体总数不低于 70% 的，判定为群体免疫合格。根据监测结果，及时调整免疫程序或实施补免。

（2）加强疫病风险监测　①强化边境地区监测。中东地区持续流行的 SAT 2 型口蹄疫病毒，可能通过动物或动物产品贸易、野生动物跨境活动及走私等途径传入我国。边境地区要加大排查力度，科学布局监测场点，针对接壤地区、动物或动物产品集散地等重点区域和场所，强化病原学监测，检出阳性的，及时报送监测信息，并及时将阳性样品送国家口蹄疫参考实验室作进一步分析。

②强化重点环节监测。要强化调运、屠宰环节和散养场户等免疫薄弱环节的监测，加大抽样检测比例和频次，及时组织补免，筑牢防疫屏障。密切关注不同口蹄疫病毒株在畜群中的感染和流行状况，及时发现变异毒株。

③科学选择检测试剂。目前市售检测试剂的敏感性和特异性存在差异，部

分抗体检测试剂存在血清型交叉检出情况。要使用口蹄疫样品盘筛选检测试剂，根据检测目的选择相应试剂，免疫效果评估应选择能反映免疫保护水平且特异性好的检测试剂，并通过标准样品等质控品跟踪评价所用试剂的稳定性。

（3）*强化牛及其产品的检疫*　①严格产地检疫。牛离开饲养地之前，养殖场（户）应当向所在地动物卫生监督机构申报检疫。已经取得产地检疫证明的，从交易市场继续出售或运输的，货主应当向所在地动物卫生监督机构申报检疫。动物卫生监督机构受理检疫申报时，应当结合当地口蹄疫疫情状况，并根据动物检疫管理办法和检疫规程规定作出是否受理决定。实施检疫时，官方兽医或协检人员应当了解养殖场（户）是否按规定进行了口蹄疫免疫，且在免疫保护期内。检疫合格的，出具检疫证明；检疫不合格的，按照国家有关规定处理。

②强化屠宰检疫。屠宰加工场所要严格执行牛入场查验登记、待宰巡查等制度，查验进场待宰牛的产地检疫证明和标识，发现牛出现疑似口蹄疫症状的，应当立即向农业农村主管部门或者动物疫病预防控制机构报告。

（4）*强化生物安全管理*　指导养殖场（户）根据本场实际建立人员、车辆、牛群、物资等管理制度，严格落实生物安全措施。限制无关人员进出养殖场，严格执行进出人员更衣换鞋、手部消毒等卫生制度，有条件的养殖场，可在入口处设立淋浴间。禁止外来车辆随意进入养殖场，确须进入的，应彻底清洗消毒。场内严格实施净区和污区管理，人员、物资、车辆、牛等应遵循从低风险区向高风险区移动的原则。落实引种隔离观察制度，确认牛群健康后方可混群饲养。

（5）*严格疫情报告处置*　一旦发现病牛出现体温升高，唇部、舌面、齿龈、鼻镜、蹄踵、蹄叉、乳房等部位有水疱等症状，要立即向所在地农业农村主管部门或者动物疫病预防控制机构报告，限制牛及其产品、饲料及垫料、废弃物、运载工具、有关设施设备等移动。对所有病死牛、被扑杀牛及其产品、排泄物，以及被污染或可能被污染的饲料、垫料及污水等，进行无害化处理。对被污染或可能被污染的物品、用具、交通工具、圈舍环境等进行彻底清洗消毒。

3. 牛流行热有什么流行特点?

牛流行热由牛流行热病毒引起，又称三日热或暂时热，我国农业农村部将其定为三类动物疫病。

牛是该病最易感的动物，主要侵害奶牛和肉牛，特别是黄牛，多发生于壮年（3～5岁）牛，犊牛和9岁以上的老牛很少发病。病牛是主要传染源，病毒主要存在于病牛高热期血液中。媒介昆虫（蚊、蠓、蝇）的存在是该病得以传播的中心环节。该病不能直接接触传染，而是通过媒介昆虫吸血叮咬带有病毒血症的病牛传播扩散。

该病一旦发生，传播迅速，传染力强，呈流行或大流行，但病死率低。该病的发生具有明显的季节性和周期性，一般多发生于夏末秋初蚊、蠓滋生旺盛的季节（6—9月），一次流行之后与下次流行间有数年的间隔期，具体间隔时间与引种和生物安全体系建设有关，可短至1～2年、长至6～8年或更长时间。

4. 牛流行热的临床症状及病理变化有哪些？

（1）临床症状　该病的病程大体可以划分为4个主要时期：发热期、失能期、恢复期以及后遗症期。这4个时期并不一定在暴发的牛场中全部表现出来，而且症状的轻重也因个体的差异而有所不同。该病在很短的时间内就可以传播至全群，有较高的发病率，水牛的症状比较轻。泌乳期的牛比干奶期的牛症状严重，肥胖的牛比瘦弱的牛症状严重，壮年牛比小牛和老牛病重，公牛比阉割牛严重。

①发热期。该病主要表现为突然发热，几个小时体温便可达到39.5～42.5℃并持续12～24小时。发热通常为双相热，有时为三相热，偶尔有多相性发热，每隔12～24小时出现1次峰值。在这个时期，泌乳牛产奶量显著下降，但是其余的牛基本没有任何症状，因此发热期常常容易被忽视，延误治疗，致使病情加重。

②失能期。尽管第1个阶段的发热高峰已经过去，但是直肠温度仍在升高。牛流行热的特征性症状发生在第2个发热阶段，可持续1～2天。病牛表现为精神沉郁、食欲下降；呼吸急促，张口呼吸，大量流涎；眼结膜充血，眼睑及颌下组织水肿，眼内有黏性或脓性分泌物；鼻腔流浆液性或黏液性鼻液；后躯肌肉僵硬，关节肿胀，呆立不动，可能伴有跛行，可能表现肌肉抽搐或颤抖。病牛心率和呼吸频率加快，肺部听诊可明显听到由干性啰音发展为湿性啰音。在这一时期产奶量及牛奶的品质明显下降。刚开始发病的时候，发病牛能够站立，但是随着病情的加重将无法站立，病牛头歪向一边，并且伴有胸骨倾斜，这种症状可持续数小时至数天。随后病牛可能会出现便秘、瘤胃积食、吞咽反射消失等症状，在严重的病例中，病牛倒向一侧，反射消失，最后发展至昏迷，甚至死亡。

③恢复期。在具有明显的临床症状之后大约 3 天，病牛开始进入恢复期。大多数病牛可以在发热消失后几天内恢复，但是也有一些病牛需要 1 周或者更长时间来恢复。这是因为肥育牛、体况良好的公牛和泌乳期的奶牛感染较严重。在伴有并发症的情况下，育肥牛以及消瘦公牛的恢复时间要长一些。随着病情的康复，泌乳牛的产奶量也随之开始恢复，但是无法恢复到发病之前的产奶水平。妊娠奶牛可能会引起流产，并且其产奶量将在发病 10 天内恢复到发病前的 85% ～ 90%。该病对雌性动物以后的生产能力没有影响，对之后牛奶的质量也没有影响。

④少数病牛会有并发症，包括乳腺炎、妊娠后期流产、吸入性肺炎以及公牛长达 6 个月的暂时性体重下降等。牛流行热可能发生持续数天、数周甚至永久性的后腿及臀部瘫痪。有些长期瘫痪的病牛也能够完全恢复，但是也有一些病牛仍然会保持异常的步态，不能完全恢复。

（2）病理变化　牛流行热的典型病变主要是在肺的尖叶、心叶和膈叶前缘形成间质性肺气肿。肺实质充血、水肿和肺泡膨胀、气肿甚至破裂。肺间质明显增宽，胶样水肿，并有气泡，有大小不等的暗红色实变区，触摸肺部有捻发音，切面流出大量泡沫样暗紫色液体。其组织病理学病变主要表现为肺泡充血、水肿，肺泡壁增厚，肺泡腔萎缩甚至消失，间或出现轻微的出血，网状细胞和成纤维细胞增生。

支气管管腔内有大量黏液、泡沫纤维素和脱落坏死的上皮细胞。纤毛上皮细胞肿胀、增生，黏膜下有大量淋巴细胞浸润。常伴有跗、膝、肘、肩关节不同程度的肿大，关节内有浆液性、浅黄色液体，严重的病例可见关节内有纤维素样渗出。个别的关节面有溃疡，有的关节液中混有血液。

（3）确诊　可于发热初期采血进行病毒分离鉴定；或采取发热初期和恢复期血清进行中和试验、补体结合试验测定抗体效价变化情况。

5. 应如何防控牛流行热?

（1）预防

①免疫接种。对牛群计划接种疫苗是本病疫区预防该病发生的有效措施，在昆虫滋生季节前进行。推荐免疫程序：12 月龄以上成年牛，颈部皮下接种牛流行热灭活疫苗 4 毫升 / 头，隔 21 天进行第 2 次接种，方法、剂量同前；12 月龄以内的犊牛，进行 3 次免疫，即在正常的第 2 次免疫后 2 ～ 3 个月再进行 1 次加强免疫，每次免疫剂量均为 3 毫升 / 头。具体操作应按产品说明书使用。

②加强饲养管理。改善饲养条件，加强夏秋炎热季节的防暑降温管理，减

少应激反应。加强环境卫生，消灭吸血昆虫。定期清理牛舍周围的杂草污物，保持牛舍及其周围环境的清洁；在吸血昆虫活动期，在牛舍、周围场地、下水道等定期用高效安全的杀虫剂、避虫剂、防虫网或使用生物发酵法等驱除昆虫。

③建立隔离和消毒制度。在该病多发季节，特别要加强隔离消毒工作，严禁外来人员进入牛舍，饲养员不要串场串户。每天认真观察牛群动态和牛个体健康状况，及早发现病牛。一旦发现疫情，要及时隔离病牛并进行治疗，限制向未发病地区（地域）转移牛只，增加对牛舍、运动场及周围环境的消毒频率。病死牛要进行无害化处理。

（2）*治疗* 无特效治疗药物，病牛应立即隔离并进行对症治疗，以缓解呼吸困难和关节疼痛，减少肺气肿和水肿造成的心肺循环压力，防止继发感染等。高热时解热镇痛，可肌内注射复方氨基比林注射液 20 ～ 40 毫升，或 30% 安乃近注射液 20 ～ 30 毫升。重症病例给予大剂量的抗生素，如青霉素、链霉素等控制继发感染；并用 5% 糖盐水 2 000 ～ 3 000 毫升，加维生素 C 2 ～ 4 克，5% 碳酸氢钠溶液 500 ～ 1 000 毫升，静脉注射；10% 安钠咖注射液 2 ～ 5 毫升，一次量，维生素 B_1 0.1 ～ 0.5 克，肌内注射。四肢关节疼痛，可静脉注射水杨酸钠溶液。强心利尿排毒，可用缓解气喘和呼吸困难；尼可刹米注射液 10 ～ 20 毫升，肌内注射。对卧地不起和瘫痪的病牛，可静脉注射生理盐水 1 000 毫升，10% 葡萄糖酸钙注射液 500 毫升，5% 葡萄糖注射液 1 000 毫升、10% 安钠咖注射液 10 毫升，维生素 C 10 克、维生素 B_1 1.5 克。对有肠胃臌胀和消化障碍的病牛，用酵母片 50 ～ 80 片、人工盐 100 ～ 200 克、碳酸钠 20 ～ 50 克、大黄末 20 ～ 60 克，加水 1 000 毫升灌服。

6. 牛恶性卡他热的诊断要点有哪些?

（1）*病原及流行特点* 由恶性卡他热病毒引起，我国农业农村部将其定为三类动物疫病。各种年龄的牛均易感，以 2 岁左右的小牛最易感。鹿和绵羊呈隐性感染，牛发病与接触绵羊有关。一年四季均可发生，但以冬季、早春和秋季多发。

（2）*临床症状* 黄牛和水牛易感。传染源为自然宿主牛羚和绵羊，临床病牛不是传染源，因此健康牛与病牛接触不传染该病。

自然感染的潜伏期长短变化很大，为 4 ～ 20 周或更长一些，最多见的是 10 ～ 60 天。人工感染犊牛通常潜伏期为 10 ～ 30 天。牛恶性卡他热可分为几种病型，一般分为最急性型、头眼型、肠型和皮肤型等，这些型可能互相重叠，并且常出现中间型。且所有型都有高热稽留、肌肉震颤、寒战、食欲锐减、瘤胃弛缓、泌乳停止、呼吸及心跳加快、鼻镜干燥等症状。

①最急性型。病牛突然发病，体温升高达 41 ～ 42℃，稽留不退，战栗，肌肉震颤，呼吸困难，精神委顿，被毛松乱。眼结膜潮红，鼻镜干燥，食欲锐减，反刍减少，饮欲增加，前胃弛缓，泌乳停止，呼吸和心跳加快，发病后 1 ～ 2 天死亡。

②头眼型。该型病例最为常见。体温升高至 40 ～ 41℃，发病后的第 2 天，眼、鼻、口黏膜发炎，羞明流泪，眼睑肿胀，眼结膜高度充血，常有脓性和纤维素性分泌物，角膜浑浊。严重者形成溃疡，甚至穿孔致使虹膜脱出。鼻黏膜高度潮红、水肿、出血、溃疡，流出腥臭黏脓性鼻液，病牛发出喘气声和鼾声，鼻镜干燥，常见糜烂或大片坏死干痂，引起额窦炎、鼻窦炎和角窦炎，致使角部发热和角根松动。口腔黏膜潮红、干燥、发热，大量泡沫样流涎。唇内侧齿龈、颊部、舌根和硬腭等处的黏膜糜烂或溃疡，吞咽困难。病牛因脑和脑膜发炎，有时表现磨牙、吼叫、冲撞、头颈伸直、起立困难、全身麻痹。病程一般为 5 ～ 14 天，有时可长达 1 ～ 4 周或数月，终因衰竭致死，预后多不良，极少数牛可恢复健康。

③肠型。很少见。病牛高热稽留，严重腹泻，里急后重，排出恶臭粪便，且粪便中混有血液和坏死组织。口腔、眼及其他处黏膜可见糜烂或溃疡。病程一般为 4 ～ 9 天，死亡率极高。

④皮肤型。病牛体温升高，颈、背、乳头、会阴和蹄叉等处的皮肤发生丘疹、水疱或龟裂等变化，并覆有棕色痂皮。痂皮脱落时，被毛也随之脱落。病牛通常于 4 ～ 14 天死亡。

（3）病理变化　该病的病理变化因临床病型不同而异。所有病牛的淋巴结出血、肿大，其体积可增大 2 ～ 10 倍，以头部、颈部和腹部淋巴结的病理变化最明显。头眼型病例以类白喉性坏死为主。喉头、气管和支气管黏膜充血，有小点状出血，也常覆有假膜。肺充血及水肿，也可见有支气管肺炎。消化道型以消化道黏膜变化为主。口腔黏膜溃疡糜烂，皱胃黏膜和肠黏膜有出血性炎症，有部分形成溃疡。在较长的病程中，泌尿生殖器官黏膜也呈炎症变化。脾正常或中等肿胀，肝、肾水肿，胆囊可能充血、出血，心包和心外膜有小点状出血，脑膜充血，有浆液性浸润。

组织学检查，在脑、肝、肾、心、肾上腺和小血管周围有淋巴细胞浸润，身体各部的血管均有坏死性血管炎变化。

7. 牛患上恶性卡他热后应怎样防控?

（1）预防　加强饲养管理，搞好牛舍卫生，尽可能将牛、绵羊分开饲喂和管理；尽量避免从发生过该病的地区引种。

（2）治疗　发现病牛，立即隔离，严格消毒牛舍及用具，并采取对症治疗，如用0.1%高锰酸钾溶液冲洗口腔，用2%硼酸冲眼，然后涂擦红霉素软膏等；注射抗生素控制继发感染。

8. 怎样防控牛病毒性腹泻?

牛病毒性腹泻病毒又称为黏膜病毒，我国农业农村部将其定为三类动物疫病。

（1）病原及流行特点　由牛病毒性腹泻病毒引起。不同品种、性别、年龄的牛均易感，多见于6～8月龄犊牛。常发生于冬、春季节，在老疫区以隐性感染和慢性病例为主、在新疫区传染迅速，突然发病，发病率和病死率变动较大。

（2）临床症状　自然感染的潜伏期一般为7～10天，人工感染是2～3天。临床上分急性型和慢性型。

①急性型。青年牛易发生急性感染，发病急，体温高达40～42℃，持续2～3天，精神沉郁，厌食，心率加快，呼吸急促或剧烈干咳。临床上有以腹泻为主和以黏膜病为主2种类型。我国近年来犊牛发病以腹泻病例为主，呈水样腹泻，粪便恶臭，常含有黏液及血液。黏膜病型病例口腔黏膜糜烂、大片坏死，重症病例整个口腔呈被煮样，内覆有灰白色的坏死上皮，大量流涎。鼻镜也有同样的病变，损害部分逐渐融合并覆以痂皮。黏膜损害一般在10～14天痊愈。

②慢性型。病牛很少有明显的发热临床症状，但体温有可能高于正常体温。主要表现为突然发病，重度腹泻、脱水、白细胞减少、厌食、流涎、流泪、口腔黏膜糜烂和溃疡。慢性病例表现为间歇性腹泻，并表现出里急后重，后期粪便中带血并有大量的黏液。病牛重度脱水，体重减轻，发病数周或数月后死亡。慢性型发病率低，死亡率可达90%。

（3）病理变化　肉眼可见鼻镜、齿龈、舌、软腭及硬腭、咽等黏膜形成小的、形状不规则的浅烂斑。鼻腔内有淡黄色胶冻样渗出物，气管内有大量脓性分泌物，肺出血、水肿，切面有干酪样物；该病的特征性损害是食道黏膜糜烂，瘤胃黏膜偶见水肿、充血和糜烂，皱胃炎性水肿和糜烂，肠壁水肿增厚，小肠呈急性卡他性炎症，空肠和回肠有点状或斑状出血，黏膜呈片状脱落；盲肠和大结肠末端有出血条纹，肠系膜淋巴结水肿。运动失调的犊牛，严重者可见小脑发育不全及两侧脑室积液。发生黏膜病后，从口腔到肛门的整个消化道黏膜可见糜烂，甚至溃疡。

（4）防控　①预防。引进种牛、羊时，必须严格检疫，防止引进带毒牛、羊。流行区的牛可用牛病毒性腹泻/黏膜病灭活疫苗（1 型，NM01 株）进行预防接种。

②治疗。病牛及时隔离或急宰，对同群牛和可疑牛进行反复检疫，及时发现带毒牛；对持续感染牛应坚决淘汰。要严格消毒，并限制牛群活动，以防扩大传染。对病牛进行对症治疗（止泻、补液），防止继发感染。

9. 牛传染性鼻气管炎（传染性脓疱外阴阴道炎）是一种什么病?

牛传染性鼻气管炎又称坏死性鼻炎或红鼻病，是由牛传染性鼻气管炎病毒引起的牛的一种急性、热性、接触性传染病，表现为上呼吸道及气管黏膜发炎、呼吸困难、流鼻液等症状，同时可引起脓疱性阴道炎、龟头炎、结膜炎、幼牛脑膜脑炎、乳腺炎、流产等，是由同一种病原引起多种症状的传染病。

该病毒由 Madin 等于 1955 年首次从美国病牛分离获得。随后，一些研究者相继从病牛的结膜、外阴、大脑和流产胎儿分离出病毒。Huck 于 1964 年确认牛传染性鼻气管炎病毒属于疱疹病毒，命名为牛疱疹病毒 -1 型。病毒具有典型的泛嗜性，能侵袭多种器官和组织，引起相应的临床症状。迄今为止，各大洲都有发生牛传染性鼻气管炎的报道，我国在 1980 年首次在进口种牛检疫中分离鉴定了该病毒。目前，我国牛群已普遍感染了该病毒，牛场血清抗体流行率可高达 80% 以上。该病在我国属二类传染病，在 WOAH 属于必须通报的疫病。

10. 牛传染性鼻气管炎有什么临床症状和病理变化?

牛传染性鼻气管炎的潜伏期一般为 4 ～ 6 天，有的可达 20 天以上。牛传染性鼻气管炎病毒引起两种原发性感染，即呼吸道型和生殖道型，其中最常见的为呼吸道型，并经常伴发眼炎、流产和脑膜脑炎；其次是以局部过程为主的传染性脓疱性外阴—阴道炎或龟头—包皮炎。上述症状往往不同程度地同时存在，很少单独发生。

（1）呼吸道型　通常于每年较冷的月份出现，病情有的很轻微甚至不能被觉察，也可能极严重。急性病例可侵害整个呼吸道，对消化道的侵害较轻。病初发高热达 39.5 ～ 42℃，极度沉郁，拒食，有多量黏液和脓性鼻液，鼻黏膜高度充血，出现溃疡，鼻窦及鼻镜因组织严重炎性充血变红而被称为“红鼻子”。病牛常因炎性渗出物阻塞而发生呼吸困难甚至张口呼吸；因鼻黏膜坏死，呼气中常有臭味。病牛呼吸数增加，常有深部支气管性咳嗽，有时可见带血腹泻。乳牛病初产乳量即大减，后完全停止，病程如不延长，5 ～ 7 天则可恢复产量。重型病例数小时即死亡，大多数病程 10 天以上。严重流行时发病率可达 75% 以上，但病死率在 10% 以下。

（2）生殖道型　在美国又称传染性脓疱性阴户阴道炎，在欧洲国家又称交合疹，由配种传染，潜伏期 1 ～ 3 天，可发生于母牛及公牛。病初发热，沉郁，无食欲，频尿，有痛感，产乳稍降，阴户流黏液，污染附近皮肤，阴门阴道潮红，阴道底面上有不等量黏稠无臭的黏液性分泌物。阴门黏膜上出现小的白色病灶，可发展成脓疱，大量小脓疱使阴户前庭及阴道壁形成广泛的灰色坏死膜，当擦掉或脱落后遗留发红的破损表皮，急性期消退时开始愈合，经 10 ～ 14 天痊愈。

公牛感染时潜伏期 2 ～ 3 天，沉郁，不食，生殖道黏膜充血，轻症 1 ～ 2 天消退，继续恢复。严重的病例发热，包皮、阴茎上发生脓疱，随即包皮肿胀及水肿，尤其当有细菌继发感染时更严重，一般出现临床症状后 10 ～ 14 天开始恢复，公牛可不表现症状而带毒，从精液中可分离出病毒。

（3）眼炎型　一般无明显全身反应，有时也可伴随呼吸道型一同出现。主要症状是结膜、角膜炎，表现结膜充血、水肿，流浆液性或脓性分泌物，并可形成粒状灰色的坏死膜。病牛角膜轻度浑浊，但不出现溃疡，很少引起死亡。

（4）流产型　一般认为是病毒经呼吸道感染后，从血液循环进入胎膜和胎儿所致。胎儿感染为急性过程，7 ～ 10 日以死亡告终，再经 24 ～ 48 小时排出体外。因组织自溶，难以发现包涵体。流产主要发生在妊娠 4 ～ 7 个月的母牛，流产后约半数胎衣不下，流产胎儿皮肤水肿，肝、脾有坏死灶。该型常与呼吸道型并发。

（5）脑膜脑炎型　主要发生于犊牛。体温升高达 40℃以上。病犊共济失调，沉郁，随后兴奋、惊厥，口吐白沫，最终倒地，角弓反张，磨牙，四肢划动，病程短促，多归于死亡。

剖检观察的病理变化因病型不同而出现主要病变部位的差异。

（1）呼吸道病型　特征性病变表现为呼吸道黏膜的炎症，其上覆盖灰色恶臭、脓性渗出液，有时出现呈片状的化脓性肺炎。呼吸道上皮细胞中出现核内包涵体（病程中期易发现，于临床症状明显前消失）。

（2）生殖道型　在阴道出现特征性的白色颗粒和脓疱。组织学变化主要是坏死，集聚大量的嗜中性粒细胞，坏死灶周围组织中有淋巴细胞浸润，并能检出包涵体，但在开始痊愈后大包涵体消失。

（3）脑膜脑炎型　在脑部出现非化脓性脑炎变化，只有脑膜轻度出血。组织学检查可见广泛的淋巴细胞性脑膜炎及单核细胞形成血管套为主的病变。

（4）眼炎型　与临床观察相似。常伴有皱胃黏膜发炎及溃疡、卡他性肠炎。

（5）流产型　流产胎儿有坏死性肝炎和脾局部坏死，有时皮肤水肿。组织学检查常见肝、肺、脾、胸腺、淋巴结和肾等脏器有弥漫性灶状坏死。

11. 如何防治牛传染性鼻气管炎?

（1）治疗　由于牛传染性鼻气管炎缺乏特效治疗药物，一旦暴发该病，应根据具体情况，实施隔离、检疫、淘汰病牛和感染牛，并结合消毒和移动控制等综合性措施扑灭疫情。

在老疫区，可通过隔离病牛，消毒污染棚舍。应用广谱抗生素治疗，防止继发细菌性感染，同时配合对症治疗等方法促进病牛的痊愈。呼吸道型可用磺胺类药物防止细菌继发感染，生殖道型可局部施以抗生素软膏以减少继发感染。使用抗生素要严格按照使用规程操作，并要注意休药期。

（2）预防　①加强饲养管理。定期对饲养工具及其环境消毒，限制外来人员进入牛场，减少各种应激对牛群产生影响。饲料种类要多样，营养成分要全面，提高牛群的体质和抗病能力。奶牛使用全混合日粮（TMR），确保日粮营养全面均衡。

②加强引种管理。坚持自繁自养；禁止引进感染牛传染性鼻气管炎病毒的牛或精液。不从疫区引牛，不将病牛或带毒牛引入牛场。引种时须隔离观察 30 天以上，经过间隔 21 天以上的 2 次血清学检测抗体均为阴性时，方可引进。

③定期监测。在生产过程中，要定期对牛群进行血清学监测，及时淘汰阳性感染牛；一旦暴发本病，要实施隔离、检疫、淘汰病牛和感染牛等快速灭源措施，并对牛舍、用具等进行彻底消毒，在疫区或受威胁区，对于没有感染的牛可以进行免疫接种。

④疫苗接种。对于疫区或受威胁牛群，可对未感染牛进行弱毒疫苗或灭活疫苗的免疫接种，通常犊牛在半岁时就可进行免疫接种，其免疫期可达半年以上，具体接种计划遵照产品说明书。在免疫接种时，应考虑免疫母牛后代血清中的母源抗体（有时可保护 4 个月），其对主动免疫的产生可能有干扰作用。

病愈康复牛可获得较强的免疫力。疫苗免疫并不能阻止野毒感染，只能起到减轻临床发病的效果。传统弱毒疫苗对妊娠牛存在安全隐患，因此国际上趋向于使用更安全有效的基因缺失标记疫苗。

12. 什么是牛结节性皮肤病?

牛结节性皮肤病又称牛结节疹、牛结节性皮炎或牛疙瘩皮肤病，2019 年 8 月，我国首次在新疆伊犁哈萨克州确诊发生牛结节性皮肤病。本病是由痘病毒科山羊痘病毒属牛结节性皮肤病病毒引起的牛全身性感染疫病，临床上以发热、皮肤出现水肿、消瘦、淋巴结肿大、局部溃疡、可形成坚硬的结节为主要特征，该病不传染人，不是人兽共患病，世界动物卫生组织将该病列为法定报告的动物疫病，2022 年我国将牛结节性皮肤病由一类动物传染病调整为二类动物传染病。

13. 如何诊断牛结节性皮肤病?

（1）流行病学特点　该病潜伏期长，病毒流行传播快，不易被发现；发病急，一旦发病不易控制，损失大。《OIE 陆生动物卫生法典》规定，其潜伏期为 28 天。

主要感染牛（不分年龄和性别），包括黄牛、瘤牛和水牛，产奶奶牛的危险性最高。发病率在 5% ～ 45%，死亡率在 1% ～ 10%。每年 6—9 月流行，多发生于雨后。病畜唾液、眼鼻分泌物、奶、精液、血液、结节溃烂分泌物以及脱落痂皮中都含有牛结节性皮肤病病毒，病牛恢复后可带毒 3 周以上。主要通过节肢动物机械性传播，蚊（如库蚊和伊蚊）、蝇（如螫蝇）、蠓、虻、蜱等吸血昆虫叮咬在该病的传播中起到了重要作用；还可以通过直接接触传播，牛间相互舔舐，采食污染饲料和饮水患病公牛自然交配或人工授精导致传播。

（2）临床症状　牛结节性皮肤病的临床症状差异很大，与动物的健康水平和感染的病毒量相关，不同血清型的毒力没有明显差异。

患病牛体温升高，有时达 41℃以上，可持续 1 周左右。浅表淋巴结肿大，尤其是肩前淋巴结更易肿大。奶牛产奶量下降，精神沉郁，活动量少、采食量减少、逐渐消瘦。出现眼结膜炎，并表现流鼻涕、流涎的症状，体温升高的 48 小时内，头部、颈肩部、乳房、外阴等部位出现 10 ～ 50 毫米的结节。结节有时破溃，可形成结痂，长期不愈，结节凸起坚硬，呈圆形状。结节有时增大，严重者甚至坏死、纤维化，可持续较长时间。小的结节有时会自动消退，不造成危害。口腔、食道、气管、肺部黏膜表现出溃疡、囊泡甚至变性的症状，牛的腹部和会阴、四肢等部位出现水肿，使病牛运动受限，严重感染牛只逐渐消瘦，有时继发肺炎、乳房炎、皮肤结节部位坏死等常见病，恢复相当缓慢，公牛可能暂时或永久性不育，怀孕母牛流产，发情延迟可达数月。

（3）病理变化 解剖可发现消化道和呼吸道内表面有比较明显的结节病变。淋巴结、心脏、肺脏、肝脏、脾脏等多器官肿大，不同程度的有充血、出血或出血点，气管黏膜充血，气管内有大量黏液；肝脏边缘钝圆；胆囊为正常时的 2 ～ 3 倍大，外壁有出血斑；脾脏质地变硬，有出血状况；胃黏膜或小肠多呈现弥漫性出血。

（4）实验室诊断 牛结节性皮肤病与伪牛痘、牛疱疹病毒病等临床表现有相似之处，在进行鉴别诊断时，需要采集皮肤结痂、鼻拭子、抗凝血等病料，送实验室检测进行确诊。

14. 如何防控牛结节性皮肤病？

（1）疫苗免疫 对疫情国家最有效的防控手段是疫苗免疫。接种山羊痘病毒（GTPV）和绵羊痘病毒（SPPV）疫苗株对本病有部分交叉保护性，很多国家均通过接种山羊痘疫苗来防控牛结节性皮肤病病毒。

（2）综合防控 我国农业农村部于 2019 年 8 月 19 日印发了《农业农村部关于做好牛结节性皮肤病防控工作的紧急通知》。通知要求，高度重视牛结节性皮肤病的防控工作。做到早发现、早报告、早确诊、早处置，坚决防止疫情扩散蔓延，保障牛产业持续健康发展。

①开展疫情排查。对牛群开展排查，发现牛全身皮肤出现 10 ～ 50 毫米多发性结节、结痂，以及伴随肩胛下和股前淋巴结肿大，奶牛乳房炎、产奶下降等典型临床症状的，要立即隔离发病牛并限制移动，组织专家及时开展临床鉴别诊断。

②及时诊断和报告疫情。对怀疑为牛结节性皮肤病的病牛，所在地县级以上动物疫病预防控制机构要及时采集病牛皮肤痂块、抗凝血、唾液或鼻拭子等样品，送省级动物疫病预防控制机构检测，然后送中国动物卫生与流行病学中心确诊、备份。

③严格处置确诊疫情。疫情确诊后，立即扑杀所有发病牛，并进行无害化处理，做好同群牛的临床监视，对养殖场环境进行彻底清洗、消毒，灭杀蚊蝇等昆虫媒介。采用国家批准的山羊痘疫苗按照山羊的 5 倍剂量对病牛所在县及其相邻县的全部牛只进行紧急免疫。扑杀、紧急免疫完成后 1 个月内，限制同群牛移动，禁止疫情县的活牛调出。疫情发生前 1 个月内生产的牛皮，须处理

成皮革后方可调出。

15. 牛水疱性口炎是如何发生的？

牛水疱性口炎是由水疱性口炎病毒引起的一种多种哺乳动物感染的高度接触性疫病，牛感染后临床特征性的症状为口部、乳头和蹄部发生水疱。

水疱性口炎虽然对所有年龄段的牛只都易感，但是对于体质虚弱的老牛易感性最强。而牛感染水疱性口炎的原因有很多种，具体而言，主要可以概括为以下两方面：①牛误食含有有毒或尖锐的异物，采食温度过高的饮水饲料，采食过多带有芒刺或粗纤维的草料对口腔黏膜造成损伤，进而继发感染水疱性口炎病毒；②饲养器具不洁、牛口腔卫生不佳，会增加牛接触水疱性口炎病毒概率，进而导致牛感染水疱性口炎。在自然状态下，牛水疱性口炎主要由口腔黏膜损伤所引发。

16. 从哪些方面诊断牛水疱性口炎？

（1）流行病学　患病牛或隐性带毒牛是水疱性口炎病毒的主要传染源，其他带病毒的动物如患病的马、猪，甚至患病的人都可向牛群中传播水疱性口炎病毒。蚊、白蛉、蠓虫、蚋、库蠓、虻、果蝇、蝉等昆虫在自然状态或试验条件下均可感染水疱性口炎病毒，其中部分吸血节肢动物可通过叮咬动物使其患病。患病动物的尿、粪便和乳汁均可带病毒，但病畜的水疱液和唾液中存在大量的病毒，并在水疱形成前 96 小时即可通过唾液排出水疱性口炎病毒。除蚊虫叮咬外，牛个体间的水平传播途径包括通过受损伤皮肤或黏膜感染，被病毒污染的饲料和饮水被易感牛摄入后病毒可通过消化道感染牛。此外，牛水疱性口炎病毒具有一定的季节性，多发于蚊虫活动频繁的夏季和秋季两季。

（2）临床症状　牛在感染水疱性口炎后，体温会迅速升高，上升至 40℃以上，与此同时反刍会减少，食欲会减退，鼻镜和口腔黏膜周边会处于干燥状态，唇膜和舌头部位会长出许多大小如米粒般水疱。随着病情的不断加重，水疱会逐渐变大，融成豌豆大小，其中包含许多黄色透明状的液体。经过 1 ～ 2 天发育，水疱会逐渐破裂，留下鲜红色的瘢痕。除此之外，病牛口部会发出啧唇音，流出许多黏性清亮唾液，部分病牛蹄部、乳房部位也会长出水疱。在通常情况下，病牛病程一般为 1 ～ 4 周，病牛症状会逐渐好转，很少出现致死现象。

（3）鉴别诊断　根据患病牛的临床症状，结合患病牛的发病原因、流行情况，即可初步确诊为牛水疱性口炎。但是由于牛水疱性口炎与口蹄疫、牛传染性口炎在临床症状、流行特点方面存在一定的相似之处，所以为了提高诊断准确性，防止出现误诊误治现象，兽医人员必须做好牛水疱性口炎与牛传染性口炎、口蹄疫的鉴别诊断工作。牛传染性口炎是牛较为高发的一种传染病，主要由嗜上皮病毒所引发，该病在幼牛和犊牛群体较为高发，其临床症状与牛水疱性口炎较为类似，但是发病过程会较为缓慢，并且具有明显的地方性流行特点。牛在感染牛传染性口炎后，蹄趾部位会出现溃烂和水疱，口唇部位会流出许多口涎，形似泡沫状；口蹄疫是一种高接触性、高热性传染病，主要由口蹄疫病毒所引发。牛一旦感染口蹄疫，体温会迅速升高，升高至40℃以上，与此同时乳房、蹄部、口腔黏膜会发生水疱，水疱破裂后会留下较大面积的烂斑，烂斑部位如果护理不当会出现化脓感染现象，进而引发坏死或溃疡，严重时甚至会导致病牛蹄部蹄匣脱落。口蹄疫传播速度较快，如果不加控制，2～3天即可造成群体感染。而牛水疱性口炎不具备传染性，所以通常只会发生于个体牛只，而不会出现群体发病现象。

17. 牛水疱性口炎应怎么防治？

（1）*防治方法* 病变部位治疗具体指对患病部位进行针对性治疗，防止局部炎症蔓延扩散，而这也是牛水疱性口炎当前最为常用的治疗方法。但是必须注意的是，针对不同的患病部位必须采取不同的治疗方法。例如，在口腔部位治疗时，可以先用食醋、0.1%高锰酸钾溶液予以清洗擦拭，然后在糜烂部位涂抹适量的甘油；对于口腔不断有泡沫状内容物流出，存在明显恶臭的病牛，可以选用3%硼酸溶液喷洒清洗，2次/天。同时肌内注射青霉素、链霉素，使用剂量分别为15万单位/千克体重、6.5万单位/千克体重，2次/天，连续使用3天。另外，可以选择使用青黛、甘草、石膏、黄芩、郁金各20克，黄连、黄柏、桔梗各15克，薄荷10克，研磨成粉剂后装入布袋中，用水泡30分钟，让牛衔在口中每天更换1次，具有良好的抗病毒效果；对于口腔症状较轻的病牛，可以先通过口腔喷雾的方式为其喷洒适量的聚维酮碘，然后在水疱部位涂抹适量鸡蛋清。对于其他患病部位，可以运用0.1%高锰酸钾进行消毒清理，之后在水疱溃疡部位涂抹适量的甲紫溶液或碘甘油，即可起到不错的治疗效果。如果采取上述治疗方法，牛患病部位依旧未有明显好转，养殖人员要立即邀请专业兽医前来诊断治疗。

（2）*预防措施* ①规范引种工作。从外地引入患病牛是导致牛水疱性口炎暴发的一个重要原因，因此要想降低牛水疱性口炎发生率，养殖人员必须加强引种管理工作。在条件允许的情况下，养殖场要尽量秉持全进全出、自繁自养的基本原则，尽量不从外引种。而如果必须从外引种，养殖人员必须对引种地点及引种牛只予以全面健康检查。在引种之前，养殖人员要实地调查引种地点是否发生过水疱性口炎及其他传染性疫情，确认引种地点近期未发生过相关疫情才能予以引种。在引种过程中，养殖人员要确保引种牛只拥有产地检疫合格证明，精神状态良好，不存在任何疫病状态。在引种之后，养殖人员要对新引进的牛只隔离饲养1个月，在隔离饲养过程中要对牛只的进食状态、饮食状态加强观察，一旦发现牛只出现疑似水疱性口炎症状，要立即邀请专业兽医前来确诊治疗。如果在此过程中，牛只进食、精神状态一切正常，没有表现出任何疾病症状，在隔离饲养期结束后即可与其他原有牛群混合饲养。

②做好饲养管理工作。为了降低牛水疱性口炎发生概率，在牛养殖过程中养殖人员必须切实做好饲养管理工作，具体而言，主要可以从以下几方面着手。

对饲料予以合理选择，除了要确保饲料营养均衡全面外，还要确保饲料质量达标，不含有有毒刺激性成分，质地柔软，严禁将带有芒刺或质地坚硬的饲草料投喂给牛只，以防对牛只口腔造成损伤，进而继发感染水疱性口炎病毒。

做好牛舍卫生消毒工作。养殖人员要根据自身牛养殖规模、密度，制定切实可行的卫生消毒频次，定期对牛舍予以卫生消毒，以此来杀灭环境中可能存在的水疱性口炎病毒，减少水疱性口炎病毒滋生，而这对于牛水疱性口炎预防是极为有利的。

做好灭蚊灭蝇灭螨工作。蝇、蚊、螨等虫类会通过叮咬的方式传播水疱性口炎，因此在夏秋蚊虫较多的季节养殖人员必须做好驱虫工作，通过喷洒驱虫药剂、安装灭蚊灯等方式，杀灭牛舍中存在的各类蚊虫、螨虫、蝇虫。

加强进出管理工作。外来人员、车辆进入也可能造成水疱性口炎病毒从外带入，因此在牛养殖过程中养殖人员必须加强进出管理工作。首先严禁一切无关人员、车辆进入养殖场，尤其是要谢绝同类养殖人员、屠宰人员、收购人员进入养殖场。其次养殖场内部车辆在进入养殖场时必须进行全面消毒，养殖人员在进入养殖场时要佩戴口罩，更换衣物，以此来防止水疱性口炎病毒从外带入。

③做好应急处理工作。夏秋季节牛水疱性口炎相对较为高发，因此在夏秋季节养殖人员要着重对牛群健康状态予以监测。在此过程中一旦发现牛只乳房、蹄部、口部出现水疱，养殖人员要立即将出现症状的牛只隔离开来，并邀请专业兽医前来诊断治疗。与此同时，养殖人员要对养殖场内部，尤其是患病牛只接触过的用具、器具、食槽、水槽等予以全面消毒，以此来防止水疱性口

炎病毒在养殖场内部蔓延扩散，造成更多健康牛只感染。

18. 牛流行性感冒有什么流行特点?

牛流行性感冒属呼吸道疾病，具有传染性，也被称为牛流感，传播过程不受牛品种、年龄等因素的制约，其中乳牛、黄牛是该病的高发群体。牛流行性感冒一年四季均可发生，但在春秋两季发病率最高。牛流行性感冒虽然发病率及感染风险较高，但疾病导致牛死亡的风险相对较低，为此，养殖户应注重该病的防控，落实有效的预防措施，将牛流行性感冒风险降至最低，保障养殖效益。

（1）*发病原因*　诱发牛流行性感冒的因素主要是热病毒，如果牛日常生活环境发生了较大的变化，会加大牛流行性感冒发生风险，在季节交替阶段发病率较高，主要是因为季节的改变会出现温度上升、下降或降雨等现象，在风吹雨淋的环境下，牛抵抗力会降低，导致牛流行性感冒发病风险提升。

养殖户应注重饲养环境卫生，保持牛舍干燥整洁，若牛舍潮湿，会为细菌滋生提供有利条件，最终导致牛发生流行性感冒。此外，牛流行性感冒与牛品种及性别等因素没有过多的联系，病牛是主要的传染源，康复后通常会有一个排毒过程，该时间段细菌极易感染其他健康牛，致使牛流行性感冒在牛群蔓延，在给牛生长及健康带来影响的同时，还会给养殖人员带来一定的经济损失。

（2）*流行特点*　牛流行性感冒发病率相对较高，具备传染性，春秋季节发病率相对较高，温度变化较大会使牛免疫力降低，导致病毒更加容易侵入牛体内，从而引发疾病，特别是在气温骤降的环境下，牛流行性感冒会出现大范围暴发。乳牛和成年黄牛发病率偏高，主要以患牛及携带病毒的牛为传染源，呼吸道是该病的重要传播途径。此外，接触被污染的饲养工具也是传播途径之一。若气温突然下降或更换饲料，会导致牛免疫力降低，使病毒进入牛体内，而一些年老体弱的牛发生牛流行性感冒的风险更高。

19. 牛流行性感冒有哪些临床症状?

牛流行性感冒通常会有潜伏期，最短潜伏期 3 天左右，最长可达 7 天，发病起初阶段一般不会出现明显的症状，患牛往往会出现轻度失调，因症状不显著极易延误治疗，随着疾病进展，患病牛会出现一系列症状表现，如体温上升、精神萎靡、食欲不佳、呼吸急促等，且体温可超过 40℃，用手触摸患牛身体的各部位，会明显感到各部位温度不同，例如，耳部及四肢末端温度较低，其他部位体温较高。若疾病没有得到有效的控制，患牛会出现呼吸受阻以及呻吟等表现，情况严重可能会导致牛出现窒息死亡，若妊娠期母牛发生流行性感冒，可能会引发其流产，但在通常情况下，牛流行性感冒为良性，在没有其他严重并发症出现的状况下，患牛的死亡率不高。

（1）风寒型　冬季是风寒型牛流感的高发期，因为冬季天气寒冷，牛极易受到寒气的侵袭，从而导致风寒型牛流感的出现。当牛发生风寒型流感后，通常会有怕冷的表现，并且触摸牛鼻尖以及四肢部位，可以发现这些部位温度较低，疾病不仅会导致患牛精神萎靡，并且还会出现咳嗽、流涕等表现，观察鼻液可以发现，鼻液多为透明或浑浊样，与此同时，患病牛排便量也会逐渐减少，排出的粪便稀薄且恶臭。

（2）风热型　风热型牛流感主要发生在夏季，因为夏季天气炎热，牛会受到风热的侵袭，从而导致该类型的牛流感出现。当牛出现风热型牛流感后，通常会有体温升高的表现，在疾病的影响下，牛会出现畏风、精神不振等症状。风热型牛流感相较于风寒型牛流感而言，后者咳嗽表现更加明显，但风热型牛流感会导致患病牛全身疼痛、四肢无力以及排便干燥等表现，不仅如此，随着疾病的加剧，患牛呼吸受阻表现会更加明显。

（3）混合型　混合型牛流感不会受季节的限制，一年四季均会出现混合型牛流感，该类型牛流感主要包括两种症状：一是风寒型牛流感症状；二是风热型牛流感症状。患有混合型牛流感的病牛通常会有怕冷、流鼻涕以及咳嗽等症状表现，若疾病严重，牛可能会出现行走受阻以及跛行的现象，并且牛的精神状态较差。

20. 怎样预防牛流行性感冒?

牛流行性感冒具有较强的传播性，当发现牛患有该种疾病后，应第一时间将牛隔离喂养，避免疾病蔓延至整个牛群，给养殖人员带来严重的经济损失。养殖户应加大对预防牛流行性感冒工作的重视度，确保防控工作落实到位，阻断牛流行性感冒病毒传播途径，将该种疾病带来的影响降至最低。

（1）做好养牛场消毒清洁工作　在预防牛流行性感冒防疫措施中，落实牛场消毒清洁工作是不可或缺的环节。在养殖过程中，将牛场消毒清洁工作落实到位可大幅度降低牛流行性感冒发生风险，阻断传播途径。在进行牛养殖场消毒清洁工作过程中，应重视牛舍卫生，每日对牛舍进行全方位清扫，对于牛排出的粪便给予及时清理，不可使粪便长时间在牛舍，防止病毒通过粪便传播。

同时，还应注重牛舍的通风情况，确保牛舍合理通风，使牛舍保持干燥状态。落实消毒工作，合理选用消毒液，在通常情况下，可以使用适当浓度的漂白粉和草木灰水进行消毒。此外，在消毒过程中，还可以应用强力消毒灵，按照说明书将强力消毒灵与水进行合理配比，待两者充分混匀后，开始对牛舍进行消毒。在对牛舍全面消毒后，还应注重牛舍其他区域的消毒工作，如牛舍出入口、通道等，在这些区域可以喷洒生石灰，这样也可达到消毒的效果。对牛养殖场进行全方位消毒可以将牛流行性感冒发病风险最小化，阻断细菌传播途径。此外，若处于该种疾病的高发期，养殖人员可以在牛饮用水中加入适当浓度的漂白粉及石膏，按照相应的比例将其与水混合，待混匀后让牛饮用。此种方式不会给健康牛带来负面影响，并且还可更好地预防牛流行性感冒的发生。牛养殖人员在日常养殖中须重视和妥善落实牛场消毒工作，保证牛群处于干净整洁的环境下生长，如此不仅可减少细菌滋生，还可有效阻断病毒传染源。

（2）加强免疫疫苗接种　免疫疫苗接种也可对牛流行性感冒起到积极的防控作用，春季及秋季是牛流行性感冒的高发阶段，在此期间牛养殖人员应意识到牛群接种免疫疫苗的重要性，并通过正规的渠道购买疫苗，确保所购买的疫苗质量与有关规定相符合。流行性感冒病毒裂解疫苗应用率较高，接种该疫苗后可显著提升牛自身抵抗力，使其更好地抵御病毒侵袭，有效防控牛流行性感冒的发生。在免疫疫苗接种时间方面，可以在蚊虫滋生前30天接种，为了进一步强化疫苗抗病毒功效，在首次接种疫苗20天后可对牛群进行二次接种。倘若牛流行性感冒突然暴发，应第一时间给没有患病的牛接种疫苗，可接种高免血清，这样可使牛更好地抵抗病毒入侵。

（3）做好日常饲养管理工作　在日常养殖中，养殖人员应重视饲养管理，采用有效的方式增强牛免疫能力，在饲养管理过程中可从以下方面着手。

第一，对饲料配方进行科学合理的规划，不仅要为牛提供营养丰富的饲料，并且还需要给牛提供草类植物，主要是因为草类食物易消化、新鲜且营养价值高，牛食用后可有效提升其免疫能力，在使牛提升抵御病毒能力的同时，对牛健康成长还可起到积极的促进作用。

第二，重视牛饮用水卫生，确保提供给牛的水没有被污染，倘若牛饮用了被污染的水，那么污染的水中很有可能存在大量的致病菌，病毒通过水进入牛体内后，便会导致牛发生细菌感染，加大牛流行性感冒发生风险。

第三，养殖人员应结合牛不同的生长阶段，合理调整饲料配伍，确保牛在生长过程中有充足的营养摄入，提升牛自身免疫能力，这样可降低牛流行性感冒发生风险，使牛健康成长，从而使养殖人员获得可观的经济收益。

（4）定期体检　在防控措施中，对牛进行体检也是非常重要的环节，因为牛流行性感冒有潜伏期，再加上在发病的起初阶段不会有显著的症状表现，发现牛患病的难度较高，致使错失疾病治疗的最佳时期，在疾病加剧的状况下，牛会出现体温升高等现象，而此时表明患病牛的病情比较严重，加大了治疗难度。因此，若想将疾病遏制在发病初期阶段，应让牛定期接受体检，通常情况下间隔半个月接受 1 次体检。

定期体检可以及时发现牛健康问题，明确牛是否患有相关疾病，在对牛体检过程中，需要对牛基础情况进行严密观察，例如饮食量、呼吸及情绪状态等，如果发现牛饮食量降低、脾气暴躁或呼吸急促、精神不佳等现象，通常可以明确牛发生了牛流行性感冒。此时，应对牛进行及时的治疗，并将患牛隔离，全面落实牛场消毒工作，阻断病菌传播途径，避免整个牛群发生牛流行性感冒，给养殖人员的经济收益带来影响。

21. 怎样治疗牛流行性感冒？

（1）*中药治疗*　在对牛流行性感冒治疗过程中，应用中药药物可获得理想的治疗效果，在实施中药治疗过程中，主要是对患病牛灌服中药药物，从而实现清热解毒、祛风除湿以及消肿止痛的目的，使患病牛症状得到改善，加速患病牛康复速度。中药治疗该病的药方较多，下面介绍几种比较常用的中药方剂。

①风寒型牛流感。可用辛温解表类药物，每 500 千克体重牛，取麻黄 25 克、羌活、防风、当归、陈皮、苏叶各 30 克，桂枝、木香各 20 克，砂仁、细辛各 15 克，再加姜片 50 克，葱白 30 克。将上述中草药加入适量水浸泡 2 小时，文火煎熬 3 次，混合药液后再加入 100 克红糖，灌服给病牛，每天 1 剂，连续服用 3 ～ 5 天。也可直接购买国标中药荆防败毒散，按照 30 ～ 100 克 / 头牛的剂量用沸水冲泡后，调和呈粥状灌服，1 次 / 天，连用 3 ～ 5 天。

②风热型牛流感。可用辛凉解表类药物治疗，每 500 千克体重牛，取连翘、生地、板蓝根、大青叶各 30 克，金银花、黄柏、滑石粉、蒲公英各 25 克，薄荷叶、炙神曲各 35 克，僵蚕、香薷各 10 克，蝉蜕、桔梗、丹皮各 15 克，木通 20 克，再加甘草 10 克。将上述药物研碎后直接拌入饲料中采食。若病牛有食欲不振的表现，则可加入 5 ～ 6 倍量清水熬制成药液灌服。风热型感冒发病周期为 5 ～ 7 天，建议用药 1 次 / 天，直至症状完全消失。

③混合型牛流感。每 500 千克体重牛，取桂枝 30 克，山楂、陈皮、厚朴、牛子、枳实各 45 克，川芎、天花粉各 50 克，麦冬 55 克，薄荷、羌活、知母、柴胡、防风、桔梗、黄芩各 60 克，再加甘草 20 克、生姜 500 克。将上述中

草药加入适量水浸泡 2 小时，文火煎熬 3 次，混合药液后灌服给病牛，每天 1 剂，连续服用 3 ～ 5 天。

（2）西药治疗　西药治疗可有效降低患病牛再次感染的风险，使患病牛症状得到缓解，获得良好的治疗效果。①链霉素注射液 10 毫克 / 千克体重，青霉素 750 万单位，复方氨基比林注射液 20 毫升或 30% 安乃近 30 毫升，肌内注射，每日注射 1 次，持续治疗 2 天。②复方氨基比林注射液，一次量，20 ～ 50 毫升，肌内注射。③生理盐水 1 500 毫升，25% 葡萄糖注射液 1 500 毫升，25% 安钠咖注射液 40 毫升，30% 的安乃近注射液 30 毫升，静脉注射，1 次 / 天，治疗 3 天。

22. 怎样防治牛副流行性感冒？

牛副流行性感冒简称牛副流感，临床上又称之为运输热、运输性肺炎、牲畜围场热等，是一种急性接触性病毒性传染病。本病以呼吸器官受侵害为主征，通常只引起轻微的呼吸道疾病或血清转阳的亚临床性感染。

本病目前主要发生于许多国家的奶牛场或经过长途运输后集中的育肥牛群。其发生多与一些病毒或细菌的继发性感染，或环境和气候改变、饲养管理不当、机体抵抗力下降和应激因素的诱发有关。因此，目前认为牛副流感是病毒、细菌、诱因三者联合作用的结果，如缺少其中一种因素，常不能发生典型的疾病。

（1）病原特点　牛副流行性感冒的病原微生物为牛副流感病毒 3 型，该病毒不仅能独自致病，还可与其他溶血性巴氏杆菌、丝状支原体、牛传染性鼻气管炎病毒或牛腺病毒一起引发宿主感染，加剧病情恶化。牛副流感病毒 3 型耐冷不耐热，在低温条件下可长期存活，但加热至 55 ℃，数分钟后可杀灭病毒。牛副流感病毒 3 型对紫外线、酸、碱、氧化剂等具有较高的敏感性，0.3% 过氧乙酸溶液、2% ～ 5% 氢氧化钠溶液、5% ～ 10% 漂白粉溶液、3% 来苏尔溶液均可杀灭该病毒。

本病毒对牛的致病力不强，牛单独感染此病毒，只产生轻微的症状，甚至呈亚临床反应，但在其他继发细菌（特别是多杀性巴氏杆菌或溶血性巴氏杆菌）以及外界诱因（特别是长途运输中受寒、饥饿、拥挤、气候恶劣等）的联合作用下，则可产生严重的呼吸道症状，无并发症的感染罕见。

本病毒的抵抗力不强，对乙醚、氯仿敏感，pH 值为 3 时不稳定，一般常规的化学消毒药均可将之杀灭。

（2）流行病学　在自然条件下，本病仅感染牛，多见于舍饲的奶牛和育肥牛，放牧牛较少发生。病牛及带毒牛是本病的主要传染源；呼吸道与接触感染是本病的主要传播途径，同时也可发生子宫内感染。敏感动物接触病畜排出的病毒后，7～8天可在鼻分泌物中、17天可在肺组织中分离到病毒。此时的动物又可作为新的传染源进一步扩散感染。经气溶胶感染，潜伏期约为2天，随后出现6～10天的发热期。呼吸道黏膜上皮细胞是病毒最初侵犯的靶细胞。此后病毒在肺泡巨噬细胞、肺泡Ⅱ型上皮细胞、基底膜定位与增殖，引起细胞和组织损伤，为继发感染创造有利条件。副流感病毒3型与多杀性巴氏杆菌混合实验感染时，由于病毒损伤了呼吸道黏膜上皮细胞和肺巨噬细胞，从而抑制了肺巨噬细胞对巴氏杆菌的清除率。在这2种病原或其代谢产物的协同作用下，导致肺组织严重损伤。本病虽可一年四季发生，但常见于晚秋和冬季。

（3）临床症状　本病的潜伏期一般为2～5天，通常根据病毒感染犊牛和成牛所表现的临床症状的不同，而将之分为犊牛型和成牛型。

①犊牛型。又称犊牛地方性肺炎，是2周至数月龄犊牛易感的一种急性接触传染性疾病。原发病因为副流感病毒3型，常并发多杀性巴氏杆菌感染。临床特征为低热或中度发热，沉郁，流泪，具轻度浆液、黏液至脓性鼻漏。病犊常因出汗而被毛潮湿，粗乱，无光泽。这些症状在感染2～4天最为明显。严重的病例出现咳嗽、呼吸困难、头颈伸直，张口呼吸并发出呼噜声。该病牛一般在数小时内死亡，或在出现症状后3～4天死亡。

②成牛型。多见于奶牛和育肥的成年牛，通常为一种或多种病毒与巴氏杆菌属细菌、霉形体混合感染（霉形体、巴氏杆菌、腺病毒、黏膜病病毒、鼻支气管炎病毒、呼吸合胞病毒等是本病常见的继发或并发病原）引起的纤维素性肺炎。病牛咳嗽，高热（41℃以上），鼻镜干燥，继而流出黏脓性鼻液。眼睛最初流出大量浆液性分泌物，眼角的被毛潮湿，继之变为黏液性分泌物，或伴发黏液－脓性结膜炎，很快出现严重的呼吸障碍。病牛前肢外展式站立，颈部伸直，张口呼吸并伴发鼾音，流泡沫状唾液。听诊，常可闻及水泡音、捻发音，甚至支气管呼吸音和胸膜摩擦音。叩诊可听到鼓音和浊音等变化。通常在第1个症状出现后3～4天或严重呼吸障碍出现后几小时内死亡。本病在牛群中的发病率一般不超过20%，病死率为1%～2%。

（4）病理特征　剖检病死牛发现，其病变主要局限于呼吸道，其他器官的病变均为继发性。眼观，鼻腔和副鼻窦积聚大量黏脓性渗出物，呼吸道黏膜上有黏液－化脓性渗出物被覆。肺脏明显淤血，呈暗红色，间质水肿而增宽，实质中有灰白色岛屿状或融合性病灶，充满整个胸腔，肺胸膜表面被覆易剥脱的纤维素性渗出物。肺尖叶、隔叶出现暗红色实变区。切面见病变累及肺脏深部，呈暗红色和灰白色，小叶间质因有渗出物浸润而极度增宽，呈现大理石样外观。严重的病例有时侵犯整个肺叶或肺叶的大部分，出现较多融合性大面积病灶。继发巴氏杆菌时，肺内常见淡黄色化脓性病灶，胸膜表面有纤维素附着。肺支气管淋巴结、纵隔淋巴结肿大、出血。另外，心内外膜下、胸膜、胃肠道黏膜有出血斑点，有些病例，其骨骼肌可对称地发生 5 ～ 10 厘米大小的灰黄色病灶。

镜检可见，支气管、细支气管黏膜上皮细胞呈不同程度增生和形成空泡与坏死。细支气管和肺泡内的渗出物以细胞碎屑、巨噬细胞、红细胞、浆液－纤维素性渗出为主。空泡化的细支气管黏膜上皮和肺泡巨噬细胞内出现嗜酸性胞浆包涵体。鼻、支气管、肺泡上皮细胞内的包涵体数量较少，核内包涵体罕见。随着病程的延长，由渗出变化而变为以细支气管黏膜上皮和肺泡Ⅱ型上皮细胞增生占优势，许多肺泡上皮细胞化生，偶见双核或多核细胞。当上皮细胞增生达到峰值时，胞浆内包涵体便很难发现了。2 周以后渗出物开始被机化，细支气管黏膜上皮与肺泡上皮开始增生被覆管壁与肺泡壁。

（5）*治疗方法*　对病牛进行隔离观察和治疗，对其污染的牛舍、用具用 10% 石灰乳进行彻底喷洒消毒，减少病毒扩散感染。病牛所在的隔离舍要做好保暖措施，并准备干净、柔软的垫草，白天做好通风换气，并每天用 3% 氢氧化钠溶液或 10% 漂白粉溶液消毒牛舍。

若病牛病情较轻，可肌内注射氨苄青霉素（使用剂量为 20 毫克 / 千克体重），清开灵（使用剂量为 0.1 毫克 / 千克体重），2 次 / 天，连续注射 3 天；或肌内注射链霉素 3 克，氨苄青霉素（使用剂量为 20 毫克 / 千克体重），双黄连注射液 30 毫升。若病牛病情严重，可静脉注射 5% 葡萄糖生理盐水 1 升，头孢噻呋钠 1.1 ～ 1.2 毫克 / 千克体重，安钠咖注射液 20 毫升，维生素 C 注射液 40 毫升，地塞米松磷酸钠注射液 15 毫克，双黄连注射液 80 毫升，1 次 / 天，连续注射 3 ～ 5 天。

（6）*预防措施*　本病多是在病毒、细菌和各种诱因的相互作用下才发生的。因此，在国内还没有特异性预防疫苗的情况下，预防本病的最好方法是控制好诱发因素，如严禁连续长途运输、避免奶牛受寒、饥饿和牛群过度拥挤等；定期严格地消毒，避免感染等。

肉牛 4 月龄时接种牛副流感 3 型弱毒疫苗，奶牛在 7 月龄时接种，并在其接种后的 1 个月复种 1 次，这样可提高牛免疫力，减少牛副流感病毒 3 型感染概率。

23. 如何防治牛流行性乙型脑炎？

牛流行性乙型脑炎简称牛“乙脑”，该病是由日本脑炎病毒引起的一种人畜共患的传染病，临床以高热为体征，以狂暴或沉郁等神经症状为主要特征。

（1）病因及流行状况　在自然情况下，马、猪、牛、羊都可以感染日本脑炎病毒，其中马为最易感者，其次是牛。本病主要通过蚊子叮咬而传播，蚊子不仅是该病的传播媒介，同时还是病毒的贮存、繁殖宿主。因此，本病季节性较为明显，主要在7—9月蚊类大量滋生的季节发生流行。

流行性乙型脑炎病毒属于黄病毒科、黄病毒属。呈球形，20面体对称，为单股RNA。病毒对外界环境抵抗力不强，在56℃ 30分钟即可灭活，但在–70℃低温或冻干状态下保存可存活数年。在–20℃环境下可保存1年，但其毒价明显降低，常用消毒药都有良好的灭活作用。

（2）临床症状　牛感染发病后呈现脑炎症状，没精打采，反应迟钝，食欲消失，呻吟磨牙，惊恐，牙关紧闭，四肢强直、失去整体平衡、走路出现摇晃，严重者发生跌倒。呈兴奋型的患牛狂躁不安，冲撞、顶人，也有的病例发生痉挛，随机出现兴奋和沉郁交替的现象，有时因昏迷而死亡。

根据发病季节，结合临床特殊症状，可作出初步诊断。确诊需要取病牛血液、脊髓液和脑神经组织材料做病毒分离、血清学试验等实验室诊断。

（3）预防　①免疫接种。是较为稳妥的防治手段，一般可接种乙脑疫苗。通常情况下预防注射应根据当地气候、温度以及蚊虫滋生期前1个月内完成。对4～12月龄的犊牛用乙型脑炎弱毒苗预防接种。时间应在5月蚊子活动之前，每次皮下或肌内注射2毫升。

②消灭传播媒介的侵袭。本病的传播媒介主要是蚊子，因此，防蚊灭蚊是预防本病的主要措施。蚊子多的季节用药物灭蚊，疫区可用杀蚊药喷洒牛体以防止蚊子叮咬。

③加强牛群的综合管理。从源头上降低该病发生的概率，因该病为传染病，应重点管理好没有经过夏秋季节的幼龄动物和从非疫区引进的动物，一旦引入动物首先要做好隔离观察，因为这类动物大多没有感染过乙脑，但凡感染则极易产生病毒血症，成为传播源，确保没有感染后再混群饲养。应在乙脑流行前完成疫苗接种，并在流行期间杜绝蚊虫叮咬。

（4）治疗　对重症或狂暴病牛，可适量放血，而后静脉注射山梨醇或甘露醇以降低颅内压。调整大脑机能可肌内注射氯丙嗪。同时配以强心、利尿解毒药，防止并发症（青霉素、链霉素）等综合治疗措施，治疗愈早效果愈好。

中药可用海金沙、钩藤各20克，菊花22克，双花18克，紫花地丁、石膏各35克，先把石膏研成末煮20分钟，再加入其他药共煎内服。

或用知母、龙胆草、大黄、茵陈各37克，厚朴25克，黄连、桔梗、黄芩、木通各20克，黄柏、木香各12克，石膏、芒硝各150克，甘草20克，共研为细末，加食用油300克，鸡蛋清8个，再用水调和后，一次灌服。如果病牛为狂躁型，去厚朴、甘草加琥珀11克，朱砂10克，天竺4克，连翘37克；如为沉郁型，去厚朴、大黄、芒硝，加菊花17克，党参19克，菖蒲18克，当归24克，石决明23克。

西药治疗可用1%硫酸阿托品注射液4～6毫升，25%葡萄糖注射液350毫升，混合一次静脉注射。2天注射1次，连续注射3～4次。或用青霉素80万～100万单位，链霉素0.5～1克，蒸馏水15～20毫升，一次肌内注射。每天注射2次。

准备25%葡萄糖溶液800毫升左右，10%浓盐水400毫升，4%乌洛托品注射液60毫升，一次静脉注射；用25%山梨醇液，用量为每千克体重2克左右，静脉注射，经首次治疗后12小时再注射1次。

24. 如何防控牛海绵状脑病（疯牛病）？

牛海绵状脑病俗称疯牛病，是由朊病毒引起的一种慢性、传染性、致死性的人兽共患病，是众多动物传染性海绵状脑病的一种，属于WOAH疫病名录病种，我国农业农村部规定该病为一类传染病。该病以潜伏期长、病情逐渐加重、中枢神经系统退化、最终死亡为特征。临床症状主要表现为行为反常，神经紧张或焦躁不安、恐惧，惊跳反射加强，具有攻击性，肌肉震颤、共济失调等神经症状。剖检可见脑灰质海绵样水肿和神经元空泡。

（1）病原特征　该病的病原体为一种被称为朊病毒的具有传染性的蛋白质颗粒，也称为朊粒、朊蛋白、朊毒体。朊病毒属于一种亚病毒因子，它既不同于一般病毒，也不同于类病毒，即不含任何种类的核酸，是一种特殊的具有致病能力的糖蛋白。

朊毒体的理化性质极其稳定。对核酸酶、蛋白酶有抗性；对乙醇、氯仿、丙酮、过氧化氢、甲醛、戊二醛、EDTA等一般化学消毒剂均不敏感；对紫外线照射、离子辐射、超声波、煮沸等物理消毒有抵抗力，134～138℃高压蒸汽1小时只能降低其传染性而不能将其完全灭活。

（2）临床症状　海绵状脑病有2种类型，一种是经典型海绵状脑病，是由摄取了由朊病毒污染的饲料所致，平均潜伏期5年；另一种是非典型性海绵状脑病，目前认为所有牛群均可自发、低频率出现的疯牛病，是由正常朊蛋白突变成异常的致病性朊蛋白所致。

有证据表明，牛海绵状脑病病原无宿主特异性，除牛以外，也可使其他反刍动物以及部分灵长类动物发病。牛通常在 2 ～ 5 岁感染，4 ～ 6 岁发病，2 岁以下和 6 岁以上牛很少发生。奶牛发病率显著高于肉牛，品种、性别和遗传因素与海绵状脑病的感染性无关。传染源为患病动物的下脚料及肉骨粉饲料。该病不仅可经消化道或经脑内接种发生水平传播，还可以通过妊娠牛的胎盘垂直传播给子代。发病无季节性，病死率可达 100%。

病牛食欲正常，体温升高，呼吸频率增加。最常见的神经症状是精神失常、运动障碍和感觉障碍。表现为焦虑不安、恐惧、神志恍惚、磨牙；耳对称性活动困难，常一只耳伸向前，另一只耳伸向后或保持正常；运动异常，步态呈鹅步状，共济失调，四肢伸展过度，低头伸颈呈痴呆状；病牛由于胆怯恐惧而攻击靠近它的人，对触摸和声音过度敏感而表现惊恐甚至跌倒。绝大多数病牛食欲良好，但有约 80% 的病例膘情下降或体重减轻，最后衰竭死亡，血液学和生化检查无异常。

（3）病理变化　病牛脑干灰质两侧呈对称性病变，中枢神经系统的脑灰质部分出现大量的海绵状空泡，神经纤维网出现不连续的中等数量的球形和卵形空洞，细胞质减少，神经细胞肿胀呈气球状。此外，还出现明显的神经细胞变性及坏死状况。

（4）防控　对于牛海绵状脑病，目前尚无有效的治疗方法，也无疫苗。为了防控该病，主要采取以下综合防控措施。

①禁止从发病国家或地区进口活牛以及反刍动物源性肉骨粉、骨粉和饲料等风险物质。这是防范疯牛病传入的首要关口。英国发生疯牛病后，正是由于英国向许多国家输出了感染的肉骨粉，才导致疯牛病在欧洲蔓延。随后，欧盟规定禁止英国的活牛及其产品进入其他欧盟成员国或第三国。目前，全球各国的做法是，在进口风险分析的基础上，根据《OIE 陆生动物卫生法典》要求进口相关动物及其产品，并进行严格的入境检疫。

②发布并严格执行饲料禁令。自调查表明饲喂反刍动物肉骨粉是疯牛病传播的基本途径后，不论是在疯牛病发病国家还是未发病国家，对正常屠宰牛的检测月龄不断调整，从 2013 年开始已不对正常屠宰牛进行疯牛病检测。计划开展疯牛病的主动监测和被动监测。

③剔除特殊风险物质。这也是防控疯牛病的主要措施之一。WOAH 规定的风险物质范围为：扁桃体、回肠末端、脑、眼、脊髓、头颅、脊柱等，且根

据国家的疯牛病风险等级不同，范围也略有不同。欧盟从 2001 年 10 月起，要求剔除和销毁风险物质，不准其进入食品和饲料链。目前，欧盟规定牛科动物的风险物质包括：12 月龄以上动物的颅骨（不包括下颌骨）、脑、眼睛和脊髓，30 月龄以上动物的脊柱（背根神经节），以及所有年龄动物的扁桃体、肠（从十二指肠到直肠）及肠系膜。

④开展疯牛病监测。监测是发现、控制和扑灭疯牛病的基础。WOAH 在 20 世纪 90 年代就制定了疯牛病监测指南，并不断修订，目前已经建立了以疯牛病风险状态为基础的监测体系，将监测牛群分为正常屠宰牛、临床疑似牛、死牛和紧急屠宰牛 4 类。全球各国都是以 WOAH 关于疯牛病的监测要求为基础来制定本国疯牛病监测计划，开展疯牛病的主动监测和被动监测。

25. 如何防控牛冠状病毒感染？

（1）病原及流行特点　冠状病毒是一种严重危害人类和动物健康的病原，主要引起宿主的呼吸道和消化道感染。

牛冠状病毒是引起新生犊牛腹泻、冬季痢疾和牛呼吸道感染的重要病原之一。冬季痢疾通常发生在较冷的地区，但最新研究显示在较暖的季节和热带地方也曾发生该病，如韩国的夏季，以及泰国、巴西和古巴等。牛感染牛冠状病毒可导致幼畜死亡、生长迟缓、产奶量减少和奶品质降低，给养牛业造成严重的经济损失。除了感染牛外，牛冠状病毒也可以感染野生反刍动物，如驯鹿、非洲大羚羊、麋鹿、羊驼和长颈鹿等。

根据临床症状，可将牛冠状病毒引起的疾病可分为肠道型和呼吸道型。牛冠状病毒感染途径是粪 - 口或气溶胶等传播，感染牛是主要的传染源。研究表明，病毒在亚临床感染的成年牛体内可持续存在。

牛冠状病毒在世界各地广泛存在，具有较高的流行性和广泛的传播范围。

（2）临床症状　①新生犊牛腹泻。新生犊牛腹泻能引起小肠绒毛发育迟缓，同时导致大肠的结肠嵴萎缩。犊牛的日龄和免疫力决定了发病率和病死率。被感染母牛所生的犊牛患腹泻的风险则更高。新生犊牛对疾病的保护依赖于肠腔中存在的特异性初乳抗体。血清中的初乳抗体不是直接保护黏膜，而是取决于再分泌进入肠腔内的免疫球蛋白数量。只有肠腔中有大量初乳抗体，才能有效防止牛冠状病毒的感染。通过给怀孕母牛注射疫苗可以诱导初乳中产生抗体，供给犊牛被动免疫保护，有效地预防牛冠状病毒病。病毒感染可引起犊牛出血性腹泻，大多数犊牛伴有黄色稀便、脱水、体温降低和精神沉郁等症状。患病犊牛食欲不振和电解质损失，可引起代谢性酸中毒和低血糖。严重者还会引起发热、倒地不起和死亡等。一些犊牛还会伴有呼吸症状。大多数感染为 3 ～ 21 日龄，潜伏期为 1 ～ 7 天，临床症状持续 3 ～ 6 天，犊牛通过粪便和鼻腔分泌物进行传播。健康犊牛和患病犊牛均可检测到牛冠状病毒。

②冬季痢疾。冬季痢疾的特点是成年牛突然腹泻，通常在冬季流行，由牛冠状病毒引起，在世界各地的牛群中发生。冬季痢疾的临床症状有血便、发热、精神沉郁、脱水，厌食和产奶量下降等，严重时，会导致贫血。该病毒可在粪便和鼻腔分泌物中检测到牛冠状病毒，一般潜伏期为 2 ～ 8 天，发病率高达 100%，但病死率很低。对患病动物支持性治疗效果良好，一般在 2 ～ 3 天恢复健康，发病通常会在 1 ～ 2 周结束。冬季痢疾造成的经济影响巨大，特别是对奶牛产后影响最大，研究表明，与感染前的日产奶量相比，每次暴发的产奶量下降幅度可能在 1% ～ 70%；牛奶中游离脂肪酸增加约 11%，脂肪蛋白质比小幅增加，冬季痢疾可能使奶牛进入负能量平衡；奶牛冬季痢疾同时可伴有呼吸道症状。

③牛呼吸道冠状病毒。呼吸道牛冠状病毒可感染不同年龄段的牛，临床表现为流鼻涕、呼吸困难、咳嗽和发热等，并伴有间质性肺炎和Ⅱ型肺细胞增生。

（3）防控措施　①控制。由于目前对病毒性疾病没有有效的治疗方法，一般常用支持性治疗。犊牛腹泻的治疗包括补充体液、葡萄糖和电解质等，以对抗脱水、低血糖、电解质失衡和酸中毒等病症。同时将犊牛置于温暖和干燥的畜栏中饲养。冬季痢疾通常是一种自限性疾病，然而，在晚期的病例中需要口服或静脉输液治疗，严重的痢疾则须输血治疗，也可配合使用非甾体抗炎药和抗出血药物。对于呼吸道牛冠状病毒病，由于继发性细菌感染很常见，仍建议抗菌治疗，配合使用非甾体抗炎药效果更好。

②预防。牛冠状病毒是牛常见的感染性病原诱发因素，在宿主、病原体和环境相关的复杂因素之间发展。治疗牛冠状病毒诱发疾病的有效方法是使用抗菌药物和抗病毒中药，但过量使用抗菌药物会使牛产生耐药性，在机体残留，危害人类健康。只有提前预防牛冠状病毒的感染，才能有效减少抗菌药物的使用，进而提高动物产品质量。牛冠状病毒病的预防最有效的方法就是疫苗接种，目前已有预防犊牛腹泻和冬季痢疾的疫苗。研究人员为妊娠母牛开发了一种灭活病毒疫苗，以通过初乳增强犊牛的被动免疫，预防犊牛腹泻。另一种是改良的犊牛口服活疫苗，也可预防犊牛腹泻。冬季痢疾可以使用富含血凝素抗原的灭活疫苗来预防。牛冠状病毒还经常与其他病原体混合感染，可导致呼吸道疾病，如犊牛肺炎和牛败血症。预防牛呼吸道冠状病毒可使用鼻内注射多价

灭活疫苗或减毒活疫苗。但是现在使用的商业疫苗中冠状病毒的基因型与牛流行毒株的基因型之间有差异，这种差异可能使疫苗对流行毒株没有保护作用。为了提供最佳的免疫力，疫苗的抗原应尽可能与流行毒株相近。

良好的饲养管理、干净的牛舍环境和生物安全都对预防牛冠状病毒病起着至关重要的作用。牛冠状病毒对温度和消毒剂敏感，如次氯酸钠、700 毫升 / 升乙醇和甲醛等。冠状病毒在低温和相对高湿度下存活良好，可在地面存活 120 小时，在有机介质中存活时间更长。因此，应加强饲养管理，完善各项生物安全措施，定期对牛舍进行打扫、消毒、通风并保持干燥的牛舍环境。

26. 如何加强地方流行性牛白血病的防控?

牛地方流行性白血病又称牛白血病、牛淋巴肉瘤、牛白细胞增生病等，是由牛白血病病毒感染引起的以淋巴样细胞恶性增生、进行性恶病质和全身淋巴肿大为特征的牛慢性、接触传染性肿瘤疾病。分布极为广泛，几乎遍及全世界养牛国家，在东欧、北美、南美以及亚洲部分地区常见流行。1974 年我国首次发现该病，但目前我国已很少见到临床型病例，只在鲜奶或血清中零星检出牛白血病病毒基因。该病具有公共卫生学意义，是《OIE 陆生动物卫生法典》病种之一，也是《中华人民共和国进境动物检疫疫病名录》中的二类传染病。目前尚无治疗方法，也无适用的疫苗。

（1）*病原及流行特点* 牛白血病病毒属于反转录病毒科、肿瘤病毒亚科、δ 反转录病毒属，具有独特的抗原性。由包膜基因编码的囊膜糖蛋白对病毒生命周期起到至关重要的作用，并且是中和抗体的主要靶标。基于包膜基因的遗传多样性研究表明，目前世界范围内已分离到 10 种牛白血病病毒基因型，但无变异株，即使传入我国，发生病毒变异的可能性也非常小。牛白血病病毒在自然条件下，仅对牛易感，一旦传入我国并发生疫情，将对我国养牛业带来较大影响。但不同毒株间无明显抗原性差异，且病毒不含变异株。牛白血病病毒对外界抵抗力较差，对温度和有机溶剂等敏感，常规处理均可被杀灭。

自然感染仅发生于牛、绵羊和水豚，其他动物只在实验条件下可被感染并产生抗体。牛白血病病毒可发生水平传播和垂直传播。易感动物的感染均源自带毒红细胞的转移。医源性感染是水平传播的主要原因，吸血昆虫可作为媒介生物传播牛白血病病毒。感染牛后代患病概率增高表明，感染活牛尤其是隐性感染带毒牛是垂直传播的主要来源，具有潜在传入风险。由于出口活牛在进入隔离场前需要进行验孕程序，因此杜绝了怀孕母牛的出口，从而大大降低了垂直传播的风险。牛白血病平均潜伏期较长，除少数急性病例突然死亡外，多数呈隐性感染或症状不明显。

根据牛白血病病原学特性，牛肉制品存在牛白血病传入风险，但肉类制品一般须经过腌制、干燥、蒸煮和熏烤等加工工艺，可对牛白血病病毒起到杀灭作用；牛乳制品经巴氏消毒后可完全杀灭牛白血病病毒；牛皮等副产品中不存在活病毒。因此，上述牛制品基本无传播牛白血病的风险。隐性带毒牛为牛白血病发生的潜在风险。牛白血病病毒对外界环境抵抗力低，活牛及牛制品在贮存和运输过程中，通过运输工具和其他物资而发生牛白血病传播的风险极低。

（2）临床症状　该病发展很慢，潜伏期为 4 ～ 5 年，故多发生于 3 岁以上的成年牛。4 ～ 8 岁的牛发病率最高，但大多数感染牛临床症状不明显。当临床上出现明显症状时，病牛常维持数周或数月而死亡。血液变化是该病的特点之一，典型的血液学变化为血液中白细胞数可达 3 万～ 18 万个 / 毫米^3，淋巴细胞总数为 90% ～ 98%。按照早期的牛白血病血液学判定标准，3 岁以上的牛，每立方毫米血液中白细胞数为 8 000 个、淋巴细胞占 70% 以上即为白血病阳性，但大部分牛在整个病程中不出现白细胞增多症。感染牛白血病的牛群，一般有 10% 左右的牛出现以肿瘤性淋巴细胞增生为特征的症状。主要临床表现为体表淋巴结肿大，触摸不发热、无痛感，常能滑动。贫血，可视黏膜苍白，体重减轻，产乳下降。心脏受损时表现心动过速，心音异常。皱胃发生浸润时，形成溃疡，出血、排出黑色粪便。个别牛由于眼眶内淋巴结肿大，将眼球挤出眼眶外，造成眼球突出。直肠检查，可发现腹腔内有许多淋巴结肿大，造成排尿困难、跛行、瘫痪。症状出现 2～3 周或数月，多数牛趋于致死经过，心脏有病变的牛，往往外观呈良好状态，但有时会因病情急剧恶化而死亡。

（3）实验室诊断

①病料的采集和处理。主要采集病牛的血液并分离出淋巴细胞，用于接种动物或细胞培养。

②病毒分离。一是细胞培养，将病牛的淋巴细胞接种于牛胎肾、牛胎肺、羊胎肾、羊胎肺和蝙蝠肺等组织，病毒可在细胞内增殖传代，但不形成肉眼可见的细胞病变，只能通过检查合胞体才能证实是否有病毒感染。二是动物试验，将病牛的血液经腹腔注射给绵羊或将病牛的淋巴细胞静脉接种绵羊，一般 2 ～ 3 周血清阳转。接毒绵羊如果饲养较长时间可出现非常典型的淋巴细胞增多症，肿瘤发生率较高而且较牛肿瘤出现得早。三是病毒鉴定，对本病毒在较短时间内完成鉴定很困难。主要方法有动物感染试验，检查接种动物是否抗体阳转和有肿瘤形成。将病毒接种细胞后，须通过合胞体的数量和形态来确定是否感染，最后用电子显微镜观察病毒形态，并要求只有观察到病毒出芽增殖的

形态才能最终确认。应用聚合酶链反应技术（PCR）可以从外周血液单核细胞中检测病毒。

③血清学诊断。牛感染病毒后可引起持续性感染，所以产生的抗体一般终生不消失，而且抗体价变化不大。可以用琼脂免疫扩散试验、酶联免疫吸附试验、间接免疫荧光试验、中和试验、补体结合试验、放射免疫试验及 PCR 试验等多种方法进行检查。但被 WOAH 推荐采用的只有琼脂免疫扩散试验。

（4）防治措施　截至目前，我国尚未有发生牛白血病大规模暴发和传播的报道。但国内牛白血病的存在可追溯至 20 世纪 70 年代，且在此后逐步蔓延至安徽、江苏、陕西、北京、辽宁、黑龙江、江西等省份。

我国是养牛大国，养殖方式多为民间散养，防疫条件有限，尽管在一些规模化养殖场中有系统的牛白血病监测和净化体系，但未能在全国范围内根除该病。我国每年从国外引进大量活牛。牛只进口前，须经我国派遣预检组参与产地检疫，一旦发现牛白血病阳性牛须全部淘汰。牛只进口后须在国内指定隔离场进行 45 天的隔离检疫，检疫合格后方可放行。我国有官方指定的国家标准用于牛白血病的诊断和检测，但无牛白血病疫苗和官方指定免疫计划。

定期定群进行血清学诊断，对有临床症状的病牛使用药物治疗效果不大，应立即淘汰。对仅有阳性反应而无临床症状的牛应隔离饲养，继续观察。对进口牛或外地引进牛，应开展白血病检疫，凡是有阳性反应的牛，一律不准进场，杜绝一切传播途径。

27. 如何防控牛赤羽病？

牛赤羽病又称牛阿卡斑病，是一种由阿卡斑病毒引起的牛、羊传染病，以流产、早产、死胎、先天性关节弯曲及积水性无脑症等为主要临床特征。

该病首次于 1949 年在日本群马县赤羽村发生，但病因一直不明。直至 1959 年才首次从该地采集的金色库蚊和三带缘库蚊体内分离到病毒，故命名为阿卡斑病毒。此后在澳大利亚、肯尼亚、南非和以色列等国家也相继分离到病毒。1994 年，经流行病学调查证实该病在我国陕西、内蒙古、湖南、河北、北京、上海、山东、安徽、吉林、甘肃、江苏、浙江、福建和湖北部分地区均有流行。目前，已经证实赤羽病广泛分布于澳大利亚、东南亚、亚洲东部、中东和非洲的热带和温带地区，由蚊虫、库蠓、螨类等节肢动物传播，其中库蠓为主要传播媒介。该病在《中华人民共和国进境动物检疫疫病名录》中为二类传染病。

（1）流行特点　本病毒主要感染牛、绵羊和山羊，妊娠牛最易感。可影响妊娠动物胎儿的正常发育，并能垂直传染。本病为虫媒病，主要传染媒介是蚊和蠓。其流行特点是季节性明显，流产和早产从8月逐渐增多,10月达到高峰，以后逐渐减少；死产到翌年1月份达到高峰，流行至5月底停止；异常产多以9月开始至翌年3月为高峰。本病呈地方性流行，但一般同一地区不连续发生。

（2）临床症状与病理变化　自然感染或人工感染牛一般临床上几乎不呈症状。主要危害孕牛，而且多发生在胎龄7月龄以上或接近分娩的时期。流行初期，孕牛主要是流产和早产；流行中期，产出的犊牛主要表现四肢关节和脊柱弯曲、歪脖等异常体态，站立吃乳困难，也可见各种中枢神经缺损的犊牛；流行后期，多见死产或无生存能力或瞎眼的犊牛。该病对流产牛子宫损害不大，因此对母牛下次妊娠无大影响。

病理变化主要是胎儿体形异常（关节、脊柱和颈骨弯曲等）、大脑缺损、脑形成囊泡状空腔、躯干肌肉萎缩并变白等。

根据流行特点、临床表现和病理变化可作出初步诊断，但确诊必须进行实验室检查，包括病原学鉴定和血清学试验等。

（3）防控措施　加强进出口检疫防止病原传入，改善环境卫生彻底消灭吸血昆虫及其滋生地，制订计划定期进行疫苗接种，是预防本病的3项有效措施。日本和澳大利亚用HmLu-1细胞培养病毒，用甲醛灭活，添加磷酸铝胶作为佐剂，制成灭活苗，在流行季节到来之前，给妊娠母牛和计划配种牛接种两次，免疫效果良好。

28. 如何诊治牛传染性角膜结膜炎?

（1）诊断要点

①病原及流行特点。主要是由牛莫拉菌（又名牛嗜血杆菌）引起，俗称“红眼病”。多发于炎热潮湿的夏秋季节，传播迅速，呈地方流行性。

②临床症状及病理变化。病初多为单眼，然后发展为双眼。病初畏光，大量流泪，眼睑肿胀，其后角膜凸起巩膜充血，瞬膜红肿，角膜上出现白色或灰色小点。严重者，角膜增厚，发生溃疡，形成痕，有时眼前房积脓或角膜破裂，晶状体脱落。一般无全身症状，愈后往往失明。

③应与传染性鼻气管炎和恶性卡他热等鉴别。

（2）防控

①治疗。用浓度为2%～4%的硼酸溶液清洗眼部，待到拭干之后，可在结膜囊内滴入浓度为3%～5%的弱蛋白银溶液，每天2～3次。也可将80万单位（或160万单位）的青霉素用生理盐水稀释，与地塞米松的配比为5∶1，

之后清洗眼部。注意要控制地塞米松的用量，一般采用1毫升地塞米松，将青霉素稀释至5毫升，每只患眼用2.5毫升，每天1次，4天为1个疗程。

如临床发现病牛有角膜浑浊或角膜翳时，可涂抹1%～2%黄降汞软膏。

中药可用硼砂、白矾、荆芥、防风各6克，郁金3克，水煎后去渣，用温水洗眼，每天1次至康复。

②预防。在引进种牛过程中，避免带菌牛混入牛群。切勿从疫区引进牛、饲料及动物产品。引进的牛要隔离观察3～7天，严格消毒圈舍、器具，观察无病的方可入群。坚持每天清扫圈舍，定期消毒，营造良好的养殖环境。消灭蚊虫，尤其是消灭各种吸血昆虫。加强环境护理，避免牛只接受强光刺激。国外有研究使用具有菌毛和血凝性的菌株研制的多价疫苗用于疾病防治，效果较好。在正常情况下，用于犊牛免疫注射，30天后可产生很好的免疫效力。在日常饲养管理过程中，一旦有疑似病症出现，立即进行隔离治疗。发病区域立即划定为疫区，严禁疫区牛只随意出入。被污染区域立即进行全面、彻底、严格的消毒处理。病牛要早诊断、早治疗，避免强烈阳光刺激。

29. 什么是牛副结核病?

牛副结核病是一种由禽分枝杆菌亚种——副结核分枝杆菌引起的，主要影响反刍动物的慢性消耗性疾病。副结核病又称副结核性肠炎或约内氏病，在实际临床中主要表现为肠炎、顽固性腹泻和渐进性消瘦等，肠黏膜增厚呈现脑回样变是其主要的病理变化。在2022年6月29日我国农业农村部新发布的《一、二、三类动物疫病病种名录》中，虽然已将牛副结核病降为三类动物疫病，但该病所造成的经济损失和公共卫生影响仍然不可忽视。牛副结核病是影响全球奶牛业最严重的传染病之一，可造成产奶量减少、体重降低、扑杀/死亡和疾病控制成本增加等。该病还是一种潜在的人兽共患病，人类食用被副结核分枝杆菌污染的牛奶或奶制品可造成过敏性肠道症状和溃疡性肠炎，即克罗恩病。副结核分枝杆菌感染人类不一定会导致发病，但它可能是克罗恩病和其他疾病（比如1型糖尿病和多发性硬化症）的诱因之一。牛副结核病难以诊断，病原分离周期长，且非结核分枝杆菌的组成复杂，我国相关研究报道较少且存在误区。

30. 如何诊断和防控牛副结核病?

（1）流行病学　牛副结核病在全球范围内广泛流行，且对全球养牛业造成了巨大的经济损失。据估算，集约化养殖的国家，奶牛副结核病的场群阳性率超过 50%。

我国关于牛副结核病流行病学调查的研究较为有限。牛副结核病的传播速度缓慢，不同病例的出现往往间隔较长时间，部分研究认为该病呈现散发性，实际上该病是一种缓慢传播的地方流行性传染病。

（2）临床症状　动物一旦感染副结核分枝杆菌，通常会有数年的无症状潜伏期。同时，大量细胞外副结核分枝杆菌在血液中循环，刺激适应性免疫系统，引起机体产生特异性免疫应答。当该菌成功定植于肠道中时，机体便会出现特征性的肉芽肿、组织学和表观的病变，影响动物的营养吸收，导致病畜营养不良、渐进性消瘦，严重时造成病畜死亡，剖检可见病牛回肠黏膜肿胀出血，有黏液脓性分泌物，肠系膜淋巴结可见明显的髓样肿胀。副结核病晚期的特征性迹象是严重腹泻和骨骼的表观病变。

（3）实验室诊断　感染副结核分枝杆菌的动物会出现细胞免疫和体液免疫分离的现象，细胞免疫随病情康复而增强，体液免疫随病情加重而增强。在不同感染阶段，患病动物表现不同的病理、生理和免疫状态，加之长达数年的潜伏期和亚临床症状，给副结核病的诊断造成了很大的困难。

实验室诊断方法包括细菌分离培养、染色镜检、分子生物学方法、抗体检测、皮肤变态反应和 γ 干扰素释放试验等。

（4）防控　人类研究牛副结核病的历史已经超过百年，但是仍然没有特效的治疗和防控措施。当病畜进入感染晚期，临床症状明显，生产性能下降，抗体水平升高。虽然此时易于诊断，但是长期腹泻可能已经造成副结核分枝杆菌的大量污染。因此，改善牛场环境卫生，尤其是避免犊牛的感染，结合检测—剔除方法，是控制该病传播的主要措施。防止犊牛摄入含有副结核分枝杆菌的成年牛乳汁和粪便，可以有效降低该病的扩散。由于副结核病可以通过胎盘屏障垂直传播，所以已感染母畜的新生犊牛应当隔离饲养，最好及时进行检测并淘汰。在副结核病高度流行的地区，每年应对牛群进行 3 ～ 4 次检测，及时淘汰阳性牛，避免造成更大的损失；对于疑似感染的牛，应严格隔离饲养，3 个月后应再次检测。

为了降低扑杀和淘汰病畜造成的巨大损失，部分欧美国家对新生犊牛进行疫苗接种。英国和部分东欧国家使用减毒活疫苗，美国和挪威等国家使用灭活疫苗。但是，由于犊牛对副结核分枝杆菌易感，并存在垂直传播的风险，疫苗的保护效果受到质疑。同时，接种疫苗会影响临床上对牛结核病的诊断。所以利用疫苗控制副结核病的方法没有在全球推广。

31. 牛恶性水肿是种什么样的病？如何防控？

牛恶性水肿为腐败梭菌（主要是梭菌属中的腐败梭菌，其次是产气荚膜梭菌和诺维梭菌等）诱发的、经创伤感染的、急性传染性疾病，典型症状为创伤局部炎症，严重水肿，伴有发热和毒血症。

（1）流行特点　腐败梭菌广泛存在自然界中，可存在于土壤、草食动物肠道、粪便内。牛恶性水肿多为创伤感染，在断尾、去势、预防接种等过程中，如果消毒不严，极易导致伤口被致病菌感染，诱发此病。此病感染不分牛的年龄，无明显的季节性，多为散发感染。日常饲养管理不善、粪便处理不及时、养殖环境恶劣、草料饮水中的病原体可造成污染，增加发病率和死亡率。

（2）临床症状　本病潜伏期为 12 ～ 72 小时。患牛病初减食，体温升高，伤口周围发生炎性水肿，并迅速扩散蔓延，肿胀部初期坚实、灼热、疼痛，后变无热痛，手压柔软，有轻度捻发音。切开肿胀部，见皮下和肌间结缔组织内流出多量淡红褐色带少许气泡、气味酸臭的液体。创面常呈苍白色、闪光，肌肉呈暗红色或砖红色。随着炎性气性水肿的急剧发展，病牛全身症状严重，表现高热稽留、呼吸困难、脉搏细数，结膜黄染发绀，偶有腹泻，多在发病后 1 ～ 3 天死亡。如因分娩感染，则在产后 2 ～ 5 天阴道流出不洁红褐色恶臭液体，阴道黏膜充血发炎，会阴水肿，并迅速蔓延至腹下、股部，以致发生运动障碍和全身症状。如因去势感染，多在术后 2 ～ 5 天发病，阴囊、腹下发生弥漫性炎性水肿，并伴有严重的全身症状。

（3）病理变化　病死牛见发病局部的弥漫性水肿，皮下和肌肉间结缔组织有污黄色液体浸润，并含有气泡，其味酸臭。肌肉呈白色，煮肉样，易于撕裂，有的呈暗褐色。实质器官变性，肝、肾浊肿，脾、淋巴结肿大，偶有气泡，血凝不良，心包、腹腔有积液。

（4）治疗　由于牛恶性水肿发病迅速，多数呈急性经过，所以，本病治疗要从早从速。

①全身疗法。早期病症，建议用抗菌消炎类药物。青霉素，早期剂量：1 万单位 / 千克体重；链霉素，早期剂量：10 毫克 / 千克体重。建议两种药物交替使用。常规剂量，肌内注射，3 次 / 天，7 天为 1 个疗程，康复效果较好。

土霉素，早期剂量：5 ～ 10 毫克 / 千克体重，混合入浓度 5% 的葡萄糖溶液，调配 0.5% 的土霉素注射液，2 次 / 天，7 天为 1 个疗程。磺胺嘧啶钠，药用浓度 10%，静脉注射，2 次 / 天，症状缓解后方可停止。

②局部治疗。全身药物治疗的同时，局部创伤的伤口要处理。伤口扩创处

理，彻底清除内含异物、水肿液、坏死组织等，用浓度为1%～2%的高锰酸钾溶液冲洗，阴干后用浓度为3%的过氧化氢反复冲洗。待干后，涂抹浓度为20%的碘酊或者碘仿磺胺粉。局部治疗，结合全身疗法，参照患病情况，处理1～2次/天，痊愈为止。

③对症治疗。全身治疗配局部疗法，临床有心力衰竭、严重酸中毒等，及时做应急处理。补液，用浓度为25%的葡萄糖溶液500毫升；强心，用安钠咖注射液10毫升；解毒，用林格氏溶液1 000毫升；酸中毒，用浓度为5%的碳酸氢钠溶液500毫升。

（5）预控　关键是避免外伤，有外伤时，要及时诊治。例行常规手术时，严格操作流程，做好伤口处理。通过有效的消毒措施，避免伤口被污物污染。牛群加强管理，饲喂全价日粮。使用饲草，洁净卫生。牛舍及时清扫，严格消毒流程，营造良好的养殖环境。加强放牧管理，避免到低洼潮湿处。病症轻的，及时隔离，对症治疗，基本可消除病症。其间，注意对病畜接触过场地、器具等，用浓度为20%的漂白粉溶液彻底消毒，避免致病菌肆意扩散。病情较重的，建议放弃治疗，尸体无公害化处理。此外，饲养管理人员，一律佩戴胶皮手套，避免厌氧菌感染。

32. 如何诊断牛大肠杆菌病?

牛大肠杆菌病是由致病性大肠埃希菌引起的新生犊牛的一种急性传染病。临床症状为犊牛腹泻，排出灰白色稀便，也称犊牛白痢。该病常见于10日龄内的犊牛，特别是1～3日龄的犊牛最易感。本病一年四季均可发生，冬春季多见。

（1）发病原因　母牛营养补充不足，会造成乳汁质量较差，犊牛营养不良、抵抗力降低，易诱发大肠埃希菌病。牛舍养殖环境较差，通风不佳，且保温设施操作或设计不当，气候变化等因素，均有可能引发该病。此外，饲料中缺乏维生素、蛋白质等，或饲养环境与用具受到大肠埃希菌污染，也会诱发该病。

（2）临床症状　该病主要发生于20日龄以内的犊牛，最常见于10日龄以内的犊牛，吃足初乳和2周龄以上者很少发生。患病犊牛和带菌牛是该病的主要传染源。主要通过消化道感染，有时也可经产道或脐带垂直感染。一年四季均可发生，但冬、春舍饲季节多发生，放牧季节发生很少，呈散发性或地方流行性。

大肠杆菌病分为3种类型，即败血型、中毒型和肠炎型。

①败血型。常发于2～3日龄的新生犊牛，呈急性败血性症状，潜伏期短，有些临床病例没有见到任何症状就出现死亡。急性病例主要特征有体温升高，可达40℃左右，精神萎靡，数小时后可出现下痢，厌食或拒食，有些可并发关节炎、肺炎和胸膜炎，或卧地不起，伴随神经症状和呼吸困难，若不及时治疗，就会出现高达80%的死亡率。耐过的病犊牛发育不良，恢复非常缓慢。

②中毒型。该种类型相对比较少见，是由于大肠埃希菌在小肠内大量繁殖所产生的毒素造成的，部分牛可能在出现典型临床症状前就急性死亡，病程较长者会出现典型的中毒型症状，先兴奋不安，接着会出现沉郁、昏迷甚至死亡。

③肠炎型。多发于1～2周龄的犊牛，典型症状为腹泻，体温略有升高。发病初期粪便呈淡黄色水样，有恶臭味；后呈水样，颜色呈淡灰白色，混有血丝、气泡和血凝块。严重病例会出现卧地不起、脱水，治疗不及时会出现虚脱而死。后期病牛肛门失禁，常有腹痛。

（3）病理变化　剖检急性（突然）死亡病例往往看不到明显的病理变化。腹泻病例可见病牛尸体消瘦，在皱胃中可见凝血块或凝乳块，胃黏膜有水肿、充血、出血现象，并有胶状黏液。在肠内容物中常常混有气泡和血液，有恶臭味，肝和肾呈现苍白色，肾乳头有针尖大小的出血点和坏死灶，气管有出血性炎症。肠系膜淋巴结肿大，切面多汁，有些病例充血。胸、腹腔及心包多积液，有些病例在胸腔内有纤维素样物沉积。心肌变性，有出血点。有些病例出现肺脏肿大，有些出现关节肿大。

根据发病情况，发病日龄、临床症状和实验室诊断（采取新鲜粪便制作触片，革兰氏染色后镜检可见两端钝圆，中等大小、无芽孢的阴性杆菌）可作出初步判定。也可无菌采取病死犊牛的内脏（如肝、肾、脾、肠系膜淋巴结）涂片染色后镜检进行观察。

可通过细菌培养、生化试验等实验室诊断确诊。

33. 怎样防治牛大肠杆菌病？

（1）预防　①加强妊娠牛的饲养管理。供给合理饲料，保证丰富的蛋白质、维生素和矿物质，给予优质干草，适量运动。搞好产房的卫生和消毒。产房要保持通风、干燥、宽敞、光线充足，及时清除污物并经常消毒。地面每天要用清水冲洗，每周用碱溶液清洗地面和食槽。护栏、犊牛床、运动场等可用2%来苏尔溶液等常用消毒液全面消毒，勤换垫草。

②加强犊牛的护理。应给新生犊牛创造一个干净和干燥环境，环境温度低

时应增加保温措施。冬天尤其应注意保暖，不能有冷风或贼风直吹。接产时，接产用具等以及母牛的外阴部均须用1%新洁尔灭溶液清洗消毒，助产人员用0.1%新洁尔灭溶液清洗消毒手臂。脐带断口应距离犊牛腹部5厘米，并用10%碘酊浸泡1分钟。接产、断脐时要力求无菌操作。乳头要保持洁净，防止新生犊牛接触到污水和粪尿。出生后的犊牛应及时吃到初乳（1小时内），这样可以使其尽早获得母源抗体，增强体质。断奶期避免突然改变饲料，要逐渐过渡。若发现犊牛患病，须及时隔离，地面和垫草用生石灰全面消毒，对患病犊牛及时进行有效治疗。

（2）*治疗*　大肠杆菌病的治疗主要采用抗菌治疗，配合其他对症治疗，如适时止泻、强心补液和调整、改善胃肠功能。

①抗生素治疗。经药敏试验，选取有效药物进行针对性的治疗。庆大霉素，1～1.5毫克/千克体重，肌内注射，每日2次；或磺胺甲基嘧啶，0.08～0.2克/千克体重，口服，每日2次；或链霉素，10毫克/千克体重，肌内注射，每日2次；或磺胺脒，0.1～0.3克/千克体重，肌内注射，每日2次。

②补液。补液的剂量依据脱水的程度来定，若有食欲或能自吮，可以口服补液盐，不能自吮时静脉注射补液。口服补液盐的配方为氯化钠3.5克，氯化钾1.5克，碳酸氢钠2.5克，葡萄糖20克，加水1 000毫升，也可以购买商品补液盐，配成水溶液，全天自由饮用以防脱水。不能自食时，可用5%糖盐水或复方氯化钠液1 000～1 500毫升，静脉注射。发生酸中毒时，可用5%碳酸氯钠注射液80～100毫升缓慢静脉注射。

③调整肠胃功能。可用葡萄糖（含量67.53%）、氯化钠（含量4.34%）、甘氨酸（含量10.3%）、枸橼酸（含量0.81%）、枸橼酸钾（含量0.21%）、磷酸二氢钾（含量6.8%）混合调配，取混合药物64克，加入2 000毫升的水，停乳2天，每次灌服1 000毫升，每日2次。或用乳酸2克，鱼石脂20克，加水90毫升调匀，每次灌服5毫升，每日2～3次。也可口服保护剂和吸附剂，如次硝酸铋5～10克、白陶土50～100克、活性炭10～20克等，以保护肠黏膜，减少毒素吸收，促进早日康复。

④调整肠道微生态平衡。病情有所好转时，可停止应用抗菌药物，口服调整肠道微生态平衡的生态制剂。如促菌生6～12片，配合乳酶生5～10片，每日2次。

⑤中药治疗。可用地榆、辣蓼、翻白草、马齿苋、凤尾草、黄柏各150克，陈皮、山楂、仙鹤草各25克，金银花100克，黄连、神曲各400克，加水煎煮2次，合并药液，浓缩至1 500毫升，犊牛每次灌服50～100毫升，每

日 1 ～ 2 次。或用白头翁、黄连、诃子、茯苓、白芍各 20 克，秦皮、山茱萸各 24 克，生山药 60 克，白术 30 克，干姜、甘草各 10 克，煎汤 1 000 毫升，每次灌服 100 毫升，每日 2 次，连用 3 天。也可用黄芩、黄柏各 20 克，黄连、白头翁各 15 克，枳壳、砂仁、泽泻、猪苓各 10 克，煎汤灌服，每日 1 次，连用 3 ～ 5 天。

34. 牛出血性败血症有哪些流行特点？临床表现有哪些类型？

牛出血性败血症又称牛出败，主要是由多杀性巴氏杆菌 B 型引起的急性、热性传染病。多杀性巴氏杆菌对多种动物和人均有致病性，以猪、牛、兔、鸡、鸭、火鸡最为易感；绵羊、山羊、鹿和鹅次之。

（1）流行特点　各种年龄、品种的牛均可感染，而水牛易感性更高。病畜和带菌动物是该病的传染源，尤其是带菌动物，包括健康带菌和病愈后带菌。病牛体内带有毒力的病菌会随其排泄物、分泌物不断排出，从而污染饲料、饮水、用具和外界环境，成为新的传染源。

该病可通过直接接触和间接接触传播，如水牛往往因饮用病牛饮过的水洼及抛弃病畜尸体河川的水而感染，外源性传染多经消化道，其次是呼吸道，偶尔可经皮肤黏膜的损伤或吸血虫的叮咬而传播。

该病的发生无明显季节性，常见于春、秋季，当出现气温剧变、冷热交替、潮湿、闷热、多雨的气候时易发病。该病呈散发性，有时呈地方性流行。牛群中发生巴氏杆菌病时，很难查出传染源，大都认为牛在发病前就已经带菌。牛在通风不畅、闷热、潮湿、拥挤的恶劣环境下饲养，外加气候剧变、寒冷、饲料霉变、过度劳累、发生寄生虫病、营养不良等诱因而导致机体抵抗力降低时，病菌即可侵入牛体，经淋巴液而进入血液，发生内源性传染，导致该病的发生。

（2）临床症状与病理变化　临床可表现以纤维素性大叶性胸膜肺炎为特征的肺炎型和全身皮下、脏器黏膜、浆膜点状出血的败血型以及头部、胸部水肿的水肿型 3 种类型。

①肺炎型。病牛主要表现为急性纤维素性胸膜肺炎症状。病牛体温升高至 41 ～ 42℃，精神不振，食欲减退或废绝，呼吸促迫，继而呼吸极度困难，干咳且疼痛，流泡沫样鼻液，有时带血，后呈黏液脓性。胸部叩诊有痛感，有实音区；胸部听诊有水泡性杂音，有时可听到胸部摩擦音。病初便秘，后期下痢并带有黏膜和血液，恶臭。病程为 3 ～ 7 天。

病牛胸、腹腔有大量浆液性纤维素性渗出液，肺脏和胸膜有小出血点并附着一层纤维素性薄膜。肺脏有不同时期的肝变，小叶间结缔组织水肿增宽，切面呈大理石状外观，有的病例坏死灶呈灰色或暗褐色。有的病例有纤维素性心包炎和胸膜炎，心包和胸膜粘连。肝与肾发生实质变性，肝脏常见有小坏死灶。支气管淋巴结、纵隔淋巴结等显著肿大。部分病牛胃出血、气管充血并伴有大量渗出性黏液，肠及肠系膜出血，肝脏出血，呈土黄色。

②败血型。败血型以猝死为典型特征。最急性病例在出现明显临床症状前突然死亡。亚急性型病例表现为体温升高至 41 ～ 42℃，继而出现全身症状，精神不振，低头弓背，被毛粗乱、无光泽，肌肉震颤，机体衰竭，鼻镜干裂，结膜潮红，有时咳嗽或呻吟。皮温不整，呼吸和心跳加速，食欲减退或废绝，泌乳减少或停止。病初病牛便秘，之后转为腹泻，粪便呈粥样或液状并混有黏液、黏膜片和血液，恶臭，并有腹痛。濒死期病牛眼结膜、天然孔出血。不久后，病牛体温下降，在 12 ～ 24 小时因虚弱而死亡。

病牛全身黏膜、浆膜以及肺、舌、皮下组织和肌肉有出血点和渗出液，心外膜充血、出血、胸膜腔积液、淋巴结水肿、脾脏有小出血点，但不肿胀。

③水肿型。在病牛的头颈部、咽喉部及胸前的皮下结缔组织出现扩张性炎性水肿，触之有热痛感；同时舌部及周围组织有明显肿胀，呈暗红色，呼吸极度困难，出现急性结膜炎，皮肤和黏膜发绀，眼红肿、流泪；有的病牛出现下痢，病程多为 12 ～ 36 小时，后因呼吸障碍而死亡。

病牛除全身症状外，主要是咽部、头部和颈部、胸前部皮下有胶样浸润，切开后流出黄色至深黄色的液体，出血，咽周围组织发生相同的病变，咽淋巴结和颈淋巴结高度肿胀。

35. 如何防控牛出血性败血症？

（1）预防

①加强管理。发现病牛和疑似病牛，应及时隔离检查治疗，以抗菌消炎、对症治疗为原则，并加强饲养管理，避免牲畜拥挤、受寒等应激因素。增强机体抗病力，尽量消除可能降低抗病力的因素。

②严格消毒。牛舍、饲喂用具等用 10% 石灰乳或 5% 氢氧化钠溶液进行严格消毒。对垫草等污染物进行焚烧处理。粪便堆积后用 5% 氢氧化钠溶液表面消毒后再进行生物热处理。对尸体应先消毒外表后再深埋。

③定期接种。发病地区，每年定期接种牛出血性败血症氢氧化铝疫苗，体重 100 千克以上的牛注射 6 毫升，体重 100 千克以下的小牛注射 4 毫升，皮下或肌内注射。

④紧急接种。注射牛出血性败血症疫苗，体重在 100 千克以上的牛肌内注射 6 毫升，体重在 100 千克以下的牛肌内注射 4 毫升。

（2）*治疗*　①重症治疗。用 5% 葡萄糖注射液 500 毫升、青霉素钠盐 800 万单位、0.5% 氢化可的松注射液 500 毫克、40% 乌洛托品注射液 80 毫升，静脉注射，每天 2 次。也可用 10% 磺胺嘧啶钠注射液 200 毫升、40% 乌洛托品注射液 80 毫升、生理盐水 500 毫升、10% 维生素 C 注射液 40 毫升，静脉注射，每日 2 次。对呼吸困难者用氨茶碱注射液 20 毫升、5% 葡萄糖注射液 500 毫升，混合后避光静脉滴注，每天 1 次。

②轻症治疗。肌内注射青霉素 400 万单位，链霉素 500 万单位，每天 3 次；或用 20% 磺胺嘧啶钠注射液 50 ～ 100 毫克 / 千克体重，加入 500 毫升 5% 葡萄糖注射液内静脉注射，每天 2 次。

③肠炎治疗。该类病牛应用上述方法治疗的同时，再加盐酸黄连素注射液 20 毫升，每天 3 次。

④中药治疗。金银花、黄连、黄芩、栀子、茵陈、马勃各 50 克，连翘、射干、山豆根、天花粉、桔梗各 60 克，牛蒡子 30 克。水煎取汁，1 次灌服。

36. 如何诊治牛沙门氏菌病?

牛沙门氏菌病又称为牛副伤寒，痢疾是该病的主要病症，在 10 ～ 30 日龄的牛犊多发，临床主要表现为体温升高、食欲不振、呼吸不畅、肠炎腹泻、败血症等症状，病程一般为 5 ～ 7 天，严重者可在此间发生死亡。成年牛只患病后相关症状不太明显，部分患病牛只表现为高热、昏迷、食欲废绝、呼吸困难等症状，其中下痢表现较为迅速，可导致妊娠牛流产。该病对犊牛有较大的影响，可直接导致死亡，产生较大的经济损失。

（1）*病原学特点*　沙门氏菌是牛沙门氏菌病的病原体，其中都柏林沙门氏菌和鼠伤寒沙门氏菌是引起该病的主要病原微生物。沙门氏菌属于革兰氏阴性杆菌，无荚膜和芽孢，可自行运动，该菌的抗原包括菌体抗原、表面抗原以及鞭毛抗原，根据不同抗原可以分为不同的血清型。沙门氏菌属于需氧或兼性厌氧菌，在体外培养的过程中对营养成分要求不高，普通琼脂培养基即可生长，在 36 ～ 38℃时生长速度最快，在亚铁离子培养基中进行培养时，由于细菌能够生成硫离子，培养基的颜色会变黑，这一特性可以作为诊断沙门氏菌病的依据之一。沙门氏菌对环境的抵抗能力较差，在 60℃下加热 30 分钟即可灭活，大部分消毒药品如石灰乳、来苏尔、石炭酸等均能杀灭本菌，但干燥或阳光直射的情况下，沙门氏菌可存活一段时间。

（2）流行特点　沙门氏菌可以感染任何生长阶段的牛，其中以 1 月龄犊牛最易感，且犊牛感染后往往呈地方性流行。本病的主要传染源是患病牛和带菌牛，本菌可长时间存活在淋巴组织和胆囊内，然后经尿液、粪便、流产胎儿、羊水、乳汁、胎衣等被排出体外，容易造成水源和饲料以及环境的污染。健康牛只直接接触被污染的环境、器具等被感染，也可经交配感染，在进行冷冻精液人工授精的过程中，如果种公牛患有沙门氏菌病，则其精液内有病菌，可通过人工授精造成疾病的传播。沙门氏菌病的主要传播途径是消化道感染，但当牛只患有寄生虫病或怀孕母牛分娩、患产后疾病时，由于机体的免疫能力降低，容易发生内源性感染。牛沙门氏菌病在任何季节均可发生，但以温暖、潮湿的季节更易发生。长时间运输、过早断奶、牛舍卫生条件较差、饮水或饲料不充足等因素也均可成为沙门氏菌病的诱因。在实际养殖生产中，沙门氏菌病在牛养殖的任何时间段均有暴发流行的可能，尤其是犊牛养殖阶段中，出现沙门氏菌病群体流行的概率更高。犊牛养殖中疾病的感染与养殖的环境温度密切相关，在环境温度变化较大的季节更容易出现沙门氏菌病的暴发。

（3）临床症状　牛养殖中出现沙门氏菌病后会导致病牛体温升高，处于急性发病阶段的牛只体温达 41℃以上，同时伴随腹泻的症状。患病牛在患病初期阶段会出现精神状态萎靡、采食量显著下降的情况，最终牛只采食停止；患病牛脉搏频数增加，呼吸急促。患病牛只的粪便在患病早期呈粥样状，颜色呈现为灰绿色或者灰黄色，并伴随恶臭味。随着疾病的不断恶化，患病牛只的粪便呈水样状，水样粪便中夹杂着很多纤维状的物质和黏膜组织，部分粪便中夹杂着血丝。到患病后期，患病牛只的粪便中含有大量鲜红色的血液。患病牛长时间卧地不起，同时随着病程延长症状也逐渐加重。

慢性型沙门氏菌病会导致牛只出现明显呼吸道疾病症状，患病牛的鼻腔中出现大量的黏液状物质，伴随着咳嗽、呼吸障碍以及部分消化道疾病等。慢性型沙门氏菌感染的患病牛只长时间咳嗽容易导致病原进入肺部组织，最终导致肺部组织的细菌性感染，诱发肺炎等问题。部分患病牛会出现眼结膜充血、发炎，出现结膜炎症状，也有的患病牛会出现支气管炎症状。部分牛只会出现关节炎，主要是导致牛只的腕关节明显肿大，影响牛只的行走，发病的过程较长。

（4）病理变化　对患病犊牛进行解剖检查可以发现，患病犊牛的腹膜、膀胱黏膜上出现大量的出血点；小肠末端和大肠内有纤维素性坏死膜；肠道黏膜组织出现明显的炎症病变，肠系膜淋巴结水肿、出血；脾脏充血、肿大至 3 ～ 4 倍，为暗红色或灰红色；胃黏膜组织出现弥散性出血、充血和水肿的情况，牛只全身的浆膜、覆膜、膀胱黏膜组织均出现出血点。剖检患病成年牛主要表现为急性出血性肠炎，肠黏膜潮红、出血，大肠黏膜脱落，有局部坏死灶，结肠和小肠远端的黏膜坏死区内有弥漫性、多造型纤维素性坏死膜，肠系膜淋巴结水肿。

根据临床症状和剖检特点可以进行初步诊断，但由于发热、腹泻等症状与其他传染性疾病症状相似，所以确诊应结合实验室诊断技术，可通过采集发热期患病牛的乳汁、血液、肝脏组织、脾脏组织、肠系膜组织、淋巴组织、粪便等样品进行细菌分离鉴定。将患病牛只的组织样品带到实验室进行涂片染色镜检，在患病牛只的病料组织中可以发现大量的革兰氏阴性菌，呈现为球杆菌的形态。通过将收集的病料组织粉碎处理，将其接种到含有 TTP 增菌液的麦康凯琼脂培养基中，随后放置在 37℃的环境下培养 48 小时，可以发现麦康凯琼脂培养基中出现圆形菌落，菌落呈无色透明状，同时菌落的中心出现黑色的圆点。对菌落的细菌进行革兰氏染色后发现为阴性菌，结合分离培养试验和镜检可以判断病原为沙门氏菌。还可以通过药敏试验进一步确定，通常沙门氏菌会对氟苯尼考、新霉素等抗生素敏感。

（5）防治措施

①预防。首先要加强饲养管理，尽量坚持自繁自养，或采用封闭式管理，全进全出，减少场外因素对牛只的影响。同时，加强环境消毒，制定科学合理的消毒程序，选择广谱、高效、毒副作用小的消毒药品进行消毒，并定期更换消毒药品。由于沙门氏菌病在牛群免疫力低下时更易发病，因此应给牛群营造相对舒适的生活环境，保证牛舍内的温度适宜，洁净，干燥，提供充足的清洁饮水和营养全面的日粮，注意补充维生素和矿物质元素，以保证牛只营养均衡，增强体质，减少疾病的发生。饲养管理人员在饲喂前严格把控饲料原料的品质，禁止饲喂发霉变质的饲料原料，合理调控饲料中精饲料和粗饲料的比例，保障牛只的健康生长发育和免疫功能。

②治疗。当发现患病牛时，首先应将患病牛隔离，并对其使用过的圈舍、垫草以及用具进行消毒，可使用 2% ～ 4% 火碱进行消毒，能够很好地杀灭环境中的沙门氏菌，避免二次感染。然后选择氟苯尼考、卡那霉素、链霉素、盐酸环丙沙星以及磺胺类药物进行抑菌消炎，具体的药物选择可以参照药敏试验的结果进行治疗，当发病牛只较多时，可以使用氟苯尼考预混剂拌入饲料内，一般用药 3 ～ 5 天可以获得较好的疗效。

37. 炭疽的诊断要点有哪些？

炭疽病由炭疽杆菌引起，可以发生在以草为食的动物中，比如牛、马、羊，且是一种人畜共患性疾病，对人和动物的危害性较大。牛炭疽病的发病较急，且发病期较短，在1周内病牛便会死亡，并传染给周围的牛，若是未能得到及时有效的处理，整个牛舍的牛均会感染和死亡。更为不利的一点是，牛炭疽病很容易传染其他动物，比如猫和狗，造成严重的群体性感染问题。《炭疽防治技术规范》中规定了炭疽的诊断要点。

（1）流行特点　本病为人畜共患传染病，各种家畜、野生动物及人对本病都有不同程度的易感性。草食动物最易感，其次是杂食动物，再次是肉食动物，家禽一般不感染。

患病动物和因炭疽而死亡的动物尸体以及污染的土壤、草地、水、饲料都是本病的主要传染源，炭疽芽孢对环境具有很强的抵抗力，其污染的土壤、水源及场地可形成持久的疫源地。本病主要经消化道、呼吸道和皮肤感染。

本病呈地方性流行。有一定的季节性，多发生在吸血昆虫多、雨水多、洪水泛滥的季节。

（2）临床症状　①本病的潜伏期为20天。②典型症状。本病主要呈急性经过，多以突然死亡、天然孔出血、尸僵不全为特征。牛体温升高常达41℃以上，可视黏膜呈暗紫色，心动过速、呼吸困难。呈慢性经过的病牛，在颈、胸前、肩胛、腹下或外阴部常见水肿；皮肤病灶温度增高，坚硬，有压痛，也可发生坏死，有时形成溃疡；颈部水肿常与咽炎和喉头水肿相伴发生，致使呼吸困难加重。急性病例一般经24～36小时后死亡，亚急性病例一般经2～5天后死亡。

（3）病理变化　死亡患病动物可视黏膜发绀、出血。血液呈暗紫红色，凝固不良，黏稠似煤焦油状。皮下、肌间、咽喉等部位有浆液性渗出及出血。淋巴结肿大、充血，切面潮红。脾脏高度肿胀，达正常数倍，脾髓呈黑紫色。严禁在非生物安全条件下进行疑似患病动物、患病动物的尸体剖检。

（4）实验室诊断　实验室病原学诊断必须在相应级别的生物安全实验室进行。①病原鉴定。样品采集、包装与运输按照NY/T 561 2.1.2、4.1、5.1执行。炭疽的病原分离及鉴定（见NY/T 561）。②血清学诊断用炭疽沉淀反应（见NY/T 561）。③分子生物学诊断用聚合酶链式反应（PCR）。

38. 如何进行炭疽的疫情报告和疫情处置?

《炭疽防治技术规范》中规定了炭疽的疫情报告和疫情处置方法。具体内容如下。

（1）疫情报告　①任何单位和个人发现患有本病或者疑似本病的动物，都应立即向当地动物防疫监督机构报告。②当地动物防疫监督机构接到疫情报告后，按国家动物疫情报告管理的有关规定执行。

（2）疫情处理　依据本病流行病学调查、临床症状，结合实验室诊断做出的综合判定结果可作为疫情处理依据。

①当地动物防疫监督机构接到疑似炭疽疫情报告后，应及时派员到现场进行流行病学调查和临床检查，采集病料送符合规定的实验室诊断，并立即隔离疑似患病动物及同群动物，限制移动。

对病死动物尸体，严禁进行开放式解剖检查，采样时必须按规定进行，防止病原污染环境，形成永久性疫源地。

②确诊为炭疽后，必须按下列要求处理。由所在地县级以上兽医主管部门划定疫点、疫区、受威胁区。疫点指患病动物所在地点。一般是指患病动物及同群动物所在畜场（户组）或其他有关屠宰、经营单位。疫区指由疫点边缘外延3千米范围内的区域。在实际划分疫区时，应考虑当地饲养环境和自然屏障（如河流、山脉等）以及气象因素，科学确定疫区范围。受威胁区指疫区外延5千米范围内的区域。

本病呈零星散发时，应对患病动物作无血扑杀处理，对同群动物立即进行强制免疫接种，并隔离观察20天。对病死动物及排泄物、可能被污染饲料、污水等按要求进行无害化处理；对可能被污染的物品、交通工具、用具、动物舍进行严格彻底消毒。疫区、受威胁区所有易感动物进行紧急免疫接种。对病死动物尸体严禁进行开放式解剖检查，采样必须按规定进行，防止病原污染环境，形成永久性疫源地。

本病呈暴发流行时（1个县10天内发现5头以上的患病动物），要报请同级人民政府对疫区实行封锁；人民政府在接到封锁报告后，应立即发布封锁令，并对疫区实施封锁。

疫点、疫区和受威胁区采取的处理措施如下。

A. 疫点。出入口必须设立消毒设施。限制人、易感动物、车辆进出和动物产品及可能受污染的物品运出。对疫点内动物舍、场地以及所有运载工具、饮水用具等必须进行严格彻底的消毒。患病动物和同群动物全部进行无血扑杀处理。其他易感动物紧急免疫接种。对所有病死动物、被扑杀动物，以及排泄物和可能被污染的垫料、饲料等物品产品按要求进行无害化处理。

动物尸体需要运送时，应使用防漏容器，须有明显标志，并在动物防疫监督机构的监督下实施。

B. 疫区。交通要道建立动物防疫监督检查站，派专人监管动物及其产品的流动，对进出人员、车辆须进行消毒。停止疫区内动物及其产品的交易、移动。所有易感动物必须圈养，或在指定地点放养；对动物舍、道路等可能污染的场所进行消毒。

对疫区内的所有易感动物进行紧急免疫接种。

C. 受威胁区。对受威胁区内的所有易感动物进行紧急免疫接种。

D. 进行疫源分析与流行病学调查。

但最后 1 头患病动物死亡或患病动物和同群动物扑杀处理后 20 天内不再出现新的病例，进行终末消毒后，经动物防疫监督机构审验合格后，由当地兽医主管部门向原发布封锁令的机关申请发布解除封锁令。

对处理疫情的全过程必须做好完整的详细记录，建立档案。

39. 炭疽防控技术要点有哪些?

2023 年 8 月，中国动物疫病预防控制中心（农业农村部屠宰技术中心）、中国疾病预防控制中心联合制定并发布了《炭疽防控技术要点（第一版）》。其要点如下。

（1）畜间疫情监测排查　①开展炭疽疫情监测排查，重点监测疫源地和其他高风险区的家畜，及时发现和处置异常情况，排除疫情隐患。②对炭疽新老疫区的牛羊养殖、交易、屠宰、无害化处理等场所开展全面排查；对牲畜交易、屠宰等重点场所进行巡查。③降水较多的地区，要加大排查力度和频次，必要时对重点疫区开展环境监测。④严格按照《动物炭疽诊断技术》（NY/T 561）要求对病死畜采样送检，坚决防止疫情扩散蔓延。

（2）畜间疫情报告　①从事动物疫病监测、检测、检验检疫、研究与诊疗以及动物饲养、屠宰、经营、隔离、运输等活动的单位和个人，发现动物感染炭疽或者疑似感染炭疽，应立即向所在地农业农村主管部门或者动物疫病预防控制机构报告。②有关单位接到疫情报告后应按照农业农村部动物疫情报告管理的相关规定认定和上报疫情，如符合快报情形的按照快报规定进行报告。

（3）畜间免疫接种　①根据疫情动态和风险评估结果制定重点地区免疫计划，适时开展家畜免疫。开展炭疽免疫接种情况核查，确保易感家畜处于有效免疫保护状态。对疫区内的所有易感动物进行紧急免疫接种。②使用符合国家质量标准的炭疽疫苗，并按免疫程序进行接种，建立免疫档案。③怀孕的动物或者2～3周要屠宰的动物不适合接种疫苗，动物接种疫苗前以及接种后1～2周不得使用抗生素。奶牛接种疫苗后1～2周的产奶不宜食用，煮沸处理后可用作肥料或其他工业用途。④疫苗接种后剩余的空瓶、使用的注射器和容器等须经高压灭菌后处理或彻底焚烧处理，严控生物安全风险。

（4）消毒灭源　①对新老疫区进行经常性消毒，加强养殖环境、畜禽圈舍、污染饲草饲料等消毒灭源工作，及时彻底消除疫情隐患。②雨季开展重点消毒，扎实做好养殖、运输、屠宰、无害化处理等各环节全链条全方位清洗消毒。③对病死动物和被扑杀动物及其产品（包括肉、脏器、生皮、原毛、血液、精液和奶等）、排泄物、可能被污染的饲料垫料、污水等严格按照《炭疽防治技术规范》相关要求进行消毒。

（5）病死畜无害化处理　①严格做好病死畜无害化处理，防止污染水源和环境。会同有关部门，及时开展巡查和排查，搜集因灾因病死亡的动物尸体，严格按照《病死及病害动物无害化处理技术规范》要求，做好无害化处理。②对炭疽确诊病例，严格按照《炭疽防治技术规范》进行无血扑杀和无害化处理，原则上就地焚烧；确需移动，应将死亡动物天然孔塞紧后，严格包裹，以防扩大污染地区。动物尸体焚烧按照《疫源地消毒总则》（GB 19193）有关措施执行，不得对尸体直接进行掩埋处置。无害化处理时，避免使用生石灰。

（6）规范处置畜间疫情　①按照《炭疽防治技术规范》要求，严格落实无血扑杀、无害化处理、消毒、紧急免疫、关闭易感动物交易市场等措施，及时规范处置疫情。②炭疽病死动物等掩埋点应设立永久性警示标志，禁止在周边放牧，防止家畜饮用野外低洼地蓄积的雨水。③做好疫情追踪溯源，采集患病动物放牧、饮水场所的土壤、水源和饲料等环境样本，进行炭疽芽孢杆菌鉴定，查找疫情源头。

（7）检疫监管　①严格按照《动物检疫管理办法》和产地检疫、屠宰检疫规程做好动物产地检疫和屠宰检疫工作，检出炭疽阳性动物时，按《炭疽防治技术规范》要求处理。②加强运输环节和屠宰环节检疫监管，严格查验动物检疫合格证明和运载车辆备案情况，防止染疫或疑似染疫的家畜进入流通环节。③严格执行不准宰杀、不准食用、不准出售、不准转运病（淹）死动物，对死亡动物进行无害化处理的“四不准一处理”措施。

（8）人员防护　①动物防疫、检疫、实验室检测和饲养场、屠宰场、畜产品及皮张加工企业工作人员应注意个人防护。②疑似炭疽病料标本的涂片、染色和镜检，以及灭活材料的PCR试验和沉淀试验操作应在BSL–2实验室进行。病原分离培养操作应在BSL–3实验室进行。实验室操作人员按照相应生物安全级别实验要求开展个人防护，长期从事炭疽诊断的专业人员建议接种炭疽疫苗。③参与疫情处置的有关人员，应穿防护服和胶靴，戴口罩、手套、护目镜，采取有效的卫生防护、医疗保健措施，做好自身防护。处置完毕后，应及时对个人及环境进行消毒，接受健康检查，出现不良症状时及时就医。

（9）人间炭疽疫情报告　①病例报告。各级各类医疗机构、疾病预防控制机构、卫生检疫机构发现肺炭疽病例（包括疑似、临床诊断或实验室确诊）后，应在诊断后2小时内进行网络直报；其他类型的炭疽病例应在诊断后24小时内进行网络直报。②突发公共卫生事件报告。炭疽疫情达到突发公共卫生事件级别时，应按规定进行突发公共卫生事件信息报告。

（10）人间炭疽疫情处置　①做好流行病学调查，疾病预防控制机构接到炭疽病例报告后，应立即进行疫情核实和个案调查，主要内容包括病例基本情况、症状及体征、实验室检测结果、接触或暴露史、可能的感染来源及方式、可疑污染的环境等，填写个案调查表，并调查病例的共同暴露人群和接触者，开展病例搜索。同时收集当地人口资料、患者及居民居住环境、自然景观、气象资料等；了解疫点所在地既往疫情和流行强度；收集当地动物养殖、屠宰、销售、发病、死亡及死亡动物处置等信息。根据收集到的信息进行风险评估，指导疫情处理。涉及畜间疫情时，应将相关信息通报农业农村、市场监督、公安等部门，联合相关部门进行规范处置。②做好病例诊断、隔离和治疗，医疗机构或疾病预防控制机构应尽可能在抗生素治疗前采集病例的相应标本并进行检测。医疗机构按照《炭疽诊断》标准进行病例诊断，在报告病例的同时应隔离患者，避免远距离运送。皮肤炭疽病例原则上隔离至创口痊愈、痂皮脱落为止，如临床症状消失，皮损全部结痂硬结，周围皮肤无红肿，可出院居家隔离。其他类型病例应待症状消失、分泌物或排泄物培养两次阴性后出院。青霉素类、喹诺酮类、四环素类、氨基糖苷类、碳青霉烯类等多种抗生素治疗炭疽有效，参照炭疽诊疗方案进行规范抗生素治疗，同时应建立有效的支持疗法。③做好个体防护，参加标本采集、尸体处理、环境消杀、实验室检测的人员采取传染病二级防护措施，使用医用防护口罩、医用乳胶手套、工作帽、医用防护服或隔离衣、防护鞋（套），必要时佩戴防护眼罩或面罩。标本检测须在生物安全二级或以上实验室中进行。④做好接触者管理，肺炭疽患者的密切接触者，应在隔离条件下接受医学观察14天，可居家或集中隔离。其他类型炭疽病例的密切接触者不需要隔离，只须进行医学观察。对曾暴露于病例同一感染来源的人员，应医学观察14天。对患者的共同暴露人员和密切接触者可进行预防服药，首选环丙沙星或多西环素，替代选择左氧氟沙星、莫西沙星、克林霉素、阿莫西林、青霉素V钾等。⑤做好消毒，患者个人物品做好消毒处理，医疗废弃物按规定集中处理。炭疽患者死亡，尸体以浸透消毒剂的床单包裹后火化。隔离病房常规消毒，病人出院或死亡，应进行终末消毒。对可疑污染环境的无害化处理参照《炭疽防治技术规范》。

（11）健康教育和能力培训　①对养殖、屠宰加工等相关行业从业人员、消费者，重点宣传病死、死因不明、来源不清动物的潜在危害和相关处理规定，引导消费者购买和食用检疫合格的动物及动物产品，发现牲畜异常死亡要及时报告。②炭疽新老疫区和高风险地区要加强疫病流行特点、临床特征、危害等知识宣传，教育易感人群做好日常防护，不要在疫点、疫区、江河流域、洪水侵袭过的草场牧地等炭疽芽孢污染高风险区域放牧、割草，增强群众疫病防控意识和自我保护意识。③加强对基层动物防疫人员动物炭疽临床症状、诊断监测、疫情处置、无害化处理、人员防护等防治知识培训，提高“早发现、快反应、严处置”的能力和水平。④加强对基层医疗机构医务人员炭疽诊疗知识培训，提高诊断意识和诊治能力，做到早诊断、早治疗、早报告。提高基层疾控机构疫情处置能力，加强监测，及时发现并规范处置疫情，降低扩散风险。

（12）联防联控　①各级动物疫病预防控制机构和疾病预防控制机构建立炭疽联防联控机制，第一时间相互通报疫情信息，定期会商疫情形势。②根据防控工作实际需要，联合处置疫情和开展流行病学调查，联合开展炭疽防治知识宣传教育，重点指导高危人群做好个人防护、及时就诊、正确处理病畜及其产品。③密切配合当地宣传部门做好媒体风险沟通，避免群众恐慌，加强防护意识，减少舆情风险。

40. 炭疽无害化处理的内容有哪些？

（1）炭疽动物尸体处理　应结合远离人们生活、水源等因素考虑，因地制宜，就地焚烧。如须移动尸体，先用5%福尔马林消毒尸体表面，然后搬运，并将原放置尸地及尸体天然孔出血及渗出物用5%福尔马林浸渍消毒数次，在搬运过程中避免污染沿途路段。焚烧时将尸体垫起，用油或木柴焚烧，要求燃烧彻底。无条件进行焚烧处理时，也可按规定进行深埋处理。

（2）粪肥、垫料、饲料的处理　被污染的粪肥、垫料、饲料等，应混以适量干碎草，在远离建筑物和易燃品处堆积彻底焚烧，然后取样检验，确认无害后，方可用作肥料。

（3）房屋、厩舍处理　开放式房屋、厩舍可用 5% 福尔马林喷洒消毒 3 遍，每次浸渍 2 小时。也可用 20% 漂白粉液喷雾，200 毫升 / 米 ^{2} 作用 2 小时。对砖墙、土墙、地面污染严重处，在离开易燃品条件下，亦可先用酒精或汽油喷灯地毯式喷烧 1 遍，然后再用 5% 福尔马林喷洒消毒 3 遍。

对可密闭房屋及室内橱柜、用具消毒，可用福尔马林熏蒸。在室温 18℃条件下，对每 25 ～ 30 米 ^{3} 空间，用 10% 浓甲醛液（内含 37% 甲醛气体）约 4 000 毫升，用电煮锅蒸 4 小时。蒸前先将门窗关闭，通风孔隙用高粘胶纸封严，工作人员戴专用防毒面具操作。密封 8 ～ 12 小时后，打开门窗换气，然后使用。

熏蒸消毒效果测定，可用浸有炭疽弱毒菌芽孢的纸片，放在含组氨酸的琼脂平皿上，待熏后取出置 37℃培养 24 小时，如无细菌生长即认为消毒有效。

也可选择其他消毒液进行喷洒消毒，如 4% 戊二醛（pH 值 8 ～ 8.5）2 小时、5% 甲醛（约 15% 福尔马林）2 小时、3% 过氧化氢 2 小时或过氧乙酸 2 小时浸洗。其中，过氧化氢和过氧乙酸不宜用于有血液存在的环境消毒；过氧乙酸不宜用于金属器械消毒。

（4）泥浆、粪汤处理　猪、牛等动物死亡污染的泥浆、粪汤，可用 20% 漂白粉液 1 份（处理物 2 份），作用 2 小时；或甲醛溶液 50 ～ 100 毫升 / 米 ^{3} 比例加入，每天搅拌 1 ～ 2 次，消毒 4 天，即可撒到野外或田中，或掩埋处理（即作深埋处理）。

（5）污水处理　按水容量加入甲醛溶液，使其含甲醛液量达到 5%，处理 10 小时；或用 3% 过氧乙酸处理 4 小时；或用氯胺或液态氯加入污水，于 pH 值 4.0 时加入有效氯量为 4 毫克 / 升，30 分钟可杀灭芽孢，一般加氯后作用 2 小时流放 1 次。

（6）土壤处理　炭疽动物倒毙处的土壤消毒，可用 5% 甲醛溶液 500 毫升 / 米 ^{2} 消毒 3 次，每次 2 小时，间隔 1 小时。亦可用氯胺或 10% 漂白粉乳剂浸渍 2 小时，处理 2 次，间隔 1 小时。亦可先用酒精或柴油喷灯喷烧污染土地表面，然后再用 5% 甲醛溶液或漂白粉乳剂浸渍消毒。

（7）衣物、工具及其他器具处理　耐高温的衣物、工具、器具等可用高压蒸汽灭菌器在 121℃高压蒸汽灭菌 1 小时；不耐高温的器具可用甲醛熏蒸，或用 5% 甲醛溶液浸渍消毒。运输工具、家具可用 10% 漂白粉液或 1% 过氧乙酸喷雾或擦拭，作用 1 ～ 2 小时。凡无使用价值的严重污染物品可用火彻底焚毁消毒。

（8）皮、毛处理 皮毛的消毒，采用97%～98%的环氧乙烷、2%的二氧化碳、1%的十二氟混合液体，加热后输入消毒容器内，经48小时渗透消毒，启开容器换气，检测消毒效果。但须注意，环氧乙烷的熔点很低（＜0℃），在空气中浓度超过3%，遇明火即易燃烧发生爆炸，必须低温保存运输，使用时应注意安全。

骨、角、蹄在制作肥料或其他原料前，均应彻底消毒。如采用121℃高压蒸汽灭菌；或5%甲醛溶液浸泡；或用火焚烧。

41. 如何诊治牛气肿疽？

（1）病原及流行特点 由气肿疽梭菌引起。多见于2岁以下的小黄牛，炎热潮湿季节多发，常呈地方流行性。

（2）临床症状及病理变化 突然发病，体温升高（41～42℃），食欲废绝、反刍停止，出现跛行。不久在腰、荐、肩等肌肉丰满部出现炎性气性水肿，并迅速向四周扩散；肿胀部初有热痛、后变冷行性，无痛；肿胀部皮肤干燥，呈暗红色或黑色，压之有捻发音，叩诊呈鼓音；肿胀破溃或切开后，流出污红色带泡沫的酸臭液体。呼吸困难，脉搏细弱。

切开肿胀部位，可见肌肉内有暗红色坏死，有小空隙，切面呈海绵状，有酸味；肝、肾暗黑色，有大小不等的坏死灶；淋巴结充血、水肿或出血。

（3）确诊 取肿胀部位肌肉、水肿液涂片或肝脏表面压片，染色镜检，可见单个或两个连在一起的无荚膜、有芽孢的气肿疽梭菌。

42. 牛气肿疽的防治措施有哪些？

（1）发现病情后须立即处置 在畜牧养殖中，牛气肿疽病要做到早发现、早治疗，以防止该病的蔓延。饲养者日常饲喂要密切关注牛群表现，及时发现病牛的异常情况，在初步确定牛感染气肿疽病后须立即隔离病牛，并在第一时间上报给疫病防疫部门，由专业的兽医进行该病的确诊，确诊后为了防止该病传播，须将病牛转移，并对牛群、牛舍、生产工具、放牧地等进行全面的灭菌消杀工作，严格遵循防疫要求，以实现牛气肿疽病的有效防治。此外，还须注意健康牛的及时免疫，全面接种牛气肿疽梭菌灭活疫苗，构建牛群对该病的防御机制，以防止该病的大范围扩散。

（2）实行严格的免疫程序 在牛气肿疽病高发地区，为防止牛群感染该病，须在每年的春季开展牛气肿疽灭活疫苗的免疫接种工作，无论大牛还是小牛，皮下注射5毫升，由于低龄牛是感染该病的主要群体，6月龄以下的小牛需要在满 6 月龄时再增加 1 次接种，以构建小牛长期的免疫机制，增强小牛抵御该病的能力。养殖过程中如果发现疑似症状的病牛，须立即隔离饲养，并且要进行牛生存环境的消毒，没有感染疾病的牛需要立即接种气肿疽菌苗，尽可能预防该病的发生，以保证养殖户的经济收益。

（3）加强病死牛处理　感染牛气肿疽病死亡的病牛须实行严格处理程序，不可随意丢弃，更不可违规出售，此种行为不但容易引发食品安全问题，还会导致疾病传播与蔓延，造成严重的后果。因此，病牛尸体、接触的饲料、排泄物等都须进行无害化处理，可选择深埋处理。在完成污染物与尸体处理后应对病牛生活环境、使用的生产工具等进行消毒，可使用 4% 的福尔马林进行灭菌。

（4）加强饲喂管理　牛抵抗力低下、健康情况较差是感染该病的原因之一，而饲养环境对牛的健康影响非常大，需要养殖户加强饲喂管理，严格实行免疫程序，改变错误的饲喂模式，积极学习先进的养殖理念与管理方法，以避免疫病在牛群中传播。在日常饲喂管理中，应密切注意牛的表现，防止牛体受伤，合理饲喂、科学管理，以提高牛的健康水平，不给疫病留下传播机会。

（5）治疗方法　发病早期可以用抗气肿疽血清 150 ～ 200 毫升静脉注射，若重病可隔 8 ～ 12 小时再重复 1 次。在病的最初阶段应用抗生素（青霉素、四环素等）也有良好作用。青霉素 2 ～ 3 次 / 天，每次 100 万～ 200 万单位，肌内注射；还可以用四环素静脉注射，每次用量为 2 ～ 3 克（溶于 2 000 毫升 5% 葡萄糖溶液中），1 ～ 2 次 / 天。此外，10% 磺胺噻唑钠 100 ～ 200 毫升，2 次 / 天，静脉注射，效果良好。

43. 布鲁氏菌病的诊断要点有哪些?

布鲁氏菌病简称“布病”。是由布鲁氏菌引起的一种急性或慢性、多种动物共患的人畜共患传染病，在我国属二类传染病和优先控制净化病种。临床上以流产和发热为主要特征，主要影响家畜的生殖系统，致生殖器官和胎膜发炎，引起流产、不孕不育、关节炎、睾丸炎和各种组织的局部病灶。

（1）流行特点　多种动物对布鲁氏菌易感，羊、牛、猪的易感性最强。母畜比公畜易感，成年畜比幼年畜易感。动物的易感性随着性成熟年龄接近而增高，在母畜中，第 1 次妊娠母畜发病较多。

患病和带菌动物是主要传染源，尤其是感染的妊娠母畜，在流产或分娩时将大量的布鲁氏菌随着胎儿、胎水和胎衣排出，流产后的阴道分泌物和乳汁中都含有布鲁氏菌。

布鲁氏菌病的传播途径主要是消化道，也可通过皮肤、黏膜、交配等感染，蜱的叮咬可传播本病。

布鲁氏菌病呈现明显的接触传播特征，通过直接接触或间接接触均可造成传播，在牧区或农牧区多发，疾病的发生不具有明显的季节性，在有感染的群体内呈扩散传播特点。一般为散发，羊种布鲁氏菌病可呈地方流行性发生。

（2）临床症状　潜伏期一般为 14 ～ 180 天。显著症状是妊娠母畜发生流产，流产后可能发生胎衣滞留和子宫内膜炎，从阴道流出污秽不洁、恶臭的分泌物。新发病的畜群流产较多；老疫区畜群发生流产的较少，但发生子宫内膜炎、乳房炎、关节炎、局部脓肿、胎衣滞留、久配不孕的较多。公畜往往发生睾丸炎、附睾炎或关节炎。

（3）病理变化　需要特别注意的是，对本病剖检采样过程当中应当防止病原微生物扩散和感染。本病的主要病变为妊娠或流产母畜子宫内膜和胎衣的炎性浸润、渗出、出血及坏死，有的可见关节炎。胎儿主要呈败血症病变，浆膜和黏膜有出血点和出血斑，皮下结缔组织发生浆液性、出血性炎症。组织学检查可见脾、淋巴结、肝、肾等器官形成特征性肉芽肿。

（4）确诊　通过实验室虎红平板凝集试验、乳牛全乳环状试验、试管凝集试验、补体结合试验、间接酶联免疫吸附试验等进行确诊。

44. 布鲁氏菌病的防控目标和防控要点有哪些？

2022 年 3 月，农业农村部制定的《畜间布鲁氏菌病防控五年行动方案（2022—2026 年）》的主要目标是：到 2026 年，全国畜间布鲁氏菌病总体流行率有效降低，牛羊群体健康水平明显提高，个体阳性率控制在 0.4% 以下，群体阳性率控制在 7% 以下；布鲁氏菌病强制免疫工作有效开展，免疫地区免疫密度常年保持在 90% 以上，免疫建档率 100%，免疫奶牛场备案率 100%，免疫评价工作开展率 100%；布鲁氏菌病净化和无疫小区建设工作扎实推进，内蒙古 20% 以上，辽宁、四川、陕西、甘肃、新疆 50% 以上，其他省份 80% 以上的牛羊种畜场（站）建成省级或国家级布鲁氏菌病净化场、无疫小区，各省份 30% 以上的规模奶牛场达到净化或无疫标准，每省份每年建成 3 个以上（含 3 个）省级或国家级布鲁氏菌病净化场、无疫小区；从事养殖、运输、屠宰、加工等相关重点职业人群的布鲁氏菌病防治知识知晓率达 90% 以上，基层动物防疫检疫人员的布鲁氏菌病防治知识普及覆盖面达 95% 以上；90% 以上的县级动物疫病预防控制机构具备开展布鲁氏菌病血清学确诊检测能力；河北、山西、内蒙古、辽宁、吉林、黑龙江、山东、河南、陕西、甘肃、青海、宁夏、新疆、新疆生产建设兵团等重点省份省级和市级动物疫病预防控制机构，年度采样监测覆盖100%的牛羊调出大县和牛羊养殖大县（各省份自行确定养殖大县名单）。

2022年12月29日，中国动物疫病预防控制中心、中国疾病预防控制中心（农业农村部屠宰技术中心）又联合下发了《布鲁氏菌病防控技术要点（第一版）》，从加强饲养卫生管理、规范免疫措施、畜间布鲁氏菌病监测、畜间疫情报告和处置、开展布鲁氏菌病净化和无疫建设、及时清理和消毒、严格报检和检疫、加强生物安全管理、做好人员防护、强化宣传教育、人间布鲁氏菌病监测 、人间布鲁氏菌病疫情调查和处置 、联防联控等13个方面，指导牛羊（牦牛、骆驼等易感动物）养殖等从业人员、基层动物防疫和疾控人员布鲁氏菌病防控工作。

（1）加强饲养卫生管理　①坚持自繁自养和引种检疫。养殖场（户）应坚持自繁自养，如须引种，事先做好引进动物的疫病检测或查验检测报告，防止购入病畜和隐性感染畜。运输车辆消毒后方可进场，预留隔离舍。隔离饲养引入动物，确定无疫病后，方可混群饲养。必要时按规定程序进行免疫接种。

②加强日常管理。畜群分群管理，定时、定量饲喂，保持日粮的相对稳定，保证足够新鲜、清洁、适温的饮水。做好冬季防寒、夏季防暑工作，注意圈舍通风。做好环境卫生工作，及时清粪，保持圈舍、运动场清洁卫生。实施雨污分离，保证排水顺畅。设置单独产房，加强产后消毒工作。放牧时，做到不与其他畜群混合放牧。

③加强日常临床巡查。观察畜群采食、饮水、精神状态，发现母畜流产、不孕、乳腺炎，公畜睾丸肿大、关节炎等临床异常情况，要及时报告送检，作进一步诊断。

④做好各项档案记录和标识管理。详细记录和保存养殖、免疫、检测、诊疗、消毒、无害化处理、生物安全管理等记录，做到及时归档、分类保存。规范使用耳标等各类个体标识，详细记录个体生产信息，对养殖家畜实施可追溯管理。

（2）规范免疫措施　《国家动物疫病强制免疫指导意见（2022—2025年）》中规定的布鲁氏菌病免疫范围为：对种畜以外的牛羊进行布鲁氏菌病免疫，种畜禁止免疫。各省份根据评估情况，原则上以县为单位确定本省份的免疫区和非免疫区。免疫区内不实施免疫的、非免疫区实施免疫的，养殖场（户）应逐级报省级农业农村部门同意后实施。各省份根据评估结果，自行确定是否对奶畜免疫；确须免疫的，养殖场（户）应逐级报省级农业农村部门同意后实施。

免疫区域划分和奶畜免疫等标准由省级农业农村部门确定。

《布鲁氏菌病防控技术要点（第一版）》对牛布鲁氏菌病的免疫及免疫程序，可选用布鲁氏菌基因缺失活疫苗（A19-ΔVirB12 株）或布鲁氏菌活疫苗（A19 株）对 3 ～ 8 月龄牛进行免疫，皮下注射，必要时可在 12 ～ 13 月龄（即第 1 次配种前 1 个月）再低剂量接种 1 次；以后可根据牛群布鲁氏菌病流行情况决定是否再进行接种。不可用于孕畜。

（3）畜间布鲁氏菌病监测　动物疫病预防控制机构按照《国家动物疫病监测与流行病学调查计划》要求，规范开展家畜布鲁氏菌病监测。对于免疫群，需要记录背景信息（包括动物种类、年龄、免疫时间、免疫途径、疫苗名称、疫苗厂家、调运情况等），牛免疫 A19 疫苗 12 个月后，可按监测要求进行疫病监测。对非免疫群，对大于 2 岁的所有牛群，可按监测要求进行疫病监测。

同时，养殖场（户）要严格落实动物防疫主体责任，做好日常巡查，积极配合当地动物疫病预防控制机构做好布鲁氏菌病监测工作。有条件的场户，可自行或委托兽医社会化服务组织对本场开展布鲁氏菌病监测。

（4）畜间疫情报告和处置　规模养殖场（户）制定布鲁氏菌病疫情报告和应急处置预案，当发生疑似病例时，根据规定向所在地农业农村主管部门或动物疫病预防控制机构报告。散养户发现流产等疑似病例时，及时报告村级防疫员或乡镇动物防疫人员，由其向当地动物疫病预防控制机构报告，或直接报告当地动物疫病预防控制机构。

接到报告后，相关机构应及时派专业技术人员到现场进行诊断和流行病学调查。确认畜间布鲁氏菌病疫情的，按《布鲁氏菌病防治技术规范》要求严格处置，扑杀患病动物。开展流行病学调查，隔离饲养同群畜和有流行病学关联的畜群，加强临床排查，必要时开展应急监测。连续 2 次间隔 30 天检测为阴性的，解除隔离。

在养殖场生产区域下风口用 2 道栅栏或实体围墙隔离，设置阳性动物隔离区，与健康牛羊舍保持至少 5 米距离。隔离区内工作人员、车辆、用具等要相对固定，进出口设置专门消毒设施，对进出的人员和车辆等进行严格消毒。奶畜隔离区配备专门的挤奶设备和全密封巴氏高温杀菌设备，分区挤奶并对阳性动物产的鲜奶进行巴氏高温杀菌。

按照病死及病害动物无害化处理相关技术规范要求，或按照地方兽医管理部门规定，对病死、扑杀牛羊进行无害化处理，对日常检疫中发现的患病牛羊及其流产胎儿、胎衣、排泄物、乳、乳制品等进行严格彻底的无害化处理，对患病动物污染的场所、用具、物品严格进行消毒。由无害化处理公司统一处理的，一律收集后交由其进行处理；无统一处理条件的，设立专门的无害化处理池。污染的饲料、垫料和阳性动物粪便等，可采取深埋发酵或焚烧的方式无害化处理。

对阳性动物污染的牛羊舍、运动场、挤奶厅、运输设备、用具、物品等，要每天至少 2 次严格消毒，持续 2 周以上。阳性动物隔离区每天至少全面彻底消毒 2 次，直到隔离的阳性动物全部处置完毕为止。牛羊产后要对产房进行全面彻底消毒，对流产物污染的地方进行严格彻底消毒。

（5）开展布鲁氏菌病净化和无疫建设

①开展布鲁氏菌病场群净化和无疫建设。牛羊养殖场依据《动物疫病净化场评估技术规范》《无布鲁氏菌病小区标准》等技术指导文件，在各级动物疫病预防控制机构和相关机构的指导和帮助下，针对本场布鲁氏菌病本底调查情况，并考虑自身条件和本场实际，“一场一册”制定相应净化或无疫小区建设方案。建立完善的防疫和生产管理等制度，优化生产结构和建筑设计布局，构建可靠的生物安全防护体系。采取严格的生物安全措施，加强人流、物流管控，实行“自繁自养”生产模式，降低疫病水平传播风险。强化对引入种用动物和本场留种动物监测，降低疫病垂直传播风险。持续开展病原学监测和感染抗体监测，通过淘汰带菌动物、分群饲养等方法建立健康动物群，以布鲁氏菌病阴性的生产核心群为基础，逐步扩大健康群，最终实现全场净化和无疫。

②开展布鲁氏菌病区域净化和无疫建设。有条件的地区，可集中连片推进布鲁氏菌病场群净化或无疫小区建设，以点带面，积极推广疫病监测、风险评估、分级防控、调运监管、生物安全管理等布鲁氏菌病区域净化技术，在区域内开展本底调查和风险评估，制定实施监测净化或无疫建设方案，建立区域生物安全综合防控体系，强化家畜流动监管措施，统筹规模场和散养户，统筹畜间防控和人间防控，推进区域内养殖、运输、屠宰全链条防控，全方位强化区域内布鲁氏菌病系统治理水平，实现区域布鲁氏菌病净化和无疫。

（6）及时清理和消毒

①环境清理。保持场区内雨水沟通畅，无淤积物堵塞，及时清理粪污等异物。圈舍内定期更换垫料，及时更换饮水，清理剩草料和粪便。清理青贮窖周围积水，保持青贮窖排水沟通畅。粪污存放地点应防雨、防渗漏、防溢流，保持粪堆规整，易于覆膜发酵，周边无散落粪便。生活区内垃圾定点存放，并集中处理。开展预防性灭蚊蝇、灭鼠工作。不散养犬猫等其他动物。

②环境消毒。圈舍用 1∶400 氯制剂喷雾消毒或无家畜时用 2% ～ 3% 的火碱消毒，日常每周 2 次，疫情发生时每天 2 次。场区、运动场、主干道及粪

场用3%火碱喷洒消毒，每周2次。产房每次使用后立即用2%～3%火碱或1∶400氯制剂进行消毒，生产用具用1∶400氯制剂浸泡或喷洒消毒。饲槽水槽用1∶400氯制剂清洗消毒，每周2次。隔离舍、装卸台、磅秤及周转区周围环境，在每次畜群流动前后，用2%～3%的火碱或1∶400氯制剂消毒1次。进场车辆用1∶400氯制剂喷雾消毒。更衣室用1∶800氯制剂每天消毒1次，下班后用紫外线进行消毒。奶畜场挤奶厅每天消毒1次。

（7）严格报检和检疫

①落实动物检疫申报制度。出售或者运输牛羊等易感动物及其产品的，货主或养殖者应当提前3天向所在地动物卫生监督机构申报检疫。屠宰牛羊等易感动物的，应当提前6小时向所在地动物卫生监督机构申报检疫；急宰的，可以随时申报。向牛羊无规定动物疫病区输入牛羊等易感动物及其产品，货主除按上述要求向输出地动物卫生监督机构申报检疫外，还应当在启运3天前向输入地动物卫生监督机构申报检疫。输入易感动物的，向输入地隔离场所在地动物卫生监督机构申报；输入易感动物产品的，在输入地省级动物卫生监督机构指定的地点申报。购入活畜要进行落地报告，告知当地动物卫生监督机构。购入种用、乳用动物在当地隔离场或者饲养场内隔离饲养30天，经布鲁氏菌病复检结果为阴性的方可合群饲养。购入其他布鲁氏菌病易感动物的，确保无布鲁氏菌病感染后方可合群饲养。

②严格实施动物检疫工作。动物卫生监督机构接到检疫申报后，应当及时对申报材料进行审查。申报材料齐全的，予以受理。受理申报后，动物卫生监督机构应当指派官方兽医实施检疫，可以安排协检人员协助官方兽医到现场或指定地点核实信息，开展临床健康检查。官方兽医严格按照《动物检疫管理办法》做好相应的产地检疫、屠宰检疫、进入牛羊无规定动物疫病区的动物检疫等工作，经检疫符合规定的，出具动物检疫证明。

（8）加强生物安全管理

①配备生物安全硬件设施设备。养殖者要树立生物安全防护意识，规模场区入口应设置车辆消毒池、覆盖全车的消毒设施以及人员消毒设施。场区内的区域按生物安全风险等级实施分区管理，办公区、生活区、生产区、粪污处理区、病死动物无害化（暂存）处理区应严格分开。生产区距离其他功能区50米以上或通过物理屏障有效隔离，生产区入口应设置人员消毒、淋浴、更衣设施。不同生物安全风险等级的区域之间应设立跨区通道，并配备相应的清洗消毒等生物安全防护设施设备。散养户周围应建有围墙、网围栏等物理屏障，并实行人畜分离。

②健全生物安全管理体系和制度。按照防疫要求对畜群开展健康状况分析、疫病监测、废弃物处理及风险评估，严格执行各项生物安全措施。加强车辆、人员、饲料、饲草、兽药和其他投入品入场管理，制定科学合理的卫生防疫制度和布鲁氏菌病防控应急预案，规模养殖场（户）应设立配套兽医室，配备与生产规模相适应的动物防疫技术人员，中小养殖场（户）可委托兽医社会化服务组织、乡村兽医等提供技术服务。

（9）做好人员防护　工作中应注意个人卫生，勤洗手消毒，禁止吸烟、吃零食，合理佩戴防护用品。工作完成后，先用消毒水洗手，再用肥皂和清水冲洗。工作场地应及时清扫消毒。皮肤、手臂如有刮伤、破损，要及时冲洗消毒、包扎。入职前要体检，必要时留存本底血清，上岗前开展职业防护教育。每年要定期进行健康检查，发现患有布鲁氏菌病的应调离岗位，及时治疗。

饲养饲喂人员进入圈舍须佩戴口罩、穿戴工作服、胶鞋、手套等防护用品，防止吸入含菌灰尘，避免直接接触病畜及其排泄物、分泌物。进行消毒的工作人员必须做好个人防护，佩戴齐全护目镜、口罩、手套等防护用品。

产房工作人员在处理难产、流产和病畜的排泄物、分泌物、胎盘、死胎及接生过程，须穿防护服、戴手套和护目镜，禁止赤手接产及直接接触流产胎儿等。工作结束后应及时洗手、洗脸，工作场地要及时清扫、消毒，对使用的防护装备也要进行消毒。

配种、剪毛、挤奶等人员工作时必须穿工作服和工作鞋，戴好乳胶手套、口罩、帽子，工作结束后必须洗手，注意个人卫生。工作场所如有定向气流，人应选择在上风向工作。

从事实验室检测人员按照相应生物安全级别的实验室防护要求，佩戴人员防护用品，执行各项消毒规定。

动物疫病防治人员在开展免疫、采样、保定、扑杀、无害化处理等工作时应佩戴口罩、乳胶手套（长臂乳胶手套）、防护帽、护目镜、防护服、防水长筒胶靴等人员防护用品。工作结束后对全身进行消毒，对一次性防护用品进行无害化处理，重复使用的防护用品做彻底消毒处理。

（10）强化宣传教育

①加强健康教育。加强对职业人群的健康教育。对养殖场（户）相关人员，挤奶、接产、诊疗人员，屠宰和畜产品加工人员，实验室诊断检测人员等高危职业人员进行防控知识宣传，养殖场（户）落实防疫主体责任，相关从业者严格执行个人防护制度，采取防护措施，避免人员感染。

②加强宣传培训。加强布鲁氏菌病防疫人员技术培训，基层防疫人员应

熟练掌握采血、免疫、消毒、检测、个人防护等防治技术要点，指导养殖场（户）做好各项防控工作。倡导人畜分居，不要在居室内饲养家畜，不用人用碗盆喂养家畜，不和牛犊和羊羔玩耍。开展人居环境整治，提升散养户院落整洁度，推行畜禽粪便、病死动物集中存放集中处理，引导开展规范化、标准化家庭养殖，减少环境污染和疫病传播风险。培养健康饮食习惯和良好个人卫生习惯，不吃不清洁的食物，饭前洗手，不喝生水。家庭用的菜刀、菜案，要生熟分开；切生肉的刀、案，要用热水消毒，避免污染其他餐具。倡导不食用病死家畜肉、不喝未经加热煮沸的生鲜奶、不吃生肉等健康饮食习惯，不购买、出售、食用现挤的牛羊奶。

（11）人间布鲁氏菌病监测

①病例监测。从业人员如有持续数日的发热（包括低热）、乏力、多汗、关节和肌肉疼痛等表现，应怀疑是否得布鲁氏菌病，及时就医，并告知医生有病畜或者疑似病畜接触史。若确诊为布鲁氏菌病，应按医嘱规范、足疗程服药，按时复查，在医生判断治愈后方可停药、避免慢性化危害。确诊布鲁氏菌病后，应提醒有病畜或疑似病畜接触史的家人、亲友和同事，如有上述布鲁氏菌病可疑症状及时就诊；配合疾控机构完成个案流行病学调查。

各级各类医疗卫生机构、疾病预防控制机构按照我国《布鲁氏菌病诊断标准》对病例进行诊断，发现病例（包括疑似病例、临床病例和实验室确诊病例）后，应当于 24 小时内进行网络直报。

县（区）级疾病预防控制机构，在接到辖区内的病例报告后，要在 24 小时内完成报告卡审核，对临床诊断病例和确诊病例进行个案流行病学调查，按照我国人间布鲁氏菌病监测方案要求填写《布鲁氏菌病病例个案调查表》，主要调查感染来源，发现暴发线索，尤其食源性暴发，及时调查处置。

饲养场、家畜集散市场、屠宰加工厂等单位和各级各类医疗卫生机构发现人间布鲁氏菌病暴发疫情或其他突发公共卫生事件信息时，应按规定及时向当地县（区）级疾病预防控制机构报告。

②监测点强化监测。疾病预防控制机构按照《全国布鲁氏菌病监测工作方案》要求，在监测点强化人间布鲁氏菌病监测，并开展重点职业人群血清学监测、病原学监测和畜间疫情收集工作。

（12）人间布鲁氏菌病疫情调查和处置

①疫情调查和处置。疾病预防控制机构对发现的人间布鲁氏菌病暴发或新发疫情开展流行病学调查，对病例的传染来源、暴露因素、生产和生活环境开展调查。按照《布鲁氏菌病诊断标准》规定的疑似病例定义开展病例搜索。搜

索范围为首发病例发病前 3 周至调查之日内，接触过可疑病畜或畜产品，或暴露于可能被传染源污染的环境的人群。对搜索到的疑似病例应及时采样，进行布鲁氏菌病血清学检测。对暴发疫情、新发疫情及其他突发公共卫生事件涉及的病例及对可疑的传播因子均开展病原学检测。

联合动物疫病预防控制机构及时汇总有关调查信息，分析疫情特征，确定造成本次疫情的传染源、传播方式和途径，追溯致病畜群或畜产品的来源，开展风险评估，提出处理建议。

②病例救治。布鲁氏菌病病例治疗原则是早期、联合、足量、足疗程用药，必要时延长疗程，以防止复发及慢性化。常用多西环素联合利福平或链霉素，有并发症的患者叠加使用三代头孢类或喹诺酮类抗生素。儿童可使用利福平联合复方新诺明儿科悬液治疗；8 岁以上儿童治疗药物选择同成年人。妊娠 12 周内选用利福平联合三代头孢菌素类治疗，妊娠 12 周以上可使用利福平联合复方新诺明治疗。具体参照《布鲁氏菌病诊疗指南（试行）》。布鲁氏菌病病例无须隔离治疗。

（13）联防联控　各级动物疫病预防控制机构和疾病预防控制机构建立布鲁氏菌病联防联控机制，相互通报疫情信息，根据防控工作实际需要，联合处置疫情和开展流行病学调查，联合开展布鲁氏菌病防治知识宣传教育，重点指导高危人群做好个人防护、及时就诊、正确处理病畜及其产品。密切配合当地宣传部门做好媒体风险沟通，避免群众恐慌，加强防护意识，减少舆情风险。

45. 牛结核病的诊断要点有哪些?

牛结核病是由牛型结核分枝杆菌引起的一种慢性消耗性传染病，是《全国畜间人兽共患病防治规划（2022—2030 年）》确定须重点防治的畜间人兽共患病之一，农业农村部将其列为二类动物疫病。近年来，由于奶牛饲养量大、调运频繁等原因，我国牛结核病在奶牛群体中仍有一定程度的流行，奶牛结核病防控形势不容乐观。其诊断要点如下。

（1）流行特点　牛结核病的病原为结核分枝杆菌，有牛型、人型以及禽型 3 种类型，以牛型结核分枝杆菌的致病力最强。奶牛结核病的流行特点是传染源广、传播速度快、疾病治愈率低。奶牛最易感，水牛、黄牛、牦牛、鹿等多种动物也易感，人也有易感性。通过病牛、病畜及病人，经排出的痰液、乳汁、粪尿等污染的饮水、草料、空气及环境等传播，人食用了带有结核分枝杆菌的奶、肉时，易感染。本病无明显的季节性和地域性，若检疫不严格，没有及时消灭阳性牛，则会导致较大面积的交叉感染。

（2）临床症状　自然感染的牛结核病潜伏期一般为16～45天甚至更长达数年，呈慢性经过，以泌乳量减少、逐渐消瘦和干咳为主要临床特征。临床上常见的类型如下。

①肺结核。病初无明显临床症状，只有短干咳，渐变为湿咳；随之咳嗽加重，呼吸增数，轻微气喘，肺部听诊有摩擦音；有淡黄色黏液或脓性鼻液；午后、夜间低烧。贫血，但体温一般正常或稍高。病程顽固，经久不愈。

②淋巴结核。可见于各型结核病的各个时期，体表淋巴结肿大明显，如咽喉淋巴结核肿大，可引起吞咽、嗳气障碍。

③乳房结核。以后方乳腺区的乳房上淋巴结肿大最常见，两乳病区发生局限性或弥漫性硬结，乳房表面有局限性或弥漫性硬结，呈现大小不等、凹凸不平的硬结，无热痛，乳汁变稀，有时混有脓块。

④肠结核。肠结核多见于犊牛，以腹痛、下痢和便秘交替发生，后期顽固性下痢，粪便粥样带血或脓汁，腥臭粪便。

⑤神经结核。中枢神经系统受结核分枝杆菌侵害时，在脑和脑膜等处可发现粟粒状或干酪样结核而表现神经症状，多呈癫痫样发作，转圈运动或运动障碍等。

在临床诊断中，可使用提纯牛型结核菌素诊断，使用牛结核 γ-干扰素夹心ELISA检测试剂盒进行牛结核病的辅助诊断，详细方法见本书第三章。

46. 牛结核病防控措施主要有哪些？

农业农村部发布的《全国畜间人兽共患病防治规划（2022—2030年）》对牛结核病防治目标是：到2025年，25%以上的规模奶牛养殖场达到净化或无疫标准；到2030年，50%以上的规模奶牛场养殖场户达到净化或无疫标准。为此，必须严格落实监测净化、检疫监管和无害化处理等综合防治措施。

（1）监测净化　当前，规模化奶牛场对结核病的监测比较重视，但部分肉牛养殖场（户）却忽视了对该病的监测，或监测的积极性不高，或监测能力不足，尤其是在春、秋季节，可能会导致因阳性牛未被及时检出而出现结核病传播、扩散，伪阳性、假阴性状况的发生，给结核病的有效防控带来隐患。

建立健全并认真实施奶牛的防疫制度。各地动物防疫监督机构要不断强化和加大对牛结核病疫情的监测力度，加强对奶牛场结核病防治工作的指导和监督，及时准确把握当地养殖场、屠宰场、交易市场等场所的牛结核分枝杆菌分布和结核病疫情动态，在科学监测和评估结核病疫情风险的同时，及时发布预警信息，提高应对的时效性。

要逐步建立奶牛个体健康档案和追溯标识。规模化奶牛场要逐步完善奶牛的系谱、产奶等基础信息，饲料及饲料添加剂购买、饲喂信息，消毒信息，免疫和诊疗记录等内容为主的健康档案。对规模化奶牛场的每一头奶牛都要实行“一牛一标”的可追溯标识，发现感染奶牛要及时进行追踪溯源并持续跟踪监测。在此基础上，根据“一场一策”的要求，对规模化奶牛场实行分类指导，分别制定切实可行的净化计划和净化方案，统筹推进对结核病的防治工作。

在非结核病疫区，对结核病监测发现的阳性牛和临床发现的患病牛，发现一头淘汰一头，加速对牛场结核病的净化。

（2）检疫监管　加强对奶牛的产地检疫和屠宰检疫。在奶牛跨省调运过程中，必须切实加强产地检疫和流通监管，严格落实《跨省调运乳用种用家畜产地检疫规程》，按标准、按程序检疫并做好检疫记录和检疫结果处理。规范牛的屠宰检疫，对淘汰的奶牛，要严格按照《牛屠宰检疫规程》要求进行屠宰检疫，坚决杜绝已经染上结核病的奶牛和奶牛产品，包括牛奶、牛肉、皮张等产品流入百姓市场。

（3）无害化处理　要加大推进奶牛标准化规模养殖的力度，提高饲养管理水平。努力构建以科学选址与规划、规范引种和生产管理、严格防疫、隔离和定期消毒、对病死奶牛和粪污进行无害化处理等为主要内容的、持续有效的生物安全防御体系，促进奶牛养殖业转型升级。结核病阳性奶牛要坚决扑杀，积极培育奶牛结核病阴性群。

47. 如何防治牛坏死杆菌病？

（1）诊断要点

①流行特点。由坏死梭杆菌引起。夏季多发，呈散发或地方性流行。

②临床症状与病理变化。成年牛表现腐蹄病，病初跛行，无创口，但发热、肿胀，以后趾间或蹄后部皮肤出现坏死区，并向上蔓延，甚至波及关节，或引起蹄匣脱落。犊牛呈现坏死性口炎（犊白喉）。病初体温升高，厌食，流涎，有时发生咳嗽和呼吸困难，口腔及喉头有界限明显的硬肿，上覆坏死物，脱落后露出溃疡面。

成年牛坏死灶内充满黄色恶臭的脓汁；犊牛在肺内形成圆而硬的灰黄色坏死结节，肝、肠道也有坏死灶。此外，还有坏死性脐炎和腹膜炎。

③实验室检查。可疑牛，由病、健组织交界处采取病料涂片，用石炭酸复红－美蓝染色，镜检可见着色不匀、浅蓝色长丝状杆菌。

（2）防控

①治疗。对犊白喉，小心除去口腔内的假膜，用鲁戈尔氏液或 3% 过氧化氢冲洗，然后涂擦碘甘油，1 ～ 2 次 / 天，直至痊愈。对腐蹄病，应彻底清除坏死组织，用 0.1% 高锰酸钾溶液或 3% 来苏尔冲洗，然后涂擦 10% 福尔马林或大黄石灰末（大黄、石灰等量混配），用布带包扎，涂布石膏。重症者，辅以抗生素类药或磺胺类药物及必要的对症治疗。

②预防。避免皮肤、黏膜的损伤，避免在崎岖不平和碎石凌乱的道路上驱赶牛，加强环境卫生和护蹄，发生外伤要及时处理，补充钙源，防止犊牛异嗜乱啃。

48. 如何防治牛放线菌病?

（1）诊断要点

①病原及流行特点。放线菌广泛存在于自然界中，土壤、空气、饲料、饮水中都有放线菌的孢子或者菌丝，尤其是有机物含量高、碱性或者中性的土壤中含量最多。自然界中存在的放线菌的种类很多，引起牛感染发病的主要有牛放线菌和林氏放线菌，其他菌类（如化脓性棒状杆菌、以色列放线菌、金黄色葡萄球菌）也可以诱发此病。牛放线菌为革兰氏阳性菌，不能运动，菌体表面有细丝样的分枝。林氏放线菌为革兰氏阴性菌，呈短小杆状。放线菌对外界环境的抵抗力很强，在自然环境中可以长期生存。此菌对含碘的消毒剂、青霉素类药物比较敏感。

放线菌不仅广泛存在于自然界中，家畜的口腔黏膜、咽喉部黏膜、皮肤、扁桃体等处也有存在，因此，放线菌病不一定都是从外部感染，当口腔黏膜、皮肤有损伤，就会引起自发感染。尤其犊牛换牙期间，或者当牛采食了麦秆、秸秆、硬干草、穗芒等尖锐带刺的饲料刺伤口腔黏膜而导致感染发病。以 2 ～ 5 岁的牛易感。一般呈散发。

②临床症状及病理变化。病菌侵害颌骨时，上下颌骨肿大，界限明显，引起咀嚼、吞咽困难；侵害舌肌时，舌组织肿胀变硬、不灵活，流涎，咀嚼困难；侵害乳房时，出现硬块或整个乳房肿大、变形，排出黏稠、混有脓的乳汁；侵害肺脏时，多形成慢性肉芽肿。病程缓慢者皮肤破溃形成经久不愈的瘘管。

脓液呈乳黄色，其中有坚硬光滑的、黄白色的细小菌块，似硫黄样粒；肉芽肿呈圆形、隆起、黄褐色、蘑菇状，表面偶见溃疡。受损骨骼骨体肥大，骨质疏松。

③确诊。取脓汁中的“硫黄颗粒”，压片镜检，或取病变组织做成切片镜检即可确诊。

（2）防控措施

①治疗。硬结小者，在硬结周围注射一定量的青霉素和链霉素；硬结大者，外科手术切除，若有瘘管形成要连同瘘管彻底摘除，创内撒布等量混合的碘仿和磺胺粉，然后缝合，创围注射 10% 碘仿醚或 2% 鲁戈尔氏液，同时内服碘化钾，成年牛 5 ～ 10 克 / 天，犊牛 2 ～ 4 克 / 天，连用 2 ～ 4 周；重症者，可静脉注射 10% 碘化钠，每次 50 ～ 100 毫升，每 2 天 1 次，共 3 ～ 5 次；若出现中毒现象，停用药 5 ～ 6 天。骨骼受侵时，由于骨质改变，难以治愈。

②预防。该病一般是从损伤的口腔黏膜侵入组织而致病的。预防该病发生，应注意清除饲料中的金属异物和硬的谷物芒刺等。舍饲时最好将干草、谷糠等饲草浸软后再饲喂，避免刺伤口腔黏膜。还要防止皮肤、黏膜发生损伤，如有伤口，应及时处置。发现病牛要立即隔离治疗，并对污染的用具进行消毒。此外，还应避免在低洼湿地放牧。

49. 如何防治牛生殖道弯曲菌病？

牛生殖道弯曲菌病是由胎儿弯曲菌引起的一种以不育、胚胎早期死亡及流产为特征的人兽共患传染病。胎儿弯曲菌分为胎儿亚种和性病亚种。胎儿亚种可以引起牛散发性流产，也可感染人，引起流产、早产、败血症以及类似布鲁氏菌病的症状。

（1）病原　胎儿弯曲菌属于弯曲杆菌属，包括胎儿弯曲菌胎儿亚种和胎儿弯曲菌性病亚种 2 个亚种。胎儿弯曲菌为革兰氏阴性杆菌，细长弯曲，呈撇形、“S”形和海鸥展翅形。有鞭毛，在老龄培养物中呈螺旋状长丝或圆球形，运动力强。胎儿弯曲菌是微需氧菌，普通条件下无法生长；在体积比为 5% 氧气、10% 二氧化碳、85% 氮气的气体环境中生长良好。该菌生长缓慢，在培养基上需要生长 2 ～ 3 天。于培养基内添加血液、血清有利于初代培养，对 1% 牛胆汁有耐受性，这一特性可用于纯菌分离。

胎儿弯曲菌的抵抗力不强，干燥，直射阳光及一般消毒剂均可将其杀死。胎儿弯曲菌胎儿亚种可划分为血清型 A–2 和血清型 B，胎儿弯曲菌性病亚种可分为血清型 A–1 和血清型 A– 亚 1。

（2）流行特点　病菌的主要宿主是牛和羊，人也可以被感染，成年母牛和公牛均有易感性，未成年牛稍有抵抗力，公牛感染后不表现临床症状，但可带菌数月或更长时间；病母牛和带菌的公牛及康复后的母牛是最主要的传染源。

母牛感染后 1 周即可从子宫颈、阴道黏液中分离出病原菌，感染后 3 周至 3 个月菌量最多，被感染公牛精液中含有胎儿弯曲菌；主要通过自然交配和人工授精传播，带菌公牛精液中存在胎儿弯曲菌，经人工授精可造成该病的传播和蔓延。该病多见于放牧、自然交配的牛群中。

（3）临床症状与病理变化 公牛感染该病一般没有明显症状，精液正常但带菌，有时可见包皮黏膜发生暂时性潮红。母牛在交配感染后，病菌在阴道和子宫颈繁殖，引起阴道的卡他性炎症，阴道黏膜发红，阴道排出较多黏液，黏液清澈，偶尔稍浑浊，有时可持续 3 ～ 4 个月。至妊娠期，病菌侵入子宫和输卵管，引起子宫内膜炎和输卵管炎，可持续数周至数月不等，致使胚胎早期死亡并被吸收。牛生殖道弯曲菌感染可导致妊娠牛流产，流产多发生在妊娠中期（4 ～ 7 个月），流产率为 5% ～ 10%。早期流产胎膜常可自动排出，如发生在妊娠后期，则易发生胎衣滞留。感染后有些牛发情周期不规律，至感染后 6 个月，大多数牛才可再次妊娠，感染牛群的受胎率降低 10% ～ 20%。

流产胎儿的肝脏显著肿胀、硬固，多数呈黄红色或被覆灰黄色粒厚的假膜，皮下和体腔血液浸润，胸水、腹水增多，眼观可见母牛子宫颈潮红，子宫内有轻度黏液性渗出物，胎盘水肿并伴有巨噬细胞浸润而不透明，常呈皮革样，胎盘绒毛坏死，呈黄色。

该病的临床表现不明显，单个病例难以通过临床症状加以诊断，自然交配的繁殖母牛群受胎率降低，发情不规则以及妊娠中期流产时，或者使用某头公牛的精液所配母牛群的受胎率降低时，可疑似本病。要确诊，须进行细菌分离培养和血清学诊断。

（4）防治措施

①预防。目前市面上尚无预防弯曲菌感染的疫苗。对于该病的预防，只能针对其流行病学特点采取相应的措施。加强动物的饲养管理，严格执行兽医卫生措施，定期进行消毒。饮用清洁水，不喂被污染的饲料。引进种畜要严格检疫，淘汰带菌动物，积极开展人工授精。污染场地及环境要用 3% 来苏尔溶液、20% 漂白粉溶液或 3% 氢氧化钠溶液进行定期彻底消毒。

②治疗。病牛出现流产症状时，可待母牛排出炎性渗出液后，用 0.1% 的高锰酸钾溶液或 0.02% 新洁尔灭溶液对子宫进行清洗，排出清洗液后，向子宫内投入链霉素或金霉素胶囊，一般连续治疗 1 周可基本痊愈。对于公牛，可使用药物麻醉后强行拉出阴茎，用青霉素、链霉素、土霉素等混合制成的多抗生素消毒软膏，对阴茎及其包皮进行涂抹治疗，5 天可有效缓解症状。全身治疗可用四环素 30 ～ 50 毫克 / 千克体重肌内注射，每天 2 次。

50. 如何防治牛钱癣?

（1）诊断要点　牛钱癣是由皮肤真菌引起的一种疾病。冬季舍饲牛易发，幼龄牛比成年牛易感。潮湿、污秽、阴暗有利于本病在牛群中的传播。病牛在头、颈、肛门等处出现癣斑，初期见有豆粒大小的结节，逐渐向四周呈环状蔓延，呈现界限明显的秃毛圆斑，如古钱币。癣斑上被覆灰白色或黄色鳞屑，有时保留一些残毛。患牛瘙痒不安，日渐消瘦。

在病、健交界处刮取一些毛根或少许鳞屑，放在载玻片上，加几滴 10% 氢氧化钠。在弱火焰上微热，待其软化透明后，覆以盖玻片，进行显微镜检查，可见菌丝及孢子。

（2）防控

①治疗。发现病牛后，进行全群检查，及时隔离病牛并治疗。局部剪毛，用 5% 克辽林洗去痂皮，涂擦 10% 碘酒，或 10% 水杨酸酒精，或 5% ～ 10% 硫酸铜溶液等，初期 1 次 / 天，以后每 2 ～ 3 天 1 次，直至痊愈为止。

②预防。搞好牛体清洁卫生，经常刷洗被毛，对厩舍、用具经常性消毒，厩舍保持干燥和通风。

51. 牛球虫病有什么流行特点?

牛球虫病是由艾美耳属的几种球虫寄生于牛肠道引起的以急性肠炎、血痢等为特征的寄生虫病。

（1）病原特点　牛球虫病的病原为艾美耳球虫，其有极强的宿主特异性。在 20 多种感染牛的艾美耳球虫中，牛艾美耳球虫和邱氏艾美耳球虫致病性最强，阿拉巴艾美耳球虫、奥博艾美耳球虫和椭圆艾美耳球虫也具有致病性。艾美耳球虫的未孢子化卵囊呈卵圆形或近似圆形，少数呈椭圆形或梨形等。球虫的孢子化卵囊是鉴定虫种的重要依据，卵囊壁有 2 层，外层是保护性膜，内层由配子发育过程中形成的颗粒构成。原生质团发育后形成 4 个孢子囊，孢子形成过程中有时有极粒；部分在孢子囊形成后还剩一团颗粒状团块，为卵囊残体；孢子囊为椭圆形、圆形或梨形，每个孢子囊内有 2 个子孢子；子孢子为香肠形或逗点形，端部有球状的折光体。

牛艾美耳球虫生活史与鸡艾美耳球虫基本相似，均为直接发育型，分为外生性发育和内生性发育。外生性发育为孢子生殖，带虫者排出卵囊，未孢子化卵囊在外界适宜环境下，发育为孢子化卵囊。内生性发育包括裂殖生殖和配子生殖，牛吞食孢子化卵囊，卵囊进入消化道后释放出孢子囊，孢子囊在肠腔内受酶、胆汁的作用逸出子孢子，随后侵入肠黏膜上皮细胞，进行裂殖生殖；数次裂殖生殖后，裂殖子有的成为小配子体（雄配子体），有的成为大配子体（雌配子体），配子体发育成熟为大、小配子，小配子进入大配子，大配子受精成为合子，表面形成厚壁，合子即变为卵囊。牛球虫在肠道内破坏肠上皮细胞，造成出血性肠炎及溃疡，产生毒素毒害患病牛中枢神经系统，发病乃至死亡。

（2）流行特点　牛球虫病在春、夏、秋3个季节多发，多雨、潮湿、低洼、阳光不充足、卫生条件差等都容易使牛感染球虫。2岁内的犊牛发病率较高，患病严重，成年牛多呈带虫散播病原的状态。

目前，国内大部分地区都对牛球虫病的流行情况进行了调查，通过形态学特征进行种类鉴定。各地调查结果显示，牛球虫病主要感染犊牛。

52. 牛球虫病有什么临床症状和病理变化？

（1）临床症状　非疫区牛感染球虫病之后，成年牛通常出现症状的时间为2～3周后，犊牛一旦染病，症状出现的时间会很短，同时发病很急。成年牛感染后，一般会呈现隐性经过，即通过日常观察不容易被发现，但是在其排出体外的粪便中会有大量的虫卵存在，病情严重时会出现采食量下降以及精神萎靡等症状。而犊牛感染后，出现的症状包括腹泻等，并且排出水样粪便，维持此种症状2～3天后，在犊牛粪便中会发现很多黏膜以及凝血，一旦体温上升至41℃，会表现出精神不振以及不喜活动等症状，严重时会出现食欲废绝，最后因贫血及器官衰竭死亡。

在牛球虫病的流行区域内，群养犊牛不会出现特别明显的表现，主要体现在发育迟缓、体质较差、抵抗力下降以及粪便松软等方面，同时在患病犊牛的粪便中存在少量黏液及血液，严重时会污染犊牛的尾巴及会阴处。由于没有明显的疾病症状，很容易被养殖人员忽视，导致犊牛出现应激反应。该病会在犊牛群体中不断进行扩散和蔓延。部分犊牛会出现腹泻症状，进食量减少，如果是产奶牛患病，则会排出粉红色粪便，且粪便量少，颜色均匀。

（2）病理变化　剖检病死牛可见，病死牛体有明显的脱水症状，且形体呈严重的消瘦状态，黏膜组织苍白无光泽，肛门表面出现很多条状出血区域。多数病变部位在肠道，严重的部位为病死牛盲肠、结肠以及小肠，有明显的病变，以肠黏膜增厚为主，同时伴随出血性和卡他性炎症，淋巴滤泡位置出现灰色以及白色的病灶。将病死牛的肠道打开，可以闻到恶臭气味，且肠道内的物质呈暗红色，发现肠系膜淋巴结严重肿大。

53. 如何诊断牛球虫病?

牛球虫病可以根据流行病学特点、临床症状和病理变化作出初步诊断，同时要注意与大肠杆菌病、沙门氏菌病等疾病进行鉴别诊断，确诊须进行实验室检查。

（1）鉴别诊断　大肠杆菌病以10日龄以内的犊牛群发病率较高，而球虫病的发生通常在牛1月至2岁发生。大肠杆菌病患牛会排出黄色粥样粪便，在患病后期排出的粪便为灰白色水样状态，粪便中有凝血块，且能闻到酸败气味。大肠杆菌感染的后期，患病牛会有腹痛表现，同时出现很多并发症，如肺炎以及关节炎等。

急性沙门氏菌病牛会在3～5天死亡，其死亡率可达50%。在疾病后期病牛会出现腕关节以及跗关节等部位肿大，部分可见四肢及耳尖的坏疽，且伴有肺炎症状。

（2）实验室检查　对疑似病例的牛粪便取样10克，将饱和盐水加入粪便中，使其混合均匀，之后用60目铜筛过滤。将滤液置室温静置5～10分钟，用滴管吸取部分上层溶液，滴于麦克马斯特计数板上。实验人员利用低倍镜对其进行观察，如果发现样品中有球虫虫卵，则可确诊为牛球虫病。

54. 怎样正确防治牛球虫病?

（1）治疗　球虫易产生耐药性，治疗时应选用2种以上的抗球虫药，结合防脱水、止血、抗炎、防止继发感染等药物治疗，并对全群犊牛及育成牛（刚出生至12月龄小牛）进行抗球虫的预防性治疗。

驱虫用妥曲珠利混悬液（进口），内服，一次量，犊牛，15毫克/千克体重；磺胺二甲嘧啶钠注射液，静脉注射，一次量，0.5～1毫升/千克体重，每天1～2次，连用2～3天。

在使用抗球虫药物的基础上结合临床症状对症治疗，提高疗效。用安络血30～50毫克或止血敏0.75～1克，或维生素K_3注射液100～200毫克肌内注射，减轻血便症状。30%安乃近20～40毫升肌内注射用于降温。用生理盐水、碳酸氢钠等溶液静注，补液并调节酸碱平衡。消炎可用复方磺胺嘧啶钠注射液0.1克/千克体重，加复方氯化钠注射液500毫升，静脉滴注，每日2次，连用3天；同时，给每头病牛肌内注射磺胺间甲氧嘧啶注射液8毫升，每日1次，连用3天；口服磺胺二甲嘧啶，犊牛100毫克/千克体重，每日1次，连用2天。防脱水，可用5%糖盐水500毫升，复方氯化钠注射液250毫升，5%

碳酸氢钠注射液 150 毫升，10% 维生素 C 注射液 10 毫升，硫胺素注射液 10 毫升，静脉滴注，每日 2 次。

（2）预防 加强饲养管理。成年牛常是该病的携带者，因此应将犊牛与成年牛分开饲养。严格防止饲料和饮水被牛粪污染。哺乳母牛乳头要经常用高锰酸钾等消毒药物擦洗，以防止犊牛吃奶时吃进虫卵而感染。更换饲料时应循序渐进，减少因更换饲料形成的应激病变。在饲料中添加维生素、矿物质、微量元素等，提高牛群免疫力。要尽量避免到潮湿、低洼的草甸或草场放牧，远离可能的传染源。

每年春、秋两季分别对牛群进行 1 次驱虫。由于球虫在不同生殖阶段对不同的抗球虫药物敏感性也不同，且往往产生耐药性，所以应以多种抗球虫药物联合应用或交替用药效果更好。

对被球虫污染过的运动场、圈舍地面、栏杆、围墙等用氯制剂或 2% 氢氧化钠溶液彻底消毒。对病牛粪便进行集中深埋消毒或集中堆积发酵处理，以达到消灭传染源的目的。平时定期对圈舍清理、消毒，保持环境干燥、卫生。

外购牛只时，要先进行检验检疫，做好球虫病的检查工作，防止引进的牛群中夹带此类疾病。引进后的牛应隔离饲养 2 个月以上，以防交叉感染。定期对牛群进行检疫，及时发现和隔离病牛，并进行相应的治疗。

55. 怎样治疗牛片形吸虫病?

片形吸虫病是由肝片形吸虫寄生于牛肝脏和胆管引起，主要表现食欲减退、反刍异常、腹胀、贫血、消瘦、被毛粗乱，颌下水肿、腹泻，并伴发有肝炎、胆管炎等。

（1）诊断要点 ①流行特点。本病的发生与中间宿主椎实螺密切相关，多发于低洼地、湖泊草滩、沼泽地带。干旱年份流行轻，多雨年份流行重，尤其是久旱逢雨的温暖季节更容易暴发流行；夏季为主要感染季节，急性型多发于夏末和秋初，慢性型多发于冬春季。

②临床症状。临床症状取决于牛感染寄生虫的数量、虫体产生毒素的强弱和牛的体质状况。轻度感染往往不表现症状，感染数量多时则表现症状，但幼畜即使轻度感染也表现症状。临床上一般可分为急性型和慢性型 2 种类型。

急性病例多见于犊牛，表现为离群落后，精神沉郁，衰弱，易疲劳，被毛粗乱，食欲减少或废绝，腹胀，偶有腹泻，体温升高，很快出现贫血、黏膜苍白、黄疸等。肝脏叩诊时，半浊音区扩大，压迫敏感，重者多在数天内死亡。

慢性型病牛的症状多为慢性经过，病情发展很慢，表现为渐进性消瘦、贫血、结膜与黏膜苍白，食欲不振，消化障碍，瘤胃蠕动无力，便秘与腹泻交替发生，粪便呈黑褐色。病牛高度消瘦，被毛粗乱，干燥易脱断，无光泽，眼睑、颌下水肿，水肿呈圆形肿包，有时也发生胸、腹下水肿，最后极度衰竭死亡。

③病理变化。剖检，急性病例肝肿大、质软，包膜有纤维素沉积，有长2～5毫米的暗红色虫道，虫道有凝固的血液和很小的童虫；腹腔中有血色的液体，有腹膜炎病变。慢性病例肝实质萎缩、褪色、变硬，胆管肥厚、扩张呈绳索样突出于肝表面，胆管内壁粗糙，内含大量血性黏液和虫体及黑褐色或黄褐色磷酸盐结石。

④实验室诊断。生前诊断常采用水洗沉淀法检查虫卵。如果在粪便中能检出吸虫虫卵则可以确诊。但由于牛片形吸虫排卵是间歇性的，因此，粪便虫卵检查比较困难。血液学检查会出现低清蛋白血症，在移行阶段，谷氨酸脱氢酶会升高。一旦胆管黏膜脱落，血浆中的 γ－谷氨酸转移酶会升高，这是一种有效的诊断指标。

（2）防治措施　治疗可用硝氯酚（拜耳9015），按3～7毫克/千克体重用药，一次内服。或用阿苯达唑（丙硫咪唑），按10～15毫克/千克体重用药，一次内服，禁用于产奶牛和怀孕前期45天牛；也可用硫双二氯酚（别丁），按40～60毫克/千克体重用药，装于小纸袋内一次投服。

预防牛片形吸虫病，首先要进行定期驱虫，这是预防该病的重要方法之一，应有计划地进行全群性驱虫，一般每年春、秋两季各驱虫1次，第1次可在4—5月，第2次可在10—11月。在该病常发的牛群，每年应进行3次，第1次在1—2月，在大量虫体成熟之前20～30天（成虫期前驱虫）；第2次在第1次驱虫后5个月（即6—7月，成虫期驱虫）进行；第3次在第2次驱虫后2～3个月（即8—9月）进行。

其次，要注意保护水源，防止吞入囊蚴。不要把栏舍建在低湿地区；不在有椎实螺的潮湿牧场上放牧，尽可能选择地势高燥的地方放牧，以防感染囊蚴；不让牛饮用池塘、沼泽、水潭及沟渠中的脏水和死水，要给予清洁卫生的自来水、井水或流动的河水。同时，要配合农田水利建设，填平低洼水塘，使椎实螺无法滋生；对沼泽地和低洼的牧地排水，通过阳光暴晒，杀死牧地中的椎实螺。对于较小而不能排水的死水地，可用5%硫酸铜溶液定期喷洒。

对粪便要进行无害化处理。及时清理病牛、病羊的粪便，堆积发酵，杀死其中的虫卵。对实行驱虫的牛、羊，必须圈留5～7天，对所排粪便进行严格堆积发酵。同时，要严格处理病畜的肝脏，对检查出严重感染的病畜，其肝和肠内容物应深埋或烧毁；对轻微感染的动物肝，应废弃被感染的部分。将废弃的肝进行高温处理，禁止用作其他动物的饲料。

56. 怎样防治牛前后盘吸虫病（胃吸虫病、瘤胃吸虫病）？

前后盘吸虫病是指由于大量前后盘吸虫的童虫（已变为成虫但尚未长大的虫体）寄生于牛皱胃、小肠和胆管，引起以腹泻、消瘦等症状为主的寄生虫病。大多数牛都有成虫寄生于瘤胃和胆管壁上，但一般危害性不大，但当较多童虫寄生于皱胃、小肠和胆管时，可引起严重疾病，甚至引起牛大批死亡。

（1）诊断要点

①流行特点。各年龄、品种的牛均易感，羊也易感。该病的传染源为被带有虫体的淡水螺污染的牧草或饮水。感染的主要途径是牛食入带有淡水螺的草或喝了带有淡水螺的水，暖季感染（幼虫），冷季带虫（成虫）。

前后盘吸虫以淡水螺为中间宿主，因此该病的发生具有显著的地域性和季节性。在多雨的季节、低洼潮湿的地域多发，在寒冷的季节和干燥高岗地带发病少，越是雨水多的年份，越是水草丰美的地方，越是膘肥体壮的牛、羊，发病越多。

②临床症状。前后盘吸虫的成虫主要吸附在牛的瘤胃与网胃接合部，此时临床症状及对动物的危害不甚明显。但在感染初期大量幼虫进入体内，在肠、胃及胆管内寄生、发育并移行，刺激、损伤胃肠黏膜，夺取营养，则会对动物造成极大危害。主要症状是顽固性腹泻，粪便呈糊状或水样，常有腥臭味，有时体温升高。病牛逐渐消瘦，精神委顿，体弱无力，高度贫血，黏膜苍白，血液稀薄，颌下或全身水肿，颌下水肿呈长条状，俗称“长嗉子”。病程较长者呈现恶病质状态。病牛白细胞总数稍高，嗜酸性粒细胞比例明显增加，占10%～30%，中性粒细胞增多，并有核左移现象，淋巴细胞减少。到后期病牛极度瘦弱，卧地不起，终因衰竭而死亡。

③病理变化。成虫感染的牛，多在屠宰或尸体检查时发现。虫体主要吸附于瘤胃与网胃交接处的黏膜上。数量不等，呈深红色、粉红色或乳白色，如将其强行剥离，见附着处黏膜充血、出血或留有溃疡。因感染童虫而衰竭死亡的牛，除呈现恶病质变化外，胃、肠道及胆管黏膜有明显的充血、水肿及脱落，其内容物中可检查出童虫或虫卵。病牛可视黏膜苍白，血液稀薄，全身水肿、肠腔中充满稀便，具有腥臭味：脾脏肿胀或出现萎缩；胆囊膨大，充满黄褐色较稀薄的液汁，内含有童虫，胆管中也有童虫；肾周围组织及肾盂脂肪组织胶样浸润，实质性萎缩。

④实验室诊断。童虫引起的疾病，主要是根据临床症状，结合流行病学资料分析来判断。还可进行试验性驱虫，如果粪便中找到相当数量的童虫或症状好转，即可作出诊断。对成虫可用沉淀法在粪便中找出虫卵加以确诊。病牛死后进行剖检检查，在瘤胃发现成虫或在其他器官找到幼小虫体，即可确诊，同时可以推测其他牛只是否患有该病。

（2）防治措施

①预防。定期驱虫，驱虫的次数和时间结合本地该病的具体流行情况及流行条件。确定每年3—4月用阿苯达唑伊维菌素片进行第1次驱虫，9—10月进行第2次驱虫。常在低洼潮湿地区放牧的牛只，每3个月用阿苯达唑伊维菌素片驱虫1次。

发病季节避免在坑塘、低洼地区放牧，高发季节可采用轮牧方式，以减少病原的感染机会，以免感染囊蚴。饮水最好用自来水、井水或流动的河水，并保持水源清洁卫生。合理补充精饲料和矿物质，以提高其抵抗力。及时对畜舍内的粪便进行堆积发酵，利用生物热杀死虫卵。要积极开展灭螺工作，可结合水土改造，破坏螺蛳的生活条件；流行地区可采取养鸭、鹅灭螺和药物灭螺相结合的方法。药物灭螺一般选用20%氨水、0.002%的硫酸铜溶液或2.5毫克/升氯硝柳胺双螺液进行喷杀或浸杀。

②治疗。参考片形吸虫病的治疗方法。氯硝柳铵（灭绦灵），按60～70毫克/千克体重用药，一次内服，可驱除皱胃和小肠内的童虫。也可用溴羟替苯胺，65毫克/千克体重，一次内服；吡喹酮，按10～15毫克/千克体重内服；硫双二氯酚，按40～60毫克/千克体重，一次内服，均有较好疗效。

57. 怎样防治牛莫尼茨绦虫病?

牛莫尼茨绦虫病主要是贝氏莫尼茨绦虫和扩展莫尼茨绦虫寄生于牛的小肠而引起的一种寄生虫病，对犊牛危害严重。虫体寄生数量多时，牛表现为食欲减退、消瘦、衰弱、贫血、腹泻，粪便中可见乳白色孕卵节片。影响幼犊生长发育，严重感染时可导致死亡。

（1）诊断要点　①流行特点。该病可感染各品种的牛，犊牛易感性高，随着年龄的增加，感染率和感染强度逐渐下降，成年牛一般不发病。患病动物是该病主要的传染源，牛因吞食被地螨污染的牧草和饮水等而被感染。该病呈世界性分布，具有明显的季节性，这与地螨的分布、习性有密切关系，地螨喜温暖、潮湿的环境，早晚或阴雨天时，经常爬至草叶。各地的感染期不同，南方的感染高峰一般在4—6月，北方在5—8月。

②临床症状。该病主要侵害45日龄至8月龄的犊牛，成年牛一般无临床症状，通常为带虫者。犊牛感染后，表现消瘦离群、精神不振、食欲减退、渴欲增加、发育不良、贫血、腹部疼痛和臌气等，还发生下痢。有时便秘，粪便中混有绦虫的孕卵节片；有时虫体聚集成团，病牛发生肠阻塞而死；有的出现神经症状，如痉挛、肌肉抽搐和回旋运动。病牛末期卧地不起，头向后仰，口吐白沫，精神极度委顿，反应迟钝甚至消失，终至死亡。

③病理变化。剖检可见病牛尸体消瘦，肌肉色淡，胸、腹腔渗出液增多。有时可见肠阻塞或扭转，肠黏膜受损出血，小肠内有大量白色绦虫。

④实验室诊断。该病诊断主要依据在犊牛粪便中查到绦虫孕卵节片或其碎片，粪检中发现虫卵。孕卵节片呈黄白色，多附着于粪便表面。感染初期，莫尼茨绦虫尚未发育成熟，病畜粪便中没有孕卵节片和虫卵，此时可用药物进行诊断性驱虫。尸体剖检时检出虫体也可作为诊断依据。

确诊需要进行粪便的病原检查。检查孕卵节片时，可用肉眼观察或用水清洗后检查粪便中是否有乳白色节片。必要时可用饱和盐水漂浮法作虫卵检查，其方法是取可疑粪便5～10克，加入10～20倍饱和盐水混匀，通过60目筛网过滤，滤过液静置30～60分钟，使虫卵充分上浮，用一直径5～10毫米的铁丝圈与液面平行接触，蘸取表面液膜后将液膜抖落在载玻片上，覆以盖玻片即可镜检。

对因绦虫尚未成熟而无节片或虫卵排出的病畜，可进行诊断性驱虫，如服药后发现有虫体排出且症状明显好转，也可确诊。

（2）防治措施　①预防。在该病流行区域，在牛开始放牧后30～35天，进行1次绦虫成熟前驱虫，此后10～15天再进行1次即可。

成年带虫者应同时驱虫。经过驱虫的牛不要在原牧地放牧，而应及时转移到清洁的牧场上放牧。如能有计划地与单蹄兽进行轮牧，可以收到良好的预防效果。

减少中间宿主，即地螨的污染程度，可彻底改造牧场，如深翻后种植三叶草或农牧轮作，不仅能大量减少地螨，还可以提高牧草质量。同时，避免在低洼地、湿地放牧，尽可能避免在清晨、黄昏和雨天放牧，以减少地螨感染的机会。

②治疗。丙硫咪唑5～15毫克/千克体重，制成1%水悬液，一次性口服；或用氯硝柳胺60～70毫克/千克体重，配成10%水悬液，用胃管一次性灌服；或用吡喹酮5～10毫克/千克体重，一次性口服；还可用硫双二氯酚50毫克/千克体重，一次性口服。

如果驱虫后牛发生腹泻，可用磺胺间甲氧嘧啶进行治疗。腹泻较重者，可配合补液方法对症治疗。磺胺间甲氧嘧啶，首次剂量 0.1 克 / 千克体重；甲氧苄啶，首次剂量 0.02 克 / 千克体重，以后减半量，口服，每日 2 次，连用 3 天。也可用 20% 葡萄糖注射液 250 毫升，加 5% 糖盐水 1 000 毫升、5% 碳酸氢钠注射液 200 毫升，混合后一次性静脉注射，每日 2 次，连用 3 天；也可口服补液盐。

如果病牛出现便血，可用止血敏（含酚磺乙胺）注射液，每头牛剂量为 1.25 克，肌内注射，每日 1 次，连用 3 天。如有全身症状，可用头孢噻呋钠 5 克，加生理盐水 20 毫升，一次性肌内注射，每日 1 次，连用 3 天。

58. 怎样诊断和防治犊牛隐孢子虫病？

（1）流行特点　由小隐孢子虫寄生在犊牛的回肠、十二指肠和大肠上皮细胞内而引起。8 ～ 15 日龄是犊牛隐孢子虫病的发病高峰，偶见 3 日龄犊牛感染，超过 30 日龄的犊牛则少见。感染隐孢子虫卵囊的牛犊，被牛粪污染的饮水、土壤及牛舍、产房垫料，接生员污染的手清理犊牛口腔内的羊水，污染的奶桶，不洁的灌胃器等，均可使牛隐孢子虫卵囊经口传入新生犊牛体内，经 3 ～ 7 天潜伏期，引起隐孢子虫感染。该病常合并感染其他肠道病原体，如轮状病毒、冠状病毒、大肠杆菌等，使病情复杂化。

（2）临床症状　少量感染小隐孢子虫的犊牛无明显临床症状，为隐性带虫者。大量感染时表现嗜睡，体温升高；严重腹泻，粪便黄绿色，常混有血液、黏液；犊牛渐进性消瘦，被毛粗乱，运动失调；使用普通抗生素治疗无效。

（3）病理变化　组织学检查，隐孢子虫主要感染宿主的空肠后端和回肠，倾向于后端发展至盲肠、结肠袢，甚至直肠。空肠、回肠固有层中嗜异细胞或中性粒细胞、少数淋巴细胞和单核细胞等的增生浸润，尤其嗜酸性粒细胞的增生浸润散布在肠及肠淋巴组织中。当病程延长时，肠黏膜绒毛变性、萎缩、坏死，丧失刷状缘，立方上皮细胞变矮，陷窝变长。

（4）实验室检查　可用饱和蔗糖溶液漂浮镜检法、改良抗酸染色镜检法等，检测粪便中隐孢子虫卵囊，进行确诊。也可使用免疫学、分子生物学诊断。

①饱和蔗糖溶液漂浮镜检法。将 454 克蔗糖溶于 355 毫升蒸馏水，沸水浴煮 10 分钟即成饱和蔗糖溶液，静置排净气泡后分装，可室温长期保存。取粪便 1 克，放进 2.5 毫升离心管，加入清水 1 毫升，充分混匀，静置，用滴管吸取 1 滴饱和蔗糖溶液上层的粪液滴在载玻片上，随后在粪液上滴加饱和蔗糖溶

液 2 ～ 3 滴，混匀。加盖玻片后在盖玻片上滴加镜油。镜检时可在上层焦点观察到边缘清晰、呈淡红色的牛隐孢子虫卵囊。

应用饱和蔗糖水漂浮法时，应考虑卵囊漂浮在饱和蔗糖溶液上层，常在首次出现的清晰视野内。

②改良抗酸染色镜检法。传统的抗酸染色操作烦琐，在规模化牧场难推广。市售 Kinyoun 染色液，操作简单，经临床验证即可使用。棉签蘸取待测粪便后，在载玻片上滚动几次，使粪便均匀涂抹在载玻片上，但不可过厚。用吹风机将载玻片涂层吹干。用市售 Kinyoun 染色液染色，依次滴加试剂 A（复红染色液）、试剂 B（脱色液）、试剂 C（亚甲蓝染色液）至覆盖涂层，室温下分别染色 5 分钟、3 分钟、7 分钟，之后清水冲洗，用滤纸吸干水分后，即可在普通光学显微镜的油镜下检查。经抗酸染色后，牛隐孢子虫卵囊呈红色，背景为蓝色。

（5）防治

①预防。规范产房管理，严格脐带消毒，喂足优质初乳，最好将新生犊牛饲养在干净的犊牛岛或单个小隔间，避免直接接触母牛粪便。对牛舍环境使用 30% 过氧化氢、10% 福尔马林、5% 氨水等消毒杀卵。

②治疗。目前无特效治疗方法，发现病犊后及时隔离，对症治疗。牛舍消毒、杀卵。用 5% 葡萄糖氯化钠注射液 1 000 ～ 1 500 毫升，25% 葡萄糖注射液 250 ～ 300 毫升，5% 碳酸氢钠注射液 250 ～ 300 毫升，一次静脉注射，2 ～ 3 次 / 天，连用 3 ～ 5 天。可同时给患病犊牛口服补液盐。在奶桶中加入蒙脱石粉或膨润土等吸附剂。腹泻严重的犊牛，灌服螺旋霉素或阿奇霉素。

59. 怎样诊治犊新蛔虫病?

（1）诊断要点 ①流行特点。犊新蛔虫病是由弓首科新蛔属的犊新蛔虫，寄生于初生犊牛的小肠内而引起的一种寄生虫病。遍及世界各地，我国南方各省份犊牛多见该病流行。主要危害 2 ～ 5 月龄的犊牛，出生后 2 周龄内犊牛大量感染时死亡。

犊新蛔虫成虫虫体粗大，雄虫长 15 ～ 25 厘米，雌虫长 22 ～ 30 厘米。虫体柔软且透明，易破裂，淡黄色。犊新蛔虫的虫卵近球形，短圆，大小为（70 ～ 80）微米 ×（60 ～ 66）微米，壳厚，外层蜂窝状，新鲜虫卵淡黄色，内含单一卵细胞。

本病的感染途径是子宫内感染和乳汁感染，奶牛乳汁中含有幼虫，犊牛可以在吃奶时感染。在自然病例中，初生 2 周龄到 4 月龄的犊牛小肠中寄生有成虫，在成年奶牛体内器官组织中有移行阶段幼虫寄生。

②临床症状。有犊新蛔虫寄生的新生犊牛口腔中有特殊的酸臭味，并有轻微的喘息和咳嗽，体温正常或稍微升高。在 14 ～ 18 日龄开始症状加重，犊牛食欲时好时坏，精神萎靡、嗜睡、食欲不振、不爱活动，强行驱赶也站不起或站不稳，爱趴卧，病牛多数排灰白色带有黏液和血液的糊状粪便。寄生蛔虫多的犊牛，多排出带有脓血或血丝样的血痢，气味腥臭难闻，犊牛腹痛，卧地时四肢划动。犊牛有时排出虫体，但有的病牛不腹泻，仅表现出精神不振，不吃奶，腹围膨大，背毛粗乱，可视黏膜发白，呼出气体有酸味。病牛后期多出现四肢无力，牛体消瘦，肌肉弛缓，四肢下部和口、鼻发凉，病牛趴卧不起，贫血严重，呼吸困难，咳喘，严重者衰竭而死。

当蛔虫进入胆管造成胆管阻塞时，犊牛食欲废绝，腹痛明显，四肢划动，体温稍升高，全身症状明显。后期卧地不起，体温下降，经过 3 ～ 5 天死亡。肠道穿孔的病例有严重的腹膜炎症状，腹腔积液，触诊腹部可以听见明显的拍水音，病牛时常腹泻。有腹膜炎的病例病程一般 10 ～ 15 天，死亡率极高。

③病理变化。病死犊牛肺脏表面有大量出血点或暗红色出血斑，肺脏组织中有实变的坏死区，有时在肺泡、支气管内可检出虫体。肝脏肿大，表面出血，有坏死区。肠道变化比较典型，有出血性坏死溃疡病灶，内有大量蛔虫。当肠道穿孔破裂后引起严重的腹膜炎，腹腔积液，腹腔内有大量的纤维蛋白性渗出物附着在内脏的表面。个别病例剖检时出现腹腔脂肪黄染，肝脏肿大、变硬并黄染。

④实验室诊断。该病的临床诊断须结合症状（主要表现为腹泻、粪便混有血液、有特殊恶臭味、病牛软弱无力等）与流行病学综合分析，确诊尚须在粪便中检查出虫卵、虫体或剖检发现虫体。一般认为。每克粪便中检出虫卵 5 000 个时才能确诊为该病。检查粪便可用浮集法、水洗沉淀法或锦纶筛网兜淘洗法，虫卵计数采用 Mc Master 氏法。

（2）防治措施　①预防。保持圈舍环境卫生，隔离饲养犊牛，犊牛排下的粪便和其污染的垫草等都要注意收集并做无害化处理，杀死虫卵。牛舍内的粪便及时清除，保持温暖，干燥卫生，勤换被粪便污染的垫草，避免奶牛吃入有感染力的虫卵所污染的草和水。有效的预防办法是把饲槽架高，让犊牛饮用清洁的饮水，可在一定程度上预防该病的发生。

每年春、秋季节定期进行预防性驱虫，药物可以选择盐酸左旋咪唑，使用剂量为 7.5 毫克 / 千克体重。也可以选用广谱抗寄生虫药物阿维菌素，使用剂量为 0.2 毫克 / 千克体重。

②治疗。丙硫苯咪唑 10～20 毫克 / 千克体重，混入饲料中投喂，隔 3～5 天再用药 1 次。个别犊牛投喂丙硫苯咪唑后食欲减退、四肢肌肉颤抖，症状持续 3～4 小时自行消失；或用伊维菌素 0.2 毫克 / 千克体重，1 次皮下注射；或用枸橼酸哌嗪（驱蛔灵）250 毫克 / 千克体重，1 次口服。也可用左旋咪唑 7 毫克 / 千克体重，1 次口服；还可以用 5% 盐酸左旋咪唑注射液，一次量，0.15 毫升 / 千克体重，肌内注射。

对于病重、极度消瘦的病牛，除给予以上抗寄生虫药物外，以体重 80～100 千克的犊牛为例，还可给予 25% 葡萄糖注射液 300～500 毫升，5% 葡萄糖氯化钠注射液 500～700 毫升，硫酸庆大霉素 80 万单位，5% 维生素 C 注射液 50 毫升，10% 葡萄糖酸钙注射液 50 毫升，1 次静脉注射，每日 1 次，连用 5～7 天。

腹痛严重的病牛，可肌内注射 30% 安乃近注射液 5 毫升或氨基比林注射液 20 毫升。

为调理胃肠功能，增强机体抵抗力，可肌内注射 2.5% 维生素 B_1 注射液 10 毫升，10% 维生素 C 注射液 20 毫升和氟美松（5 毫克 / 支）注射液 6 毫升。

欲强心利尿，可静脉注射或肌内注射 10% 安钠咖注射液 10 毫升。每日 1 次，连用 3 天。

60. 什么是牛梨形虫病？怎样诊治牛巴贝斯虫病？

牛梨形虫病是巴贝斯科和泰勒科的各种梨形虫寄生在牛血液内引起的疾病的总称。本病是一种季节性的由蜱传播的血液原虫病，杂种牛、外来纯种牛易感性高，病情重，死亡率高。迄今为止，全世界已记载的各种哺乳动物的巴贝斯虫有 67 种，泰勒虫有 13 种。在我国的马、牛、羊、犬中，已发现 8 种巴贝斯虫和 4 种泰勒虫。我国牛梨形虫主要有双芽巴贝斯虫、牛巴贝斯虫、环形泰勒虫和瑟氏泰勒虫 4 种。

牛巴贝斯虫病也称牛焦虫病，是由专性寄生于动物红细胞或网状内皮细胞内的巴贝斯属原虫引起的蜱传播性血液原虫病，临床上以发热、贫血、黄疸、血红蛋白尿为主要特征，严重时可致牛死亡。

（1）诊断要点

①流行特点。牛巴贝斯虫病病原主要有牛巴贝斯虫、卵形巴贝斯虫、双芽巴贝斯虫、大巴贝斯虫、巴贝斯虫未定种和感染水牛的东方巴贝斯虫。牛的巴贝斯虫传播媒介为硬蜱，其致病作用是由虫体及其生活活动的产物（毒素）刺激造成的。

各年龄、品种的牛均易感。由双芽巴贝斯虫致病的1岁小牛发病率较高，但症状轻微，死亡率较低，而成年牛与其相反，死亡率较高；由牛巴贝斯虫致病的3月龄至1岁内小牛病情较重，死亡率较高，成年牛死亡率较低。良种肉牛易发该病。病牛和带虫牛是该病主要的传染源。主要经媒介感染。

我国地域辽阔，气候因素、生态环境差异较大，因而蜱的繁殖和活动时间在各地有所不同，在南方该病多发生在6—9月。由于微小牛蜱一般多在野外发育繁殖，因此放牧牛多发生该病，舍饲牛发病较少，犊牛和外地引进的牛易发，若诊治不及时，发病牛的死亡率也很高，病愈带虫牛可抵抗蜱的再度侵袭。

发病年龄为犊牛相对易发，青壮牛发病率低。野外放牧牛的发病率较高，因传播媒介多为野外生活。

②临床症状。巴贝斯虫病的潜伏期为8～15天。病初发热，体温上升至40～42℃，稽留热，之后下降，变为间歇热。病牛精神沉郁，喜卧地。食欲减退，反刍停止。呼吸和心跳加快，全身肌肉震颤，产奶量急剧下降，妊娠牛易流产。便秘与腹泻交替发生，部分病牛大便中含有黏液和血液，呈恶臭味。一般在发病后数天出现血红蛋白尿，尿液中的蛋白质含量增高，尿液的颜色由淡红色变为茶色或酱油色。随着病程的延长，病牛迅速消瘦、贫血，表现为可视黏膜苍白、发黄，有的出现脂肪黄染，红细胞总数、血红蛋白含量下降，红细胞大小不均匀，同时出现黄疸、水肿。严重的多在发病后4～6天死亡。若病势逐渐好转，体温可降至正常，食欲逐渐恢复，尿色变浅转为正常，但消瘦、贫血、黄疸等症状需要经数周或数月才能康复。病牛死亡率较低，一般为20%左右。

③病理变化。尸体消瘦，可视黏膜贫血、黄疸，血液稀薄，凝固不全。皮下组织、肌间结缔组织和脂肪组织呈黄色胶样水肿。各器官被膜均黄染。脾脏明显肿大甚至出现破裂，脾髓色暗，脾细胞突出；肝脏肿大，呈黄褐色，切面呈豆蔻状花纹，被膜上有时有少数小出血点；胆囊肿大，充满浓稠胆汁，色暗；肾脏肿大、淤血，呈红黄色；心肌柔软，呈黄红色，心内膜外有出血斑；皱胃溃疡，胃及小肠有卡他性炎症；膀胱黏膜出血，内积有酱油色尿液。

④实验室诊断。确诊须进行病原学检查。

（2）防治

①预防。驱杀牛体表蜱虫可注射伊维菌素，或牛体表喷洒菊酯类毒性相对较低的农药或有机磷农药。使用农药杀虫应注意按使用说明书将药物稀释到工作浓度，防止牛农药中毒，同时备好解磷定、阿托品等有机磷农药中毒的解毒

药。墙壁及圈舍周围也应喷洒农药，以消灭周边环境幼蜱。用生石灰抛撒牛舍地面，石灰乳粉刷牛舍周围的树桩，防止蚊虫滋生。

牛只调动应选择无蜱活动季节，牛群出现临诊病例或由非疫区向疫区输送牛只时，可应用三氮脒或咪唑苯脲进行预防。

②治疗。咪唑苯脲对各种巴贝斯虫均有较好的治疗效果。治疗剂量为1～3毫克/千克体重，配成10%溶液，皮下或肌内注射，每日1～2次，连用2～4日。三氮脒（贝尼尔、血虫净）粉剂，用蒸馏水配成5%～7%的溶液做深部肌内分点注射，成年牛3～7毫克/千克体重，奶牛2～5毫克/千克体重，连续使用3日，每次间隔24小时，出现副作用可灌服茶叶水或肌内注射阿托品。0.5%盐酸吖啶黄注射液，静脉注射，一次量，0.6～0.8毫升/千克体重。

此外，硫酸喹啉脲、喹啉脲（阿卡普林）等药物对本病均有效，可根据情况灵活选用。

61. 如何防治牛泰勒虫病？

牛泰勒虫病是由泰勒属原虫寄生于牛巨噬细胞、淋巴细胞和红细胞内引起的以高热、贫血、出血、黄疸、消瘦和体表淋巴结肿大为主要临床症状的一种血液寄生原虫病。

（1）诊断要点

①流行特点。我国牛泰勒虫主要有3种，即环形泰勒虫、瑟氏泰勒虫和中华泰勒虫。各年龄、品种的牛均可感染，绵羊、山羊也易感。

所有泰勒虫的传播方式都是经蜱传播而不能经卵传递。该病于6月开始发生，7月达到高峰，8月逐渐平息，病死率为16%～60%。在流行区，1～3岁牛发病者多，患过该病的牛成为带虫者，不再发病，带虫免疫可达2.5～6年。

②临床症状。环形泰勒虫潜伏期为9～25天，常为急性经过。病牛体温升高至40～42℃，为稽留热，4～10天维持在41℃左右。少数病牛呈弛张热或间歇热。病牛随体温升高而表现精神沉郁、行走无力、离群落后、多卧少立、脉弱而快、心悸亢进有杂音、呼吸增数、肺泡音粗粝、咳嗽、流鼻液。眼结膜初期充血，流出多量浆液性眼泪，以后贫血黄染，布满绿豆大出血斑，可视黏膜及尾根、肛门周围、阴囊等薄皮肤上出现粟粒大乃至蚕豆大的深红色结节状（略高出于皮肤）的出血斑。有的可在颌下、胸前、腹下、四肢发生水肿。病初食欲减退，中、后期病牛喜啃泥土或其他异物，反刍次数减少，以至

停止，常磨牙、流涎，排少量干而黑的粪便，常带有黏液或血丝，病牛往往出现前胃弛缓。病初或者重病牛有时可见肘部肌肉震颤。体表淋巴结肿胀为该病特征，大多数病牛一侧肩前或腹股沟浅淋巴结肿大，初为硬肿，有痛感，后渐变软，常不易推动。病牛迅速消瘦，血液稀薄，红细胞减少，血红蛋白降，血沉加快，红细胞大小不均，出现异形现象。病的后期，食欲、反刍完全停止，出血点增大、增多，濒死前体温降至常温以下，往往卧地不起，衰弱而死。耐过的病牛成为带虫者。

瑟氏泰勒虫病症状和环形泰勒虫病基本相似，特点是病程较长，症状缓和，死亡率较低，仅在过度使役、饲养管理不良和长途运输等不良条件下可促使病情恶化。

③病理变化。环形泰勒虫病剖检见病牛全身皮下、肌间、黏膜和浆膜上均有大量的出血点和出血斑。全身淋巴结肿大，切面多汁，有暗红色和灰白色大小不一的结节。皱胃黏膜肿胀，有许多针头至黄豆大，暗红色或黄白色结节，结节部上皮样细胞坏死后形成中央凹陷、边缘不整、稍隆起的溃疡病灶，黏膜脱落是该病特征性病理变化，具有诊断意义。小肠和膀胱黏膜有时也可见到结节和溃疡。脾脏明显肿大，被膜上有出血点，脾髓质软、呈黑色泥糊状。肾脏肿大、质软，有粟粒大的暗红色病灶。肺脏有水肿和气肿，被膜上有多量出血点，肺门淋巴结肿大。

瑟氏泰勒虫病剖检见尸体消瘦，可视黏膜苍白黄染，皮肤微黄；皮下组织和浆膜轻度黄染，有出血点，血液稀薄，血凝不全；肝肿大，呈土黄色，胆囊充满黄绿色油状胆汁，脾肿大；心脏增大，心肌呈土黄色，心冠脂肪黄色胶样浸润；皱胃有出血点和溃疡，小肠有出血点，肠系膜淋巴结出血。

④实验室诊断。通过血涂片染色镜检能看到明显虫体来确诊该病。此外，还可通过免疫学、分子生物学等方法确诊。

（2）防治措施

①预防。消灭牛舍内和牛体的蜱，9—10 月牛体上的雌蜱爬进墙缝产卵，此时可将墙脚和墙壁的缝隙封死，并加入少量杀虫剂；4 月，若蜱爬入墙缝蜕化为成蜱，再次勾抹墙缝。使用有机磷制剂或溴氰菊酯等杀虫剂喷洒牛体，在 5—7 月杀灭成蜱，10—12 月杀灭幼蜱和若蜱。对调入和调出的牛只都要进行灭蜱处理，以免传播病原体。

②治疗。目前尚无针对泰勒虫病的特效药物，但若能在病程早期使用较有效的杀虫药物，如磷酸伯氨喹啉、贝尼尔、阿卡普林等，再配合对症治疗，可大大降低病死率。

在疫区和受威胁地区牛群可应用环形泰勒虫裂殖体胶冻疫苗进行免疫接种，可在接种 20 天后产生免疫力，免疫持续期可达 13 个月。该疫苗对瑟氏泰勒虫病无交叉免疫保护作用。

从外地购进种牛时，应在安全无疫区购买，并进行健康检查，防止带虫牛迁入。

62. 牛伊氏锥虫病的诊断要点有哪些？

伊氏锥虫病又称苏拉病，是由伊氏锥虫寄生于牛的血液和造血器官中而引起的一种寄生虫病。临床上以间歇热、渐进性消瘦、四肢下部水肿、贫血及耳尖、尾尖干枯、坏死、脱落等为特征。黄牛和水牛感染后多为慢性经过。其诊断要点如下。

（1）流行特点 伊氏锥虫除可寄生于各种家畜外，还能寄生于鹿、兔、象、虎等野生动物。伊氏锥虫对不同动物的致病性差异大，对马属动物的易感性最强，牛对锥虫的易感性比马属动物、犬等弱，多种动物感染后不发病而长期带虫。可人工感染豚鼠、大鼠、小鼠等试验动物。患病动物和带虫动物是该病主要的传染源，包括隐性感染和临床治愈的病畜。此外，犬、猪、某些野生动物及啮齿动物都可以作为保虫者。主要由虻类和吸血蝇类机械性传播。吸血昆虫（虻、螯蝇）在吸血时食入已经感染动物体内的虫体，再次吸血时将虫体注入其他易感动物，便能造成伊氏锥虫病的传播，也能经胎盘感染胎儿。

伊氏锥虫病是热带、亚热带地区家畜常发的原虫病。发病季节和流行地区与吸血昆虫出现的时间和活动范围相一致，主要在春夏交替时期。在气候变冷和枯草季节，当牛膘情下降、畜体抵抗力降低时易导致该病发生。平原、丘陵地区比山区发病率高，水牛比黄牛的发病率高。老疫区牛多呈慢性经过或隐性感染，新疫区牛患病呈急性经过，发病率高，死亡严重。

（2）临床症状 急性型多发于春耕和夏收期间的肥壮牛。病牛体温升高，达 40 ～ 41.6℃，持续 1 ～ 2 天后又恢复正常，经一定时间间歇后，体温再次升高。病牛精神不振、贫血、黄疸、呼吸增速、心悸亢进，如不及时治疗，多于数天或数周内死亡。

慢性型病牛体温升高，持续 1 ～ 2 天下降，经 1 ～ 2 天的间歇后，体温再次升高，呈不规则的间歇热。病牛逐渐消瘦，营养不良，被毛无光泽，精神沉郁，四肢无力，走路摇晃，喜卧昏睡，出现肌肉萎缩。发生水肿时，皮肤常出现干裂，流出黄色或血色液体，后结成痂皮，而后痂皮脱落，被毛脱落，形成无毛区。眼结膜有出血点、出血斑或黄染、苍白。体表淋巴结肿胀，四肢下部肿胀。耳尖和尾尖发生干枯、坏死，严重时，部分或全部干僵脱落（俗称“焦尾症”），角及蹄匣也有脱落的。妊娠牛常发生流产或死胎，胎盘感染，犊牛于产下后 2 ～ 3 周发生死亡。病牛后期多发生麻痹，不能站立，最终衰竭死亡。

本病病理变化的特点是皮下水肿和胶样浸润，胸、腹腔内积有大量液体，心包积液，心肌变性发炎，心室扩张。体表淋巴结肿大、充血；血液稀薄，凝固不全；内脏淋巴结肿大、充血；肝脏肿大、淤血、脆弱，硬度增加；肾脏肿大，被膜易剥离，有出血点、浑浊、肿胀；急性病例脾脏显著肿大，脾髓呈软泥样，慢性病例脾质硬、色淡，包膜下有出血点。瓣胃、皱胃黏膜多有出血点，小肠也有出血性炎症，直肠近肛门处有条状出血。

确诊须进行虫体检查，还可通过免疫学诊断、分子生物学诊断等方法确诊。

63. 牛伊氏锥虫病的防控要点有哪些?

（1）*预防*　加强饲养管理，定期驱虫。对栏舍和运动场地加强卫生整治，及时清洁和处理粪便，铲除栏舍周围杂草，喷洒菊酯类驱虫药液，以减少传播媒介虻、蝇的侵袭。

定期检查，及时隔离。在疫区对所有易感动物每年至少进行 2 次普查，一次在冬春之交吸血昆虫出现之前，另一次在夏季后半期。病牛及可疑病牛应隔离饲养，及时治疗。

加强检疫。从外地购进种牛时，应在安全无疫区购买，并进行健康检查，防止带虫牛迁入。

药物预防。对未发病的牛用喹嘧胺进行预防性皮下注射。按不同体重，药物用量分别为：0.05 毫升 / 千克体重（体重 50 千克以下）、10 毫升 / 头（体重 150 ～ 200 千克）、15 毫升 / 头（体重 200 ～ 350 千克）、20 毫升 / 头（体重 350 千克以上）。

（2）*治疗*　萘磺苯酰脲（商品名：纳加诺、苏拉明、拜耳 205），以灭菌蒸馏水或生理盐水配成 10% 溶液，按 10 ～ 20 毫克 / 千克体重剂量，一次静脉注射。对重症或复发病牛，可与新胂凡纳明交替使用（第 1 天、第 12 天用萘磺苯酰脲，第 4 天、第 8 天用新胂凡纳明，此为 1 个疗程），可提高疗效。注射萘磺苯酰脲后，个别病牛有眼睑及体躯下部水肿、口炎、肛门及蹄部糜烂、跛行、荨麻疹等副作用，轻者 1 周左右自愈，重者需要对症治疗。

喹嘧胺（商品名安锥赛），以灭菌生理盐水配成 10% 溶液，分 2 ～ 3 点一次皮下注射或肌内注射。隔日注射 1 次，连用 2 ～ 3 次；也可与萘磺苯酰脲或那加宁交替使用，效果更好。

三氮脒（贝尼尔、血虫净），用生理盐水配成 7% 溶液，按 3 ～ 5 毫克 / 千克体重剂量，臀部肌内注射，每日 1 次，连用 2 ～ 3 天。

64. 如何防控牛毛滴虫病？

牛毛滴虫病是由胎儿三毛滴虫寄生于牛生殖器官内引起的一种性传播疾病，呈全世界范围流行。该病可导致感染牛不孕、死胎和断奶小牛增重减少等，给养牛业造成巨大的经济损失。

毛滴虫是一类隶属于副基体门、毛滴虫科的原生动物，其形态以具 3 ～ 5 根前鞭毛，1 个副基体，1 根与波动膜相连的后鞭毛和 1 个轴杆为特征。毛滴虫感染在医学和兽医学临床上较为常见，其中牛毛滴虫感染也很普遍。牛毛滴虫病，通常是指由寄生于母牛和公牛生殖器官的胎儿三毛滴虫引起的一种性传播原虫病，可导致牛早产、死胎等，给养牛业造成重大的经济损失，该病已被列入世界动物卫生组织疫病名录，我国将其列为三类动物疫病。

（1）*病原及流行特点* 除胎儿三毛滴虫外，早在 20 世纪 50 年代，研究发现在牛消化道内有一些“非胎儿三毛滴虫”寄生，如肠三毛滴虫、巴特里四毛滴虫、巴氏四毛滴虫、蛙毛滴虫及人五毛滴虫等。这些牛肠道毛滴虫，多与宿主为共生关系，迄今在兽医临床上尚未被重视。

当毛滴虫在宿主组织内或培养基上生长时，其虫体多呈纺锤形，即滋养体，这是毛滴虫最为常见的虫体形态。在不利的生存环境下，滋养体可形成无鞭毛或波动膜的球形形态，即伪包囊。在多数新鲜包皮或拭子标本中，毛滴虫多以伪包囊形式存在。

胎儿三毛滴虫呈全球范围流行，在牛多采用自然繁殖的地区，如亚洲、澳大利亚、南美洲和南部非洲等地区分布较广。近年来随着人工授精技术的广泛应用，该病发病率显著下降。因感染公牛呈带虫状态，虫体能存活于新鲜和冷冻精液并可经人工授精输精管传播，故牛毛滴虫病在上述地区仍时有发生。该病流行与牛的饲养管理模式有很大关系，因不同地区间牛群的管理存在差异、毛滴虫病控制计划监管水平不同，以及胎儿三毛滴虫发病率的波动与疾病的周期性有关等，导致不同地区胎儿三毛滴虫流行的差异。此外，自然繁殖、管理粗放、繁殖季节不明确、牛场附近有胎儿三毛滴虫阳性的牛群或放牧牛群使用公共牧场等，均会增加患病风险。

（2）*临床症状* 胎儿三毛滴虫感染公牛后，虫体寄生在阴茎、包皮和远端尿道上皮内层的鞘膜中，急性感染特征性临床症状是感染公牛出现包皮组织炎症和肿胀，偶有包皮黏膜瘙痒，并有分泌物出现。上述症状通常会在2周内消失，之后感染牛呈现持续带虫状态，虫体的存在对公牛性欲和精子质量无明显影响，但可通过交配致健康母牛感染。

母牛感染胎儿三毛滴虫后，临床症状严重程度不一，轻者无症状，重者出现生殖失败和流产。感染母牛多出现宫颈炎、阴道炎、子宫内膜炎、输卵管炎和胎盘炎，其中最明显的炎症变化出现在与怀孕和受孕最密切的部位，即子宫内膜和输卵管。此外，胎儿三毛滴虫感染可导致流产胎儿出现胃肠道病变，如肠黏膜上皮损伤和脱落等。

有关人五毛滴虫和巴特里四毛滴虫对牛致病性的报道较少。

牛，尤其是公牛隐性感染毛滴虫较多见，即使部分感染牛出现临床症状，但往往无特征性，因此牛毛滴虫病的诊断难度较大，确诊必须借助于实验室诊断。

（3）防控　目前，国际上尚无有效或法定的牛胎儿三毛滴虫病标准治疗方法。虽然硝基咪唑类药物（如甲硝唑等）对牛毛滴虫病有一定疗效，但在我国，这些药物被禁止应用于食品动物。此外，兽医临床应用显示毛滴虫易对硝基咪唑类药物产生耐药性，同时该类药物本身存在一定的副作用。

为减少牛毛滴虫病的发生，平时饲养管理中要做到预防为主，治疗为辅，净化牛群。具体措施包括：配种前对公牛进行病原学检查，确保胎儿三毛滴虫阴性；配种多用3岁以下公牛（因其对胎儿三毛滴虫感染不敏感，且一般不隐性带虫）；定期对妊娠母牛进行检查，淘汰产犊延迟母牛，以净化牛群；尽量不要从外地购入公牛，如必须购入，仅从可靠的牛场引进，且尽量购入年龄为1岁左右的公牛，并确保购买的公牛胎儿三毛滴虫检测为阴性；对购买的冷冻精液要确保为胎儿三毛滴虫阴性；采用人工授精技术配种，尽量减少因交配而感染的可能。

65. 怎样防治牛无浆体病？

牛无浆体病俗称边虫病，多发生于反刍动物，牛、羊较为常见，病牛多表现贫血、消瘦、高热等症状，危害较为严重。该病主要分布在热带或亚热带地区，如甘肃、青海、宁夏、新疆等地均属于病原分布区。

（1）病原及流行特点　牛无浆体病的病原是无浆体，对其产生致病性的无浆体主要有3种，分别为边缘无浆体边缘亚种、边缘无浆体中央亚种和绵羊无浆体。无浆体几乎无细胞浆，结构致密、均匀，用吉姆萨染色后呈现紫红色。用电子显微镜观察，该结构由一层界膜与红细胞胞浆隔开的内容物组成，每个内容物包含 1 ～ 8 个亚单位或初始体。边缘无浆体边缘亚种主要寄生在牛、鹿身上，边缘无浆体中央亚种主要寄生在牛身上，绵羊无浆体主要侵害绵羊、山羊和鹿。

牛无浆体病可侵害各个生长阶段的牛，尤其是老牛感染后症状表现较为严重。该病病原主要存在于病牛、潜伏期未发病的牛和康复后仍然带菌的牛身上，但由于无浆体对环境抵抗力较弱，一般常用消毒剂即可杀死，因此养牛场环境中病原菌含量很低，通过环境直接传播感染的可能性较小，主要是靠蜱虫传播。该病具有明显的季节性和区域性特点，高温高湿地区发病概率高，高温高湿环境适宜于蜱虫的繁殖，通过牛群之间的接触，蜱虫进入健康牛身上导致发病。

（2）临床症状与病理变化　牛无浆体病临床症状与牛的年龄关系密切，年龄越大，发病表现症状越严重。病情严重的牛表现为突发性体温升高，采食量急剧下降，贫血、抑郁、衰弱是病重牛的典型三大特征。根据病原体的类型不同，患病牛临床症状也会存在差异，感染中央亚种无浆体病后，病牛多表现出贫血、体质消瘦和黄疸，一般情况不会造成死亡；而边缘亚种病原性较强，常引起严重后果，病牛体温升高至 40 ～ 42℃。牛无浆体病均伴有腹泻或者便秘，便秘较为常见，粪便颜色较暗，发黑，同时发病牛多出现流产、发情抑制等症状。该病潜伏期为 7 ～ 45 天，患病牛常呈间歇热或稽留热型，病畜精神沉郁，食欲减退，眼睑和咽喉部发生水肿，体表淋巴结肿大等症状。

发病牛多出现可视黏膜苍白或黄染，皮下组织有胶样浸润，血液稀薄，淋巴结肿大。心包积液，心内、外膜和冠状沟有出血斑点。真胃和肠道有卡他性炎症，有的咽喉水肿。脾肿大，质脆如泥。肝微肿、胆囊肿大，充满胆汁，肾黄褐色。

病牛体表有蜱附着，大多数器官的变化都和贫血有关。牛尸消瘦，内脏器官脱水、黄染。体腔内有少量渗出液，颈部、胸下与腋下的皮下轻度水肿。心内外膜下和其他浆膜上可见大量瘀斑。血液稀薄。脾肿大 3 ～ 4 倍，髓质变脆如果酱。淋巴结肿大，水肿。骨髓增生呈红色。肺气肿。胆囊扩张，充满胆汁。肝脏显著黄疸。真胃有出血性炎症。大、小肠有卡他性炎症。

病牛如果出现高温 40 ～ 42℃不下，伴有腹泻或者便秘，尿液容易起泡沫，皮毛粗糙，眼黏膜苍白、黄染，血检可见无浆体在红细胞内的边缘，取 2 滴血清，加 1 滴抗原，在室温条件下混合均匀，转动 4 分钟，出现颗粒状凝集物即可确诊为阳性。

（3）防治　牛无浆体病虽然发病率较低，但由于该病严重影响牛的正常生长，因此应加以重视。目前，对该病主要采用四环素、土霉素、链霉素进行治疗，但对患病后期牛的治疗效果不佳。四环素 1.5 ～ 2 克，含糖盐水 2 000 毫升，樟脑磺酸钠 20 毫升，25% 维生素 C 注射液 6 ～ 8 毫升，静脉注射，每日 2 次，连续使用 5 ～ 7 天。使用四环素，结合盐酸吖啶黄联合用药效果较为显著，初次用药后即可明显好转。同时应加强畜舍的环境卫生，及时灭蚊蝇、灭蜱，每年定期对牛进行驱虫，常用的体表驱虫药有阿维菌素、伊维菌素等，环境中的蜱虫可用菊酯类杀虫剂进行喷洒杀灭，也可用患病牛血液注射易感牛免疫接种，接种后半个月到 1 个月如果无致死反应，则该易感牛即可体内带菌免疫。

66. 怎样防治牛囊尾蚴病?

（1）病原及流行特点　牛囊尾蚴病是指寄生在牛的肌肉中，并且来自人体内的牛带吻绦虫的幼虫即牛囊尾蚴所引起的寄生虫病。病原是牛带吻绦虫又称为无钩绦虫，虫体呈现扁平带状，有 1 000 ～ 2 000 个节片，其中头节有 4 个吸盘，没有顶突和钩。牛囊尾呦一般呈卵圆形，呈半透明状，内部充满液体，并在其囊壁上有一个小白点，这个小白点就是牛囊尾蚴的头节。牛囊尾蚴有多个中间宿主，比如水牛、黄牛和牦牛，终末宿主是人。开始寄生在人小肠当中的牛带吻绦虫在成熟后会伴随着人的粪便排出，如果牛食入被虫卵污染的饲草、水体或者含有绦虫虫卵的人粪便就会出现该病。虫卵会直接进入牛的消化道内，并逐渐孵化出六钩蚴，牛囊尾蚴会钻透牛的肠壁侵入小血管及淋巴管，并通过血液循环遍及牛全身，但只有骨骼肌和心肌内的六钩蚴才可发育为成熟的囊尾蚴。

牛囊尾蚴病呈世界性分布，其中亚洲发病较多。我国除了内蒙古、西藏、广西等地区因有食用生牛肉的习惯而呈地方性流行外，其他地方均呈散发。探究其发病原因，与牛感染囊尾蚴和人的粪便以及饲养方式有关。患有牛带吻绦虫的人所排出的粪便中一定含有孕节和虫卵，虫卵可在外界生存 2 个月左右，如果牛误食了含有被虫卵污染的水体、饲料或饲草时就会被感染，且犊牛比成年牛较易感。

（2）临床症状　感染牛囊尾蚴病的病牛，发病初期出现发热、身体虚弱、食欲不振、腹泻等症状。随着患病时间的推移，有的病牛表现出腹痛、呼吸加快、贫血等症状。囊尾蚴寄生在牛的肌肉中，逐渐发育后会很少表现出任何的临床症状，所以，通常在牛被屠宰后才会被发现患病，这就提醒养殖者一定要加强牛囊尾蚴的卫生检疫。

（3）诊断　由于牛囊尾蚴寄生在牛的肌肉组织中，在发育后期成熟阶段通常不再表现任何临床症状，所以只能在牛感染囊尾蚴病的初期，依靠工作人员通过仔细观察牛的具体临床症状，比如腹泻、发热、食欲不振、精神不济等症状，随后可能出现呼吸不顺畅、腹痛、心跳加速等症状来进行初步判断，但是通过屠宰前的临床观察准确性并不高，很难对该病作出正确诊断。总体来说，可采取血清学方法进行生前诊断，其中，最可靠的方法是酶联免疫吸附试验和间接红细胞凝集试验。

但是最可靠的确诊方法是宰杀后检验发现囊尾蚴，在具体实践中主要通过屠宰后的虫体检查进行诊断，也就是相关人员按照国家的有关规定和要求，对牛进行规范屠宰，然后仔细、全面地检查屠宰后的肉尸，特别是要重点检查容易出现牛囊尾蚴病的部位，比如咬肌、心肌、舌肌、肩胛肌、肋间肌、腹肌等处，如果发现牛囊尾蚴即可确诊为患牛囊尾蚴病。

要注意的是，在病牛感染初期，症状相对较轻，牛囊尾蚴在牛的肌肉组织中存在相对分散，因此，即使在病牛被屠宰后发现其某一肌肉切面中并没有牛囊尾蚴，或者只有少数几个牛囊尾蚴，也需要工作人员对其他牛的可检部位进行详细的检查。先将囊尾蚴小结制片，然后用电子显微镜仔细观察，如果发现头节处含有 4 个吸盘，且没有项突和钩，就可以确诊患有牛囊尾蚴病。

（4）防治　在日常的饲养管理中，一定要严格贯彻“预防为主”的方针，重在预防。要想加强牛囊尾蚴病的防治，需要实行“驱、检、管”综合防控措施。“驱”即驱虫，可以在本地区广泛开展牛带吻绦虫病的普查工作，做好登记，对已查出患此病的患者适当使用药物驱除身体内的虫体。同时，可使用吡喹酮、丙硫咪唑等药物对人类饲养的猫狗等动物进行驱虫，并妥善处理排出的粪便和虫体，切实消灭病原。

“检”即严格检疫，应切实加强牛肉的卫生防疫工作，特别是牛肉的检验检疫，一经发现含有大量虫体，立即销毁。对被虫体感染的脏器和胴体做消毒、灭虫和深埋等无公害化处理，禁止将病牛的内脏器投喂其他动物，更禁止售卖含有囊虫的牛肉。只有经严格检疫，未发现含有虫体的牛肉和内脏等才可以直接出厂。

“管”即加强管理。一方面要管理人的粪便，防止污染环境；另一方面要加强牛的饲养管理，放牧时防止牛群接触人的粪便，同时不让牛食用被虫体污染的饲草、饲料和水体。除此之外，须做好宣传教育工作，提高人们对牛囊尾蚴病的认识，逐渐改变生食牛肉的习惯，避免人类食用病牛肉，以保障牛囊尾蚴病防治工作的顺利实施。

对于经过屠宰后检疫发现患有牛囊尾蚴病的病牛，可以使用吡喹酮、甲苯咪唑等药物治疗，但是在临床上取得良好的治疗效果很难。

67. 怎样防治牛棘球蚴病?

牛棘球蚴病又被称为牛包虫病，是牛的一种常见体内寄生虫病，当幼虫入侵牛体内之后会影响牛的生长发育，导致生产性能下降，甚至死亡。该病是一种人兽共患病，有很强的传染性，尤其是随着养殖业的规模化发展，包虫病的发生概率每年都在提升，危害比较大，直接威胁公共卫生安全。

（1）流行特点　在牛养殖业发展中，牧民需要分散放牧，可能会接触到野生的犬科类动物，而犬科类动物是包虫病的主要传播媒介，在粪便中含有大量的虫卵，发育成熟之后直接随粪便排出体外，污染放牧环境，健康牛接触之后可能染病，幼虫直接进入消化道中，之后随着血液进入大脑组织和脊髓中。影响牛群的正常生长活动。在通常情况下，寄生虫在感染后的两周会长出包囊，在感染后的6周之后包囊逐渐扩大。该种寄生虫病和犬科类动物的活动范围有着直接的关系，也会受到放牧形式的影响，在放牧地区，该病呈现季节性和流行性的特点，主要出现在每年的春夏季节，病程比较缓慢，会威胁牛群的生长发育。

（2）临床症状　在不同的感染阶段，会呈现不同的发病特点。在通常情况下，发病初期阶段主要的临床症状为脑膜炎和脑炎，患病牛的体温升高，出现亢奋。在患病的中期阶段，包囊增大之后压迫感增强，影响患病牛的行为活动，出现跛行或者摇晃等症状。如果感染急性脑炎，会造成牛只的死亡。在感染的后期阶段，病程发展缓慢，主要的临床症状为精神不振和采食量下降。此外，寄生虫在不同的位置寄生产生的临床症状也存在差异。举例而言，在小脑部位寄生会使患病牛出现肌肉痉挛的现象，并且肢体不协调，甚至造成牛失明。如果寄生在脊髓部位，会造成牛的大小便失禁或者瘫痪。在肝脏部位寄生会造成肝脏的肿大，有疼痛感，导致患病牛逐渐消瘦，对牛羊养殖业造成的经济损失比较大。因为该病是一种人兽共患病，会对饲养人员的人身安全造成威胁，在包虫病高发的地区，养殖人员的患病率为1%左右，需要采取手术治疗的方式，对人体健康安全造成很大的影响。

（3）病理变化　对病死牛进行解剖之后发现病变部位主要集中在脑部，脑部存在很多包囊，并且有大量寄生虫形成的斑痕。在病变部位，骨质疏松，甚至出现严重的萎缩坏死的现象。结合患病部位以及病理变化能够作出初步的诊断，如果需要进一步确诊，还要采取变态反应实验，需要选择病死牛包囊中的囊壁，并且将其制作成乳制剂，之后将其注射在牛眼睑内部皮肤中，经过1小时的观察之后会发现皮肤明显的肿胀，可以确诊为包虫病。

（4）诊断　结合患病牛的临床症状可以初步诊定为牛包虫病，在进行疾病诊断的过程中，要对不同的临床症状能够作出鉴别诊断。因为包虫病寄生的位置不同，患病牛的临床症状也会存在明显的差异性，如果包虫寄生在大脑的半球，会导致病牛的精神不振，不愿意站立，向患病一侧旋转运动。如果寄生的位置比较浅，虫体较大，症状稍微减轻。如果寄生在大脑的额叶部位，会造成患病牛直线运动，遇到障碍物之后不会转向。如果脑枕叶部位受到虫害的入侵之后，患病牛头部后仰，并且不断向后退，全身的痉挛麻痹症状明显。如果幼虫寄生在腰部脊髓，患病牛不能正常行走，可能出现大小便失禁的症状。对病死牛进行解剖可发现肝脏和肺部组织存在病变，大脑组织也会存在很多个透明的囊泡，里面存在透明的液体，有乳白色的结节存在，经过诊断之后明确为牛包虫病。

（5）治疗

①药物治疗。在确诊病情之后要立即隔离患病牛，然后采取药物治疗措施，可以结合患病牛体重使用阿苯达唑，每天口服1次，连续服用7～10天，效果明显。可以口服吡喹酮，每天1次，连续用药3～4天，治疗效果也很明显。另外，要做好预防性的驱虫工作，可以减少患病的概率。

②手术治疗。除了选择药物治疗之外，还可以采取手术治疗的方式。在手术之前应对患病牛进行固定，一般采用针刺仓囊法，确定好手术位置之后治疗效果比较明显。在手术之前，应做好严格的消毒管理，避免在手术的过程中出现病情恶化的问题。在手术之前还要清理患病部位的毛发，之后将针缓缓地刺入患病部位，让囊液流出体外，然后在患病的部位抹上适量的消毒液，可以选择碘酒，避免感染，提高治疗的效果。在手术结束之后的护理工作也很关键，提供营养均衡的饲料，尽量控制放牧的时间，减少病牛出现不良反应。手术完成之后的脑部可能出现有血液渗出，造成脑组织的水肿，引发脑膜炎，为此，为了预防继发性感染，可以注射青霉素，选择肌内注射的方式，或者口服氯丙嗪，配合使用葡萄糖盐水以及磺胺嘧啶钠，选择静脉注射的方式，提高治疗的效果。

（6）预防　①制定严格的检疫制度。为了提高该病的防控效果，要制定科学的检疫制度，不断总结经验，加强对制度的完善，能够落实检疫制度。针对病死牛应采取无害化处理的方式，减少对生态环境的破坏。在日常养殖的过程中，定期观察牛群的正常状态，做好监督管理工作，发现疑似患病牛之后及时隔离，防止病情的扩散和蔓延。针对地区的包虫病的流行病学的实际情况制定科学的检疫计划，全面的清扫圈舍，保证水资源和饲料的干净卫生，减少牛包虫病的患病可能性。此外，应采取牛羊定点屠宰的方式，严格把控屠宰检疫关，禁止有问题的牛肉制品流入市场中，保证食用者的安全。

②提高驱虫率。在每年的春季和秋季，要做好养殖场的驱虫工作，地方的兽医管理部门应统一购买丙硫咪唑和长效伊维菌素注射液等驱虫类的药物，方便牛养殖户驱虫。此外，在春季和秋季常规防疫的过程中，防疫工作人员应携带各类驱虫药物，保证驱虫的效率。在驱虫期间要做好养殖场内的牛群粪便的管理工作，粪便进行严格的清理，并且集中堆放和消毒，通过消毒能够灭杀粪便中的寄生虫卵。科学地控制饲养密度，不同年龄的牛群不能混合饲养，在放牧之前要做好场地的消毒工作，可以使用硫酸铜溶液进行消毒处理，能够灭杀牧草内的寄生虫虫卵。每年的春季的4—5月和秋季的10—11月是最佳的驱虫时间，可以提高寄生虫的驱虫效果，减少牛包虫病的发生概率。

③加强卫生管理。牛舍是居住的重要场所，其环境质量直接影响包虫病的发病概率。应加强对养殖环境的管理工作，为牛营造健康的生长空间。定期地清理圈舍内的粪便，做好圈舍的通风管理工作，定期对牛体表进行寄生虫的灭杀处理。此外，制定严格的消毒管理制度，轮换使用消毒药剂，灭杀养殖环境中的蚊虫，保证牛只的健康生活。针对进入养殖场的车辆和工作人员也要进行彻底的消毒，消灭病菌和虫卵，减少牛包虫病的发生概率。

④做好犬科类动物的管理。在重要的养殖地区，要加强对犬只的统一管理工作，做好犬科类动物体内的杀虫处理工作，减少携带病原体的数量。可以结合当地的养殖情况设置检疫点，能够安排犬类动物定点进行粪便的检查，如果发现携带病原体，要对粪便进行无害化处理，同时做好驱虫治疗，在牛养殖场禁止饲养犬类动物，从源头上减少该病的发生。

⑤加强宣传工作。地方兽医管理部门应加强合作，定期发放宣传资料，组织兽医科技人员下乡，提高养殖户的疫病防控意识，掌握包虫病的发病规律和特点，选择科学的饲养技术和手段。加强屠宰管理，尤其是对内脏器官的管理，不能随意地丢弃，应做无害化处理，提高防控的效果。因为牛包虫病是一种人兽共患病，在养殖过程中应做好个人的卫生消毒工作。在接触家畜之后必须洗手和消毒，否则会增加包虫病的发生概率，直接危害人体健康。

⑥规范牛脏器的处理。要建立完善的牛羊定点屠宰制度，能够引导养殖户集中的屠宰，在屠宰之前做好牛包虫病的检查工作，发现有问题的牛只之后及时隔离治疗。对牛病变部位的脏器统一收集和无害化处理，防止包虫病的扩散和蔓延。

68. 怎样诊治牛疥螨病?

牛疥癣病又称牛螨病，俗称癞病，通常所称的螨病是指由疥螨科或痒螨科的螨虫寄生于牛体表而引起的慢性寄生性皮肤病，临床特征表现为剧痒、湿疹性皮炎、脱毛、患部逐渐向周围扩展和具有高度传染性等。

（1）病原特点　本病的病原主要有牛疥螨、牛痒螨和牛足螨。

牛疥螨呈龟形，浅黄色，背面隆起，腹面扁平。口器为咀嚼式，在宿主表皮挖凿隧道，以角质层组织和渗出的淋巴液为食，在隧道内进行发育和繁殖。生活史过程包括卵、幼螨、若螨、成螨 4 个阶段，且幼螨阶段致病力最强。疥螨有强烈的热趋向性，能感知宿主体温、气味的刺激，当脱离宿主后，在一定范围内可再次移向宿主。各发育阶段的疥螨经常钻出隧道，滞留在皮肤表面，并可脱离宿主，脱离后一部分仍具有感染能力，可成为圈舍等处的潜在传染源。疥螨离开宿主后在高湿低温的环境中更易存活，各发育阶段的疥螨钻入宿主表皮内至少需要 30 分钟，其钻入皮内的主要方式是通过其分泌物来溶解宿主组织。

牛痒螨呈长圆形，肉眼可见，体表有细皱纹。痒螨口器为刺吸式，不在表皮内挖隧道，以螯肢和须肢上的吸盘附着在皮肤表面或毛根部，用口器吮食体表渗出液。痒螨在宿主体外的生活期限，因温湿度和日光照射强度等多种因素的变化而有显著的差异。在 6 ～ 8℃和 85% ～ 100% 空气湿度条件下在畜舍内能存活 2 个月，在牧场上能活 25 天，在 –12 ～ –2℃经 4 天死亡，在 –25℃经 6 小时死亡。痒螨常寄生在毛根部，侵害被毛稠密和温湿度比较恒定的皮肤部分。在适宜条件下，感染后 2 ～ 3 周呈现致病作用。

牛足螨呈椭圆形，体表有细纹，主要寄生于牛的尾根、肛门附近及蹄部，采食脱落的上皮样细胞（如皮屑、痂皮等）为生，其生活史可能与痒螨相似。

（2）流行病学　各年龄、品种的牛均易感。病畜和带螨健畜是该病主要的传染源。疥癣病主要由于健畜与病畜直接接触或通过被螨及螨卵污染的圈舍、用具、鞍挽具等间接接触引起感染。另外，也可由饲养人员或兽医人员的衣服和手传播。

疥癣病主要发生于冬季和秋末春初，因为这些季节日光照射不足，牛毛长而密，特别是在圈舍潮湿、畜体卫生状况不良、皮肤表面湿度较高的条件下，最适合螨的发育繁殖。夏季牛绒毛大量脱落、皮肤表面常受阳光照射、皮温增高，经常保持干燥状态，这些条件都不利于螨的生存和繁殖，故大部分虫体死亡，仅有少数螨潜伏在耳壳、膝凹、蹄踵、腹股沟部以及被毛深处，这种带虫牛没有明显的症状，但到了秋季，随着条件的改变，螨又重新活跃起来，不但引起症状的复发，而且成为最危险的传染源。

（3）临床症状与病理变化　该病的潜伏期为 2 ～ 3 周。临床症状以痒为特征，病势越重，痒觉越剧烈。之所以发生剧痒是因为螨的体表长有很多刺、毛和鳞片，同时还能由口器分泌毒素，当它们在牛皮肤采食和活动时能刺激皮肤神经末梢而导致痒觉。病牛进入温暖场所或运动后，螨虫活动增强使得痒觉更加剧烈。在虫体的机械刺激和毒素作用下，皮肤发生炎性浸润，形成结节和水疱。

感染初期局部皮肤上出现小结节，继而发生水疱，有痒感。尤以在夜间温暖圈舍中更明显，以致病牛用舌舔、脚蹬和啃咬患部，或在物体上摩擦患部剧烈蹭痒。病牛局部皮肤发炎、脱毛，皮肤损伤破裂，流出淋巴液，形成痂皮，痂皮下皮肤湿润，又重新结痂，痂皮脱落后遗留无毛的皮肤。随着病情发展，毛囊、汗腺受到侵害，皮肤角质层角化过度，皮肤变厚，失去弹性而形成皱褶。病初发生于头、颈部，后逐步扩大，向四周延伸，可蔓延至腹部、阴囊等。由于皮肤发痒，病牛终日啃咬、摩擦和烦躁，影响正常的采食休息，并使胃肠消化、吸收功能降低。加之在寒冷季节因皮肤裸露，体温大量散失，体内蓄积的脂肪被大量消耗，所以病牛日渐消瘦，有时继发感染，严重时甚至死亡。

牛疥螨病初期见于牛的面部、颈部、背部、尾根等被毛较短的部位，病情严重时，可遍及全身，特别是幼牛感染疥螨后，往往引起死亡；而牛痒螨病初期多见于颈部两侧和肩胛两侧，严重时蔓延至全身；病牛表现奇痒，严重感染时卧地不起，最终死亡。

牛足螨主要侵害牛的尾根部、肛门、臀部及四肢，有时也发生于背部、胸腹及鼻孔周围，本型是 3 种类型中发痒最轻的一种。大部分病牛感染后一生不再发病，但治愈后往往成为感染源。

（4）确诊方法　确诊牛螨病须进行病原学检查。①病料的采取。选择患病皮肤和健康皮肤交界处，剪毛，取凸刃小刀，在酒精灯上消毒，使刀刃与皮肤表面垂直，刮取病变部皮屑，直到局部皮肤轻微出血为止。将刮取的皮屑集中于试管内，带回供检查。

②检查方法。有沉淀法和漂浮法两种方法。沉淀法是将刮取的皮屑置于 5% ～ 10% 氢氧化钠或氢氧化钾溶液中浸泡 2 小时，或煮沸数分钟后，以 1 000 转 / 分钟离心沉淀 5 分钟，取沉渣制作压片，于解剖镜或低倍显微镜下检查。

漂浮法同上法离心沉淀后，去除上清液，加入 60% 亚硫酸钠溶液至管口，静置 10 分钟，虫体即浮集于液面，用载玻片蘸取管口表层溶液，用解剖镜或低倍显微镜检查。

（5）预防　牛舍要保持清洁卫生，通风、干燥、透光、不拥挤，牛体常刷、常晒，牛舍和用具要定期消毒，可用 20% 的生石灰溶液进行喷洒，其温度不低于 80℃。在常发病地区，对牲畜要定期检疫，经常预防，一旦发现病牛，应立即隔离治疗。在螨病群中有些家畜虽未发现螨病，也要进行药物处理。对新引入的牲畜，应隔离观察 15 ～ 30 天，证明健康者才能合群饲养。做好螨病牛的皮毛处理，以防病原扩散，同时要防止饲养人员或用具散播病原。夏季因水牛经常下水，只有在角缝、耳部等处的螨才能生存。因此，在盛夏之后，用杀螨药物处理角缝、耳部、头部，以杀死过夏的螨，是预防牛螨病的有效措施。

（6）治疗　药物治疗可选用伊维菌素或阿维菌素，0.2 ～ 0.3 毫克 / 千克体重，皮下注射；或用 5% 碘硝酚注射液，0.05 毫升 / 千克体重，皮下注射。也可用 500 毫克 / 千克体重溴氰菊酯喷淋，或用 0.05% 蝇毒磷乳剂水溶液、0.05% 辛硫磷油水溶液、0.05% 双甲脒溶液等局部涂擦。注意将药物按说明书稀释到工作浓度，防止牛体农药中毒。

对于螨病流行严重的牧场，应采用药浴的方法防治。药浴可用 0.05% 蝇毒磷乳剂溶液、0.5% ～ 1% 敌百虫溶液、0.05% 辛硫磷油水溶液、0.05% 双甲脒溶液等药物。药浴常在夏季进行，药浴时应注意以下几点：药浴应在晴朗无风的天气进行，最好在下午 1 点左右，药液不能太凉，最好在 30 ～ 37℃，药浴后要注意保暖；药液浓度计算要准确，用倍比稀释法重复多次，混匀药液，大批量药浴前，应选择少量不同年龄、性别、品种的牛进行试验，药浴后要仔细观察，一旦发生中毒，要及时处理；药浴前要让牛充分休息，饮足水；有病、体弱或有外伤的牛不要进行药浴，以防中毒；药浴时间为 1 ～ 2 分钟，要将牛头压入药液 1 ～ 2 次，出药浴池后，让牛在斜坡处站一会儿，让药液流入池内。并适时补充药液，以保持药液的浓度；最好在 7 ～ 8 天后进行第 2 次重复药浴。

参考文献

郭爱珍，2021. 牛病图鉴［M］. 北京：中国农业科学技术出版社 .

李宏全，2016. 门诊兽医手册［M］. 北京：中国农业出版社 .

李连任，2017. 家畜常见寄生虫病防治手册［M］. 北京：化学工业出版社 .

谢红兵，王秀杰，韩俊伟，2024. 牛场兽药安全使用与牛病防治技术［M］. 北京：化学工业出版社 .